KB236520

개미들의 행성

개미들의 행성

주잔네 포이트지크, 올라프 프리체 지음
남기철 옮김

여섯 개의 다리로 이룩한 위대한 제국

 북스힐

차례

작지만 정말 강하다!　9

여왕개미와 인간 세상의 여왕은 다르다 • 12

놀랄 만큼 작은 개미들 • 13　　어떻게 살아남았을까? • 14

누가 이 세상을 지배하는가? • 16　　여섯 개의 다리를 믿고 떠나는 출정 • 17

여왕 앞으로!　19

자매들의 세계 • 22　　소름 끼치게 효율적인 육아실 • 26

목숨 걸고 외근하기 • 29　　과학의 이름으로 벌어지는 주거 침입 • 31

통증 유발자들 • 33　　큰 머리와 강한 턱 • 36

비닐봉지로 여행하기 • 38　　이러나저러나 즐거운 개미 채집 여행 • 40

개미 군체의 탄생　43

여왕개미의 소녀 시절 • 45　　날아다니는 정자 주머니 • 49

여왕개미 운명의 날 • 52　　내 집 마련의 꿈 • 53

맘스 호텔 • 55　　네 집이 내 집이야! • 57

혼란스럽지만 효율적으로 59

1000개의 방과 부엌, 욕실이 있는 집 급구 · 62

다리 여섯 달린 컴퓨터 · 64

어느 유전자가 활성화되는가? · 65

우린 모두 달라! · 67

이사 갑시다! · 68

개미들의 친화력 · 70

뭉치면 산다! · 74

개미 제국 이루기 · 76

의사소통 감각 79

저해상도의 하프톤 이미지 · 83

다리 여섯 달린 화학 공장 · 85

인간에게도 화학 언어가 있을까? · 88

화학 코드가 중요하다 · 90

신분에 맞는 냄새 · 91

헨젤과 그레텔과 개미들 · 95

서로 톡톡 치고 어루만지기 · 98

섬세한 내비게이션 103

둥지 안에서 방향 찾기 · 106

훌륭하게 건설한 도로망 · 108

너도밤나무 뒤로 오른쪽 떡갈나무까지 · 112

언제나 태양을 좇아서 · 113

구름 덮인 날도 태양을 본다 · 115

사막의 내비게이션 고수 · 117

영화 필름을 거꾸로 돌리다 · 120

개미들의 나침반 · 121

사나운 무리들 123

인정사정없는 사나운 무리 · 127

특이한 형태의 군대개미 막사 · 129

끝없는 요요의 굴레 · 133

새 군체는 땅이 필요하다 · 135

소시지 파리와 상처 봉합 · 136

곤충의 왕자 · 138

6

개미 농장의 탄생 **141**

개미 사회의 히피족 · **144**
거대 도시의 탄생 · **145**
1000개의 방과 300만의 거주자 · **147**
버섯의 문제점 · **150**
선진화를 이룩한 농사 기법 · **153**
겉은 번지르르하지만 속은 볼품없다 · **156**
작지만 충분한 방어 능력 · **158**

나뭇잎으로 지은 집 **161**

생계형 음식물 절도 · **164**
숙식을 제공받는 농부들 · **167**
단물에 중독된 개미 · **169**
정글 속 악마의 정원 · **173**
꽃이 피는 쓰레기 더미 · **177**
나무 위에 만든 도시 · **181**

가축 농사꾼들 **187**

신선한 나무줄기의 선물 · **190**
육지와 물에서 · **192**
팀플레이에 적응하라 · **193**
개미집 입양아들 · **194**
행복한 순간은 끝이 있게 마련이다 · **196**
억압당하는 자에서 억압하는 주체로 · **197**
애벌레들의 방 · **199**
적진의 한가운데서 · **201**
비밀스러운 식객들 · **202**
잡아먹는 놈과 잡아먹히지 않는 놈 · **203**

식객 개미와 노예 사육 개미 **207**

양심도 없는 조직적 범죄의 현장 · **212**
7인의 사무라이 · **213**
주거 공동체의 즐거움 · **215**
개미들이 떨어지지 않으려 할 때 · **218**
잔인한 노예사냥 · **221**
꿀단지 전쟁 · **222**
트로이 목마 여왕개미 · **225**
노예사냥꾼들 · **227**
유전자가 문제다 · **230**
희생자 개미들의 처절한 복수 · **233**
다리 여섯 달린 스파르타쿠스 · **235**
노예라고 할 수 없는 노예들 · **237**

의사 개미들 239

종기, 부스럼, 그리고 발진 • 241

가짜 과일 • 243

삶에 지치고 장수하는 개미 • 244

촌충의 모든 것 • 247

죽음으로 내몰리다 • 248

파트타임 좀비들 • 250

예방 주사를 맞을 것인가, 장렬한 죽음을 맞을 것인가 • 251

개미들의 약상자 • 256

간호사와 특수 부대 • 259

세계 패권자가 되는 길 263

고향에서는 • 266

타지에서 홀로 • 267

정복하러 왔노라 • 268

이번에도 유전자가 문제다 • 271

생태계를 흔들어 놓은 개미들 • 273

사자들 앞에 몸을 내던지다 • 276

골프장과 놀이공원의 새 주인 • 277

추위에 강하고 소유욕이 강한 개미 • 280

따뜻한 장소를 좋아하는 세균 원심분리기 • 281

다수의 침략에 대항하는 첨단 기술 • 283

놀라운 결말 • 284

초군체 전쟁 • 286

틈새 막기와 방향 요법 쓰기 • 288

미치광이 동물들 291

깊이 들어가다 • 294

허공을 날다 • 296

개미에게는 큰 도약 • 298

너무 어린 신부들 • 301

수개미들의 유전적 반항 • 304

외부인 출입 금지! • 307

무리를 위해서라면! • 310

군집의 지능 • 311

홍수를 해결하라 • 313

탐사 여행을 마치며 317

사진 및 그림 출처 • 323

작지만 정말 강하다!

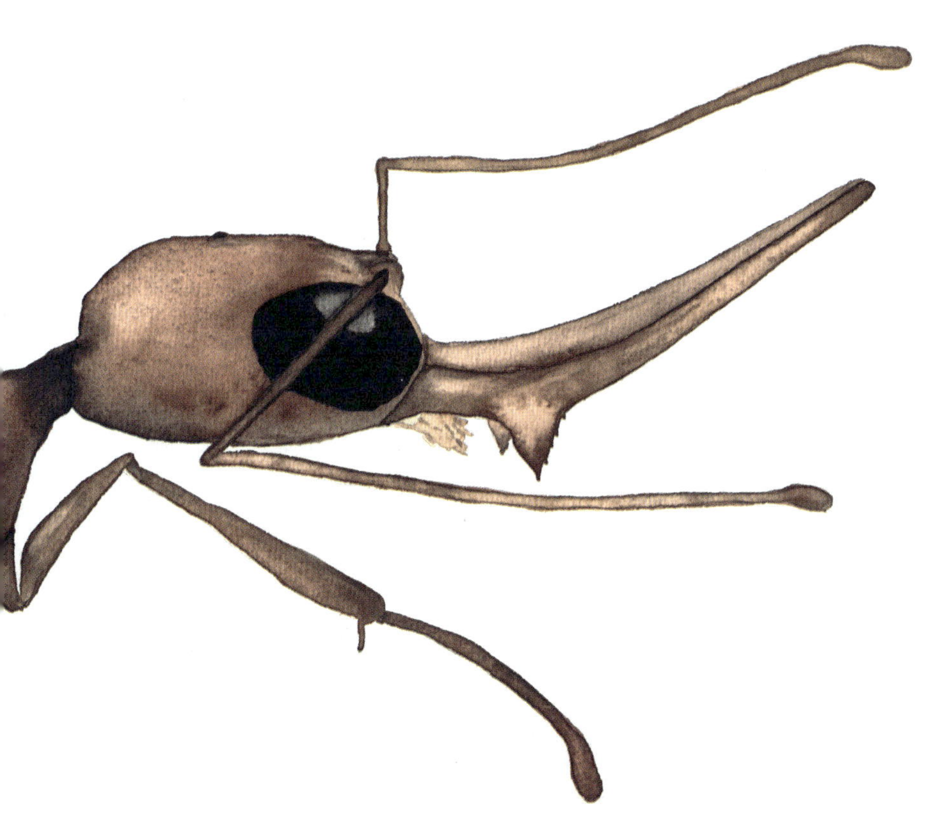

9쪽: 인도점프개미*Harpegnathos saltator*는 커다란 눈을 이용해 먹잇감을 찾는다.

사람들은 종종 "높은 곳에 올라 아래를 내려다보면 사람들이 마치 개미처럼 보인다"고 말한다.

나는 비행기 좌석에 앉아 몸을 약간 앞으로 숙이고 창밖을 내다보았다. 내가 탄 페루행 여객기는 아직 순항 고도에 도달하지 않았다. 여객기 아래로 도로와 건물, 들판이 보였다. 목초지에서 소들이 풀을 뜯고 있었고, 이따금 마을들이 보였으며, 저 멀리로 도시의 모습이 시야에 비쳤다. '비교해 보니 재밌네.' 문득 이러한 생각이 머리를 스쳤다. 비행기 좌석에 앉아 내려다보는 풍경, 즉 견고하게 만든 도로와 인상적인 형태의 건축물, 농사를 하거나 가축을 사육하는 모습 등은 개미들의 세상에서도 관찰한 광경이었다. 나는 비행기 좌석에 등을 기대며 인간 세상과 개미들의 세계 사이에는 유사성이 많다는 생각에 잠겼다. 우리 인간들처럼 개미들도 사회 집단을 이루어서 살며, 전쟁이 없는 평화로운 시기에는 분업 형태로 일을 한다. 일을 하지 않는 개미는 없다. 육아실에서 새끼 개미들을 돌보는 유모 개미와 개미집을 설계하는 개미, 개미집을 짓는 노동자 개미, 가사 노동을 하는 개미, 그리고 동족 개미들을 위해 먹이를 사냥하고 채집하러 다니는 일개미 등 어느 개미나 일을 한다. 그러나 개미들의 세상에도 영원한 평화는 없다. 서식 지역의 경계선이 침범되면 이웃 동네 개미들과 분쟁이 일어나면서 치열한 전쟁이 벌어진다. 침입자들은 영문도 모른 채 멍하니 있는 개미들을 밀쳐 넘어뜨리고, 침입자들보다 몸이 약한 개미들은 강제로 끌려가 노예가 된다. 어떤 개미 제국이든 흥망성쇠를 겪는다.

우리 인간 사회처럼.

여왕개미와 인간 세상의 여왕은 다르다

물론 개미와 인간 사이에 유사한 점이 있다고 해서 개미와 인간이 동등하다거나, 개미들이 인간다운 행동을 보인다는 의미는 아니다. 그런 생각을 하면 모순에 빠진다. 사람들 눈에 보이는 공통점들은 대부분 인간 세상의 사회 구조를 개미들의 조직 구조에 적용함으로써 발생한다. 여왕개미를 예로 들자면, 이들은 인간 사회의 제국을 통치하는 여왕과 공통점이 없다. 수많은 부하 일개미를 혼자 다 낳는 여왕개미에 대해 우리는 무엇을 알고 있을까? 또한 인간 사회의 공장에서는 일개미들처럼 일하는 노동자를 찾아볼 수 없다. 그럼에도 사람들은 인간 세상과 개미 세상에서 서로 유사한 상황이 벌어지면 동일한 표현을 사용하여 설명한다. 비슷한 상황을 구분해서 설명하기에 적당한 단어들이 없거나, 새로운 전문 용어를 만들 필요가 없기 때문일 것이다. 인간 세상을 표현하는 용어들은 대개 개미들에게서 나타나는 여러 특징을 표현하는 데 대단히 적절하다. 그러나 그러한 용어들이 인간 사회에서 사용하는 의미와 완전히 일치하지 않는다는 사실만은 유념해 두도록 하자.

인간과 개미 사이에 유사성이 있다는 사실은 부인할 수 없지만, 이러한 공통점들은 서로 다른 방식으로 나타난다. 개미들의 경우는 오직 적자생존의 결과로써, 인간의 경우에는 문명과 과학 기술, 도덕적 가치관의 영향을 받으며 나타난다. 하지만 종종 유사한 의문이 제기된다. 어떻게 수많은 개체가 좁은 공간에 한데 모여 살 수 있을까? 인간 집단이나 개미 무리는 식량 자원을 얻기 위해 어떤 방식으로 경쟁하는가? 위험 요소들이 가득한 환경에서 스스로를 지키는 방법은 무엇일까?

개미와 인간의 공통점과 다른 점, 이 두 가지를 결합해 보면 개미가 우리 인간에게 그토록 매력적인 이유를 알 수 있다.

놀랄 만큼 작은 개미들

개미와 인간은 우선 몸집의 크기에서 두드러지는 차이를 보인다. 개미들은 인간에 비해 너무나 작다. 가장 큰 개미종이 풍뎅이 정도이며, 가장 작은 개미는 알파벳 소문자 i에 찍히는 점 정도 크기이다. 매우 작은 종인 애집개미 *Monomorium pharaonis*는 기가스 왕개미 *Camponotus gigas*의 머리 위를 마음껏 돌아다닐 정도로 작다. 인간과 생쥐의 크기 차이와 비슷하다고 할 수 있다.

개미 제국의 규모 역시 산마리노공화국과 중국의 영토 크기 정도로 차이가 나기도 한다. 예를 들어 호리가슴개미 *Temnothorax*속 개미의 군체는 수십 마리가 도토리 열매 하나 안에 서식하는 한편, 잎꾼개미들은 최대 300만 마리가 집채만 한 크기의 땅속 공간에 모여 산다. 이곳에는 널찍한 방은 물론이고 복도와 공조기, 습도 조절기, 쓰레기 처리 시설, 균류 배양에 필요한 항온항습기까지 완벽하게 갖추어져 있다. 인간 세계에 비유하면 베를린 같은 거대 도시가 땅속에 있는 셈이다. 우리 인간들이 그와 같은 규모의 지하 대도시를 건설해 살 수 있을까?

그러나 개미와 인간을 비교할 때 잊지 말아야 할 사항이 있다. 인간의 경우는 호모 사피엔스라는 단 한 종만 존재하는 반면, 개미 세상에는 상당히 많은 종이 있다. 그리고 어떤 개미들은 다른 개미종과 매우 상이한 방식으로 산다. 그런 까닭에 우리가 이 책에서 접하게 될 개미들의 행동 패턴에는 여러 가지 예외와 변형들이 있으며, 일부 개미종에서만 나타나는 행동 양식도 존재한다. 하지만 대체로 거의 모든 개미종은 동일한 행동 패턴을 보인다. 그리고 이러한 공통점 덕분에 개미들은 지구상에서 그들만의 독특한 지위를 유지한다.

어떻게 살아남았을까?

개미들이 지금까지 멸종하지 않고 살아남은 비결 중 하나는 바로 삶에 대한 태도다. "무리가 너를 위해 무엇을 하느냐고 묻지 말고, 네가 무리를 위해 무엇을 할 수 있는지를 물어라!" 각각의 개미는 무리에서 이탈하면 곤경에 처하겠지만, 한편으로는 언제든 동족을 위해 스스로를 희생할 각오를 하고 있다. 열대 지방에 사는 총알개미*Paraponera clavata*의 일개미는 힘이 아주 세고 크기는 말벌과 맞먹는다. 사람이 이 개미에게 물리면 극심한 통증과 함께 의식을 잃을 수도 있다. 이 개미들은 길을 잃어 자신의 집을 찾지 못하면 불과 며칠 만에 죽고 말지만, 이들이 집단을 이루어 연대하면 무슨 일이든 할 수 있다. 열대 지방의 군대개미가 떼를 지어 마을이나 농장을 습격하면 마을 주민들은 아예 집을 버리고 떠나 버린다. 우리 안에 갇히거나 묶인 채 방치된 가축들만 불쌍할 따름이다.

　개미들이 살아남은 또 하나의 비결은 엄청난 개체 수에 있다. 그 누구도 지구상에 사는 개미들의 정확한 개체 수를 알지 못한다. 학자들의 추정에 의하면 약 1경 마리에 이른다고 한다. 그 추정이 맞는다면 사람 한 명 대비 약 100만 마리의 개미들이 존재하는 셈이다. 개미들의 평균 크기를 1센티미터라고 가정하고서 지구에 사는 개미들을 전부 일렬로 세운다면 지구와 태양 사이를 334번 오갈 수 있다. 과거 태양계에서 가장

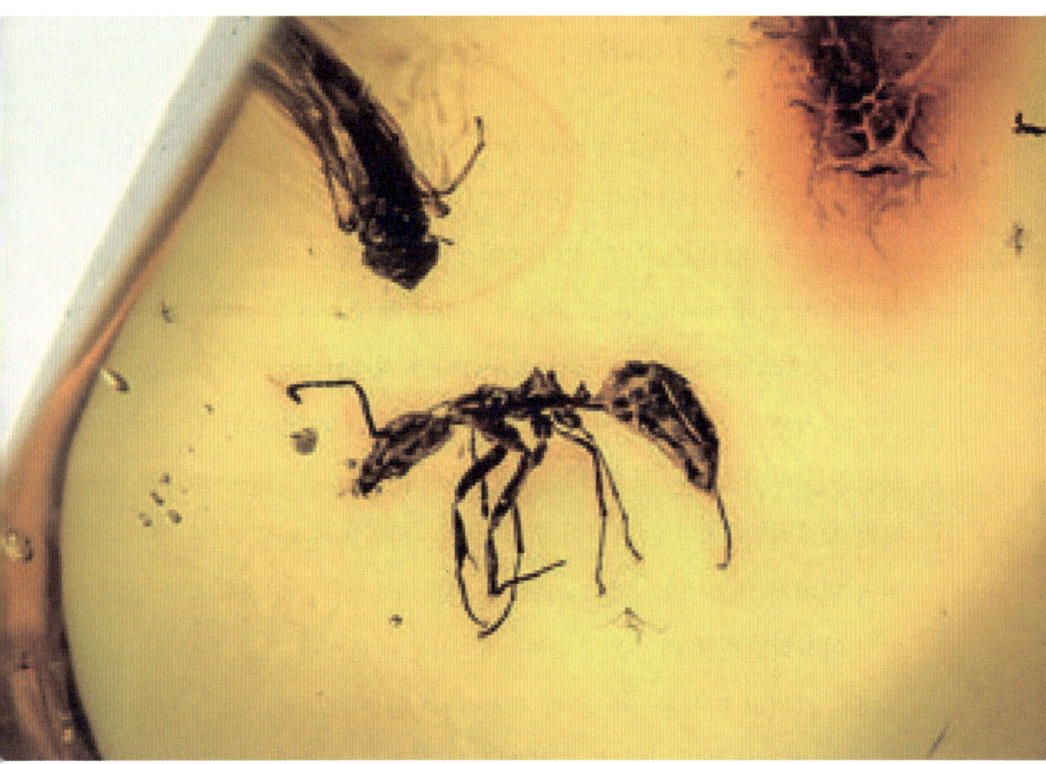

아득히 먼 옛날 공룡의 발에 달라붙어 기어 다닌 개미들은 때때로 나무 송진에 갇혀 호박 속에서 화석화되었다.

먼 행성으로 알려졌던 명왕성까지는 열 번을 다녀오고도 남는 길이다. 이런 숫자 놀이를 해 보면, 비록 각각의 개미들은 보잘것없어 보이지만 이들의 엄청난 개체 수는 인간에게 의미심장한 요소가 될 수 있음을 직감할 수 있다. 개미 한 마리가 섭취하는 먹이의 양은 매우 적지만 매년 지구상의 개미 전체가 먹어 치우는 양은 어마어마하다. 개미 한 마리는 작은 모래알을 옮기는 정도지만, 그들이 모이면 산을 옮길 수 있다. 개미들은 최소 약 1억 년 전, 즉 공룡들이 지구를 지배했던 시절부터 그렇게 살아왔다.

누가 이 세상을 지배하는가?

사람들은 인간이 세상을 지배한다고 믿는다. 하지만 지구를 위해서는 인간들이 지구에서 사라지는 편이 좋을 수도 있다. 인간이 하나도 남김 없이 지구를 떠난다면 무슨 일이 벌어질까? 이러한 주제를 다룬 저서들이 적지 않은데, 하나같이 전 지구적 재앙은 발생하지 않는다는 결론에 이른다. 그러기는커녕 무분별하게 생태계를 지배한 인간의 손아귀에서 벗어나 자연은 자력으로 서서히 회복되고, 도시들은 정화되며, 새로운 생물종들이 창조됨은 물론이고 수천 년 전의 생물 다양성이 회복될 것이라고도 한다. 인간도 자연의 일부이기는 하지만 인간의 행동 양식은 여러 면에서 대자연의 순환과 조화를 이루지 못한다. 인간들은 엄청난 양의 이산화탄소를 대기로 분출하는데, 이는 광합성을 하는 식물들이나 해초류 그리고 미생물들에 의해 제거될 수 있는 수준을 초과해 재앙적인 온실 효과를 발생시킨다. 또한 방사능 물질이나 플라스틱 등 문명이 낳은 쓰레기들이 땅속이나 바다에 축적됨에 따라, 지구 생태계는 정상적인 작동이 불가능한 상황에 빠지고 있다. 냉정히 생각해 보면 인간은 지구의 생명체들에게 축복을 내리기는커녕 크나큰 문제점만 안겨 주고 있다.

하지만 개미들은 그렇지 않다. 물론 일부 개미종은 서식지에서 단일 생태계를 만들어 다른 개미종이 살기 어렵게 만듦으로써 생태계의 균형을 깨기도 한다. 그러나 그런 개미종은 개체 수가 많지 않으며, 지구 전역에 퍼져 있지도 않아 다른 개미들은 생존을 지속할 수 있다. 개미들의 습성은 더디게 발전했다. 그리하여 생태계가 개미의 습성과 보조를 맞출 수 있었으며, 개미들을 기본적인 자연의 구성 요소로써 대자연의 순환에 포함할 수 있었다. 개미들이 없었다면 그들의 먹이인 곤충 종이 증가하여 단기간에 숲과 목초지를 불모지로 만들었을 터이고, 죽은 동물들이 처리되지 못하여 그 자리에서 부패했을 것이다. 땅속으로 공기가 공급되지 못하고, 영양물의 순환도 정체되었을 것이다. 어느 날 갑자기 개미들이 사라져 버린다면 지구 생태계는 새로운 균형점을 찾기까지 수년, 수십 년, 아니 수백 년이 소요될 정도로 크게 흔들릴 터이다. 개미들이 없으면 자연은 오랜 기간 안정성을 잃고 다시는 예전의 모습을 되찾지 못할지도 모른다. 자, 그렇다면 누가 진정한 지구의 통치자일까?

여섯 개의 다리를 믿고 떠나는 출정

덫 사냥꾼, 구급 의료 대원, 노예 소유자 등등 개미들은 정말 놀라운 역할을 한다. 이 책을 공동 집필한 올라프 프리체와 함께 여러분을 지구상에서 가장 멋지고 중요한 생명체의 세계로 안내한다. 페루와 말레이시아, 북아메리카 그리고 유럽의 숲으로 탐사 여행을 떠나 보자. 집단 내에서 아무런 결정권이 없는 여왕개미들과 피보호자 개미의 등에 올라타 침략자를 처단하는 암컷 보디가드들을 만날 것이다. 또한 다른 개미종의 새끼들을 납치하여 데려다 놓고 온갖 잡일을 시키는 암컷 전사들도 만날 수 있다. 어떤 여왕개미들이 새끼들의 피를 빨아 먹고 사는 이유는 뭘까? 일개미들이 배고픈 동료 개미들에게 먹이를 나누어 주는 이유는? 어떤 개미들은 바로 코앞에서 어린 개미들을 잡아먹는 딱정벌레들을 방관한다. 왜 그럴까?

여러분은 우리가 한밤중에 군대개미의 행렬 앞에 서 있는 모습을 만나 볼 것이다. 우리 개미 연구자들의 실험 장비를 잎꾼개미들이 파괴하는 모습이나, 내 동료 연구원들이 개미의 머리를 해부하는 장면도 만날 수 있다. 또한 개미 사회와 인간 사회 간에 엄청난 유사성이 있음도 알게 될 것이다. 동시에 인간과 개미가 서로 완전히 다른 이유에 대해서도 알아보자.

작은 생명체 개미, 하지만 그들은 대단히 강하다!

여왕 앞으로!

19쪽: 잎꾼개미의 큰 일개미와 작은 일개미는 몸집의 크기가 상당히 다르다.

개미 연구자들은 관료주의의 번거로운 절차로 인해 죽을 맛이다. 개미를 연구하러 외국으로 떠나려면 지루한 서류 작업부터 시작해야 하는데, 관청에서 요구하는 서류의 양이 해를 거듭할수록 늘어만 간다.

물론 독일에도 개미는 있다. 소풍 가서 자리를 잘못 잡으면 순식간에 개미들이 사탕이나 과자를 점령하기 위해 달려든다. 개미들은 들판이나 숲, 앞마당은 물론이고 종종 집 안까지 들어온다. 사실상 개미들은 어디에든 존재한다. 개미들은 개체 수도 많고 종들의 수도 많아서 독일에만 100여 종의 개미가 산다. 하지만 지구촌 곳곳을 기어다니는 1만6000여 종과 비교하면 독일에는 개미가 많다고 할 수도 없다. 그리고 이건 이제까지 발견된 개미종의 숫자일 뿐이다. 학자들이 아직 발견하지 못한 개미종도 많다. 인간의 눈에 띄지 않는 곳에 사는 개미종과 개체 수가 너무 적은 개미종 들이 있기 때문이다. 개미 연구자들은 이처럼 사람 눈에 보이지 않는 개미종 찾아내기를 목표로 삼아 정글이나 초원 지대, 사막을 누비고 다니면서 바위와 돌을 뒤집거나 나뭇잎 아래를 살피고 나뭇가지를 두드려 턴다.

　개미 연구자들이 각별히 애착을 갖지만 독일에는 서식하지 않는 개미들도 있다. 불행이라고 해야 할지 다행스런 일이라고 봐야 할지 여부는 사람마다 의견이 다르겠지만 개미종 가운데 슈퍼스타, 예를 들자면 잎꾼개미와 군대개미는 독일에서 찾아볼 수 없다. 따라서 야생에 사는 이들의 흥미 넘치는 생태를 연구하려면 외국으로 나가야 한다. 개미들은 남극이나 아이슬란드처럼 춥고 고립된 지역을 제외한 전 세계 어디에나 서식한다. 그리고 외국에 서식하는 개미들을 연구하고 싶은 사람들은 전 세계 모든 개미의 다리 숫자보다 더 많은 양의 서류를 작성해야만 한다. 적어도 내가 느끼기에는 그렇다.

　하지만 우리의 연구 대상인 개미들과 마찬가지로 개미학자들도 고집이 만만치 않다. 해외 연구 관련해서 제출할 서류가 산더미처럼 많지만 매년 학부생과 박사 과정 학생, 박사 학위를 취득한 연구원, 그리고 대학교수 등 다양한 멤버들로 구성된 개미 탐사팀은 세상에서 가장 오지에 해당하는 지역에 모여 방울뱀이나 독도마뱀, 거머리가 우글거리는 곳에서 개미를 찾고 개미가 사는 땅을 파헤친다. 그리고 기쁨에 겨워 이 작은 생물들의 원활한 입출국을 보장하는 끝없는 허가증들을 당황한 세관 직원들에게 들이민다.

　어쩌면 여러분은 고개를 절레절레 흔들지도 모르겠다. 하지만 내게 이보다 신나고 재미있는 일은 없다!

자매들의 세계

번거로운 서류 심사 절차를 마치고서 마침내 연구진을 태운 비행기가 공항에 착륙했다. 우리는 길이 없는 지역을 갈 수 있는 자동차를 빌려서 달리고, 가는 도중 길 위에 떨어져 있는 나뭇가지들을 힘을 모아 치웠다. 강가에 도착해서는 길쭉한 형태의 보트에 짐을 실었는데, 이때 보트가 뒤집힐 염려는 없는지도 확인해야 했다. 그리고 서서히 해가 저무는 가운데 손전등을 비추면서 강을 따라 노를 저었다. 이제 개미 탐사를 시작할 시간이 되었다.

개미는 같은 종이더라도 다 똑같은 개미라고 볼 수 없다. 개미들은 질서가 엄격한 계급 사회를 이루고 산다. 개미들을 맡은 역할과 성별로 구분하면 암컷인 여왕개미와 일개미, 그리고 수컷 개미로 나뉜다. 여왕개미는 가장 높은 계급으로, 개미종에 따라 개미집마다 한 마리 또는 여러 마리의 여왕개미가 있다. 여왕개미를 따르는 부하들은 암컷 일개미들이며, 이들은 대개 친자매 사이다. 개미 군체 내에 수컷 개미는 사실상 한 마리도 없다. 수컷 개미들이 개미 무리 내에서 함께 생활하지 않는 이유는 다음 장에서 설명하겠다. 일단 암컷 개미에 대해서 먼저 얘기해 보자. 그리고 수컷 개미와 암컷 개미가 어떻게 다른지도 알아보자.

누구나 다 아는 사실이지만 인간의 성별은 염색체에 의해 결정된다. 두 개의 X 염색체가 있는 수정란은 여성이 되고, X 염색체 하나와 Y 염색체 하나가 있는 수정란은 남성이 된다. 나머지는 호르몬이 해결한다. 이는 누구나 아는 분명한 사실이기에 사람들은 동물들도 똑같으리라고 생각한다. 하지만 자연은 우리보다 상상력이 풍부하다. 예를 들어 악어의 성별은 온도에 의해 결정된다. 악어의 알이 섭씨 30도 이하로 유지되면 대부분 암컷이며, 섭씨 34도 이상의 조건에서는 수컷이 된다. 30도와 34도 사이에서는 암컷과 수컷이 섞여 태어난다. 우리가 흔히 "니모"라고 부르는 애니메이션 주인공 물고기 흰동가리는 나이가 들면서 암수가 결정된다. 태어날 때는 전부 수컷인 흰동가리는 성체가 되면 암컷이 될 기회를 얻는다. 무리의 대장인 암컷이 죽으면 일주일 내에 성별을 바꿀 수 있는 것이다. 열대 지방에 사는 진드기종인 브레비팔푸스 페니시스*Brevipalpus phoenicis*는 기묘한 방식으로 성별이 확정되는데, 성장하는 동안 박테리아로 인해 수컷의 성별이 바뀌어 전부 암컷이 된다.

개미도 염색체에 의해 성별이 정해지지 않는다. 개미의 성별은 난자의 수정 여부에 의해 결정된다. 난자와 정자가 결합하면 암컷 개미가 태어나며, 난자와 정자가 결합하지 않으면 수컷이 된다. 꽤나 간단히 들리겠지만, 개미집 내부를 자세히 들여다보면 다소 복잡하게 진행되는 과정임을 알 수 있다(「혼란스럽지만 효율적으로」 장 참조). 암컷 개미는 아들과 딸, 또는 모친인 여왕개미보다는 자매들과 더 가까운 사이다. 이와 반대로 악어, 흰동가리, 진드기 그리고 인간은 형제, 자녀, 부모와 동일한 정도의 관계성을 맺는다. 이 책에서 계속 설명하겠지만, 개미 군체 내의 이상한 친족 관계는 개미들의 기이한 행동을 설명해 준다. 그중에서도 가장 특이한 행동은 대부분의 암컷 개미들이 알을 낳지 않고 여왕개미에게 번식을 일임하는 습성이다.

그렇다. 개미들의 세계에서는 오직 여왕개미만이 수컷과 교미할 권리를 갖는다. 그것도 결혼 비행에서 딱 한 번 수컷과 짝짓기를 한다. 두서너 시간에 불과한 결혼 비행에서 여왕개미는 수개미 한 마리와 교미하며, 드물게는 여러 마리의 수개미와 교미한다. 이때 일생 동안 알을 낳는 데 필요한 정자를 부지런히 모은 여왕개미는 모은 정액을 난소들 사이에 있는 특수 주머니에 보관하는데, 놀랍게도 정액은 그 주머니에서 여러 해 동안 죽지 않고 보존된다. 여왕개미는 30년까지 살 수 있다. 여왕개미는 몸속에 저장한 정액을 이용하여 자신이 낳은 알을 수정시킨다. 수정된 알은 전부 암컷 개미가 되는 까닭에 개미 군체들은 대부분 암개미로 구성된다.

안타깝게도 개미집에서는 늘 일손이 부족하여 암개미들은 무리 내에서 일어나는 일은 뭐든지 스스로 해결해야 한다. 암개미들은 여왕개미가 낳은 알들을 돌보고, 애벌레에게 먹이를 주고, 애벌레들이 튼튼히 자라도록 책임져야 한다. 암개미들은 새끼 개미들의 몸을 청결하게 관리하고 병원균에 감염되지 않도록 돌본다. 개미집을 수리하고 필요하면 새로 짓는 일도 암개미들이 담당한다. 개미들의 먹거리를 준비하고 분

디스콜로르 왕개미*Camponotus discolor* 가족사진. 가장 몸집이 큰 여왕개미(위쪽)는 결혼 비행이 끝나면 날개를 떼어 버린다. 수개미(왼쪽)는 짝짓기 비행이 끝나자마자 죽으며, 일개미(아래)는 산란을 제외한 군체 내의 온갖 일을 도맡는다.

배하는 일 역시 암개미들의 몫이다. 이들은 공평하진 않으나 엄격하게 규정된 원칙에 따라 먹이를 분배한다. 또한 암개미들은 침략자들로부터 집단을 보호하는 임무를 수행해, 침략자 개미들이 아무리 몸집이 커도 목숨을 걸고 싸운다. 요약하면 암개미들은 군집 유지에 필요한 일은 뭐든 다 한다. 그래서 우리는 그들을 암개미라 하지 않고 일개미라고 부른다.

역설적이게도 군체 내에서 주목받지도 못하면서 가장 다양하고 흥미로운 계급이 일개미이다. 일개미들은 멋진 개미집을 만들고, 농사를 짓고, 약탈을 감행하고, 적군 개미들과 전쟁이 나면 전투에 참여한다. 하지만 아무리 위대한 건축가이자 전사인 일개미들이더라도 시작은 소소하다. 일개미들의 경력은 유모에서부터 출발한다.

소름 끼치게 효율적인 육아실

평범한 일개미는 글자 그대로 개미집과 바깥세상 사이를 끊임없이 들락거리며 일생을 보낸다. 알에서 일생을 시작하는 일개미는 자그마한 하얀색 벌레처럼 보이는 유충으로 성장하며 늘 배가 고프다. 애벌레는 크게 자라면 곧바로 빳빳한 번데기로 바뀌며 고치가 번데기를 에워싼다. 이 단계를 거치면서 애벌레는 성체 개미의 모습을 갖춘다. 이 과정은 나비 유충이 나비로 탈바꿈하는 과정과 유사하지만, 나비는 이 단계에서 날개가 없으며 본연의 색깔도 나타나지 않는다. 개미에 대해 잘 모르는 사람들은 개미 애벌레와 번데기를 모두 그냥 '개미 알'이라고 부르는데, 정확하게 말하자면 개미 알은 애벌레와 번데기보다 크기가 훨씬 작으며 번데기는 성체와 크기가 거의 비슷하다. 변태가 끝나면 개미는 곧바로 부화해 맡은 임무를 시작한다.

외골격이 아직 단단하지 않은 어린 일개미는 육아실에 투입되어 여왕개미에게 먹이를 공급하고 산란을 돕는다. 알들을 전부 부화시키는 일을 하러 새로 투입된 유모 개미들은 알을 깨끗하게 관리하며, 육아실의 온도와 습도를 일정하게 유지해 알들이 얼거나 썩지 않도록 관리한다. 알과 애벌레는 유모들의 보살핌을 받으면서 영양분을 섭취한다. 이 과정은 얼핏 인간이 어린아이를 키우는 과정과도 유사해 보인다. 다만 개미들은 이 단계에서는 기저귀를 갈아 줄 필요가 없다. 애벌레에게 항문이 없기 때문이다. 입으로 들어가서 몸에 흡수되지 않은 찌꺼기는 가운데 창자의 한 부분에 모이는데, 이를 태변이라고 한다. 그래서 애벌레들은 서로 몸을 더럽히는 일이 없으며 육아실은 청결하게 유지된다. 애벌레들은 번데기가 되기 바로 직전에 태변을 방출하는데, 그 탓에 번데기 껍질에 까만 점이 남는다.

다시 애벌레 단계로 돌아가 보자. 어린아이들이 언제나 그렇듯이 새끼 개미들도 늘 배가 고프다. 그런데 다른 동물들과 달리 일부 개미종의 유충은 먹이를 먹기도 하지만 본인들이 먹잇감이 되기도 한다. 호리가슴개미속 미국호리가슴개미의 여왕개미는 자기가 낳은 유충들이 특별히 만드는 분비물을 즐겨 핥아먹는다. 동북아시아에 서식하는 톱니침개미*Stigmatomma silvestrii*는 일명 '드라큘라개미'라고 불리는 개미종으로, 호리가슴개미보다 훨씬 소름 끼친다. 톱니침개미의 여왕개미는 허기가 지면 자기 유충의 옆구리를 물어뜯는데, 이때 유충의 몸에서 '혈림프'라고 불리는 투명한 혈액이 흘러나온다. 톱니침개미 여왕개미가 이 혈액을 다 빨아 먹고 나면 하얀색 똥을 싸는데, 이 똥은 대기하고 있던 시녀 일개미들이 즉시 은밀하게 처리한다. 여왕개미는 유충의 피를 빨아 먹고 나면 수 시간을 버티면서 진짜 드라큘라처럼 다른 음식을 먹지 않는다. 맛있는 먹잇감이 바로 코앞에 있어도 물리친다. 놀랍게도 여왕개미에게 피를 빨린 유충들은 죽지 않고 건강을 회복한다. 여러 차례 피를 빨려도 몸에 상처 자국만 남을 뿐이다. 개미학자 마스코 케이이치Keiichi Masuko는 실험용 톱니침개미뿐 아니라 야생 톱니침개미의 몸에서도 상처 자국을 발견했는데, 이는 톱니침개미의 흡혈 행위가 그들의 일반적인 습성임을 의미한다.

드라큘라개미 여왕개미의 유충들은 자기들의 혈림프를 여왕개미의 식사로 내주면서 생존한다. 일개미 알들은 그다지 행복하지 않다. 개미 종 대부분의 어린 일개미들은 몸 안에 난소가 있지만, 개미집에 가임 여왕개미가 존재하는 한 일개미들은 알을 낳지 못한다. 어쩌다 알을 낳는 일개미도 있지만 그 알은 성충으로 자라지 못하고 먹잇감이 된다. 이른바 영양소가 있는 알들은 여왕개미에게 특식으로 제공되는데, 여왕개미는 알을 생산하는 데 필요한 영양분을 여기에 의존한다.

따라서 개미들의 세계에서 '유아식'이란 특이하게도 문자 그대로 유아를 섭취한다는 의미다. 인간의 시각으로 보면 공포감이 느껴질 정도이지만, 이는 개미들의 독창적인 생존 전략이다. 냉장고도 없고 24시간 문을 여는 슈퍼마켓도 없는 개미들은 부패하기 쉬운 음식을 보존하기 어렵다. 이러한 문제를 해결하는 방법이 바로 알이나 유충, 번데기 같은 살아 있는 '통조림 음식'이다. 일개미의 알들이 희생됨으로써 개미 군체가 번성할 수 있는 것이다. 그렇게 생각해 본다면 어린 순교자들은 종족끼리 서로 잡아먹는 행위, 즉 카니발리즘의 간접적인 혜택을 본다. 군체가 번성함으로써 그들의 유전자가 계속 살아남기 때문이다.

목숨 걸고 외근하기

개미종에 따라 다르지만, 일개미들이 육아실에서 일하는 기간은 여러 주간 또는 수개월 동안 계속된다. 육아실 근무가 끝나면 다음 세대의 어린 일개미들이 육아실을 맡으며, 이제 제법 성숙한 암컷 일개미들은 왕성한 활동력을 발휘하여 가사도 하고 개미집 수리도 맡는다. 이들은 개미집을 돌아다니면서 맞닥뜨린 일은 뭐든 수행한다. 개미집을 청결하게 유지하는 데 힘쓰면서 세균과 곰팡이를 제거하고, 돌이나 쓰레기가 있으면 치우고, 유충 키우는 방을 새로 만들고, 통로를 파고, 환기구를 청소하고…… 그러다가 때로는 하는 일 없이 빈둥거리는 시간도 갖는다. 특히 개미집 안에서 내근하는 젊은 일개미들에게는 당장 해야 할 일이 없는 경우 아무런 이유 없는 휴식과 노는 시간이 보장된다. 그러나 급하게 처리해야 할 일이 생기면 이들은 분주히 움직인다. 먹을거리가 충분하면 여왕개미가 알을 많이 낳아 거기서 부화된 일개미들이 많은 탓에 할 일 없이 빈둥거리면서 일거리를 기다리는 일도 있다. 일개미들이 빈둥거리는 이유가 무엇이건 간에 그런 시간을 갖도록 허락해야 한다. 사회생활을 하는 일개미들이 거쳐야 하는 다음 단계는 목숨을 건 임무이기 때문이다.

일개미들은 인생의 마지막 단계에 와서야 햇빛을 본다. 우리가 '개미'라고 하면 전형적으로 떠올리는 행동들은 일개미들의 외근에서 나타난다. 일개미들은 정해진 길을 쉼 없이 총총걸음으로 돌아다닌다. 이들은 죽은 곤충들을 잡아끌고 가고, 사람들의 소풍 바구니 안으로 들어가며, 때로는 사람들이 개미집 근처에 접근하면 사정없이 종아리를 문다.

개미에게 물려서 화를 내며 아픈 부위를 비비는 사람들은 개미집 밖의 임무가 개미들에게는 상당한 위험한 것임을 알지 못한다. 딱정벌레나 말벌 같은 육식성 곤충 또는 다른 종의 개미들이 거미나 도마뱀, 그리고 수많은 조류처럼 일개미들을 공격한다. 게다가 무더운 날씨에서는 몸 안의 수분이 빠지는 위험이 따르며, 너무 먼 곳까지 가 버리면 집으로 돌아오다가 길을 잃을 수도 있다. 그러다 보니 개미집 밖으로 나온 일개미들은 오래 살지 못한다. 사막개미의 경우 평균 생존 기간은 2주 정도다. 실험실에 있는 일개미들의 평균 수명이 1~3년이고 흑개미 *Formica fusca*는 최대 8년까지 산다는 점을 감안하면 대단히 짧은 수명이다. 일단 밖에 나와서 일하다 보면 오래 살지 못하기에 바쁘게 움직이는지도 모른다.

비록 바깥 활동에는 위험이 따르지만, 누군가는 개미집에서 나와 군체 전체를 위해 먹이를 조달해야만 한다. 어린 일개미들은 오랜 기간 사회생활을 해야 하므로 위험한 일은 하지 않는다. 위험한 업무는 늙은 일개미들의 몫이다. 개미 연구자들이 흔히 하는 소리가 있다. "인간은 젊은 남자들을 전쟁터에 보내지만, 개미들은 늙은 암컷을 전쟁터에 내보낸다." 그런데 이 "늙은 암컷"은 사실 늙은 개미가 아니라 여전히 활력이 왕성하고 건장한 정예 부대다. 개미들이 집을 나와 거친 야생의 세계로 가는 데 중요한 역할을 하는 것은 개미의 몸속에서 분비되는 호르몬이다. 개미들은 태어나서 몇 주 내지 수개월이 지나면 호르몬 분비가 시작되는데, 이 호르몬이 육아나 집안일을 싫어하게 만들고 대신 바깥일을 감수할 모험심을 불러일으킨다. 일개미들은 자신들의 종에 따라 각각 몸에 달라붙은 이를 잡아내거나 나뭇잎을 자르고, 동물 사체를 찾아내고, 먹잇감을 사냥한다. 그 덕분에 우리 개미 탐사팀이 땅 위나 나뭇가지, 나뭇잎 위를 기어다니는 일개미들을 발견한다.

과학의 이름으로 벌어지는 주거 침입

먹잇감을 찾아 개미집과 바깥세상을 분주히 오가는 일개미들은 머리 위를 어른거리는 큰 그림자의 정체를 알지 못한다. 이들은 바로 모기에 시달리면서 숲을 헤매고 돌아다니다가 개미를 발견하면 환호하는 개미 연구자들이다. 식량을 구하러 나온 작은 크기의 일개미들을 대낮에 추적하기란 쉽지 않다. 이들이 나뭇잎 사이나 덤불 속에서 은밀하게 움직이기 때문이다. 하지만 밤이 되면 사정이 달라진다. 낮에는 야행성 개미의 집이 마치 불투명 망토 밑에 숨어 있는 것 같아 경험 많은 개미 연구자들조차 밝은 햇빛 아래서도 이들을 발견하기 어렵다. 그래서 탐사팀은 말레이시아에서 군대개미를 관찰할 때나 페루에서 잎꾼개미를 관찰할 때 활동 시간을 개미들의 시간에 맞추었다. 우리는 정오까지 잠을 잤으며, 뜨거운 태양열로 인해 바깥에서 활동하기 힘들 때는 전날 밤에 관찰한 개미들에 대한 조사 보고서를 작성했다. 또한 밤에 졸음이 쏟아지지 않도록 차를 진하게 끓여 마셨다. 그러다가 해가 지면 밝은 별빛이 비추는 열대 우림의 비좁은 길을 걷기 시작했다.

개미들을 눈으로 보기에 앞서 개미들이 내는 소리가 먼저 들릴 때도 있다. 나뭇잎 위를 총총거리며 기어가는 개미 수백 마리의 소리는 마치 멀리서 부스럭거리는 듯이 들린다. 그런 소리가 들린 후에는 땅바닥에서 그들의 움직임이 포착된다. 군대개미는 이동할 때 전원이 짐을 진다. 알과 유충, 그리고 번데기들을 들고 움직이는 것이다. 이들은 엄청나게 긴 행렬을 이루고서 새로운 주거지를 찾아 이동한다. 군대개미들은 오랫동안 우리 탐사팀에는 눈길 한 번 주지 않고 행진했다. 적어도 우리는 그렇게 생각했다. 당시는 비가 내리는 데다 우리는 가죽 신발을 신고 있었다. 그렇게 생각한 지 몇 분 만에 보초 임무를 맡은 군대개미들이 탐사원들의 가장 민감한 신체 부위까지 기어 올라왔다. 우리는 그제야 일정한 거리를 두고 개미들을 관찰해야겠다는 판단을 내렸다.

잎꾼개미들을 관찰할 때는 신체적 고통이 거의 없었다. 잎꾼개미들의 행렬은 80미터가 넘는 경우도 흔하며 정글 속 평지로 이동하거나 나무를 기어올라 이동한다. 이들에게는 특수 청소 부대가 있어서, 가는 길에 아주 작은 나뭇가지 하나도 방해가 되지 않도록 미리 치워 놓는다. 독일 고속도로도 이렇게 효율적으로 운영되었으면 좋겠다는 생각이 들 정도다. 잎꾼개미들은 출발할 때는 아무 짐도 지지 않지만 돌아오는 길에는 나뭇잎을 입에 물고 온다. 이들이 꽃잎을 물고 오는 경우도 있는데, 이때 숲속 땅바닥에는 핑크빛 꽃잎들이 춤을 추는 듯한 광경이 연출된다. 이처럼 나뭇잎과 꽃잎을 큰턱에 물고 줄지어 기어가는 목적에 대해서는 나중에 자세히 설명하기로 하자. 우리는 개미들의 행렬을 따라 개미집 입구까지 갔다. 우리의 연구는 과학 발전을 위한 것으로, 탐사팀의 목적은 개미 군체를 통째로 거두어 독일에 있는 연구실로 가져가는 것이었다. 개미들에게는 잔인하기 그지없는 참사임을 나도 잘 안다. 하지만 개미를 연구하려면 이런 방법 이외에는 방도가 없다. 우리 개미 연구자들도 사자나 거위, 혹등고래, 장지뱀을 연구하는 동물학자들처럼 야생에서 개미를 연구하고 싶다. 우리도 여건이 되는 경우에는 정글이나 숲, 초원, 사막을 돌아다니면서 자연 상태에 있는 개미들의 생태를 관찰한다. 우리 역시 먼 곳으로 떠나는 탐사 여행을 마다하지 않으며 피에 굶주린 모기들이나 임시 화장실도 기꺼이 받아들인다. 하지만 그 정도로는 여러 중요한 질문에 대한 답변을 충분히 얻을 수 없다. 개미집이 사람 눈에 잘 띄지 않으며, 내부 사정을 눈으로 확인하기는 더욱 어렵기 때문이다. 실험실에서 개미집을 관찰하지 않고서는 어린 개미의 사육 과정이나 알에서 성충으로 변모하는 과정을 알 수 없다.

개미를 연구하다 보면 우리 인간의 감각 기관을 통해 감지하기 어려운 부분이 있다.「의사소통 감각」장에서는 개미들이 사람의 후각으로는 느낄 수 없는 화학적 신호를 이용해서 의사소통하는 방법을 소개하겠다. 우리 연구진은 첨단 분석 방법을 이용하여 그 냄새의 존재를 증명할 수 있으나, 현장에서 그렇게 하려면 질량 분석계를 질질 끌면서 정글을 돌아다녀야 한다! 따라서 실험실에서 하던 연구를 자연 속에서 하기란 불가능하다. "지금 당장 개미들이 먹을 식물과 곤충들을 전부 개미집 오른편으로 옮겨 주시겠습니까?" 정글 속에서 이렇게 외쳐 봤자 누가 나서겠는가? 그러나 실험실에서는 우리가 하고 싶은 대로 미로를 만들고, 여러 가지 장애물 코스도 만들고, 가짜 냄새도 뿌릴 수 있다.

개미에 대해 자세히 알고 싶거나 개미를 보호하고 싶은 경우, 또는 부득이하게 개미들을 통제해야 하는 경우에는 어쩔 수 없이 일부 개미들을 실험실로 납치해 와야 한다. 납치 과정에서 개미들은 날카로운 입으로 연구원들에게 따끔한 맛을 보여 주며 자기들의 의사를 분명히 표시한다. 개미 연구자의 삶은 결코 쉽지 않다.

통증 유발자들

그러나 연구팀이 개미를 납치하는 일이 당사자인 개미에게는 죽느냐 사느냐의 문제다. 따라서 개미들은 싸울 수밖에 없다. 정확히 말하자면 개미들은 죽기 살기로 덤비며, 때로는 목숨을 잃기도 한다. 그러다 보니 연구자들이 목적을 이루기도 쉽지 않다. 개미에게는 몇 가지 무기가 있다.

강력한 큰턱과 부식 작용을 일으키는 강한 산성 물질이 있으며 독침이 있는 개미종도 있다. 그렇다. 적지 않은 개미종이 침을 이용한다! 독일에서 흔히 보는 고동털개미나 홍개미는 독침이 없지만, 주름개미나 집호리가슴개미 등의 작은 개미종들은 독침을 이용해서 불쾌한 심기를 드러낸다.

여러분도 언젠가 개미들이 상당히 기분이 안 좋았을 때를 체험한 적이 있을 것이다. 따라서 개미에게 물렸을 때의 고통이 정확히 어느 정도 수준이었는지 알아보는 일에도 의미가 있을 터이다.

미국인 곤충학자 저스틴 슈미트Justin Schmidt는 사람이 곤충들의 침에 쏘였을 때 느끼는 고통을 분석했다. 슈미트는 150여 종의 다양한 곤충의 독침으로 1000번 넘게 직접 쏘이는 실험을 하여 이를 수치화한 '슈미트 독침 통증 지수Schmidt Sting Pain Index'를 만들었다. 슈미트 지수의 수치는 1.0부터 4.x 단계까지 나뉘는데, x는 고통을 수치화할 수 없는 경우를 뜻한다. 가장 아래 단계의 통증은 약간 불쾌한 기분이 들며 5분만 지나면 아픔을 잊는 수준이다. 슈미트 박사는 이런 통증을 '달콤한 통증'이라고 표현했다. 너무 흥분한 연인이 귓불을 살짝 깨물거나 천연 양모 카펫 위를 걷고 난 후에 약한 전기 쇼크를 느끼는 정도의 통증이다. 아메리카불개미Solenopsis xyloni가 가장 아래 단계에 올라 있다. 두마디개미아과의 개미들은 화가 나면 제법 통증을 느끼는 독침을 쏜다. 잎꾼개미와 독일에 서식하는 유럽불개미Myrmica rubra도 여기에 속하며, 슈미트 독침 통증 지수 1.8에 해당한다. 스테이플러 철사 심을 뺨을 향해 쏠 때 느끼는 통증 정도다. 하지만 개미에게 쏘인 데를 손으로 비빌 때 붉은불도그개미Myrmecia gulosa에게 물리지 않아서 다행이라고 생각하며 안심하도록 하자. 붉은불도그개미의 독침은 살 속으로 파고든 발톱을 송곳으로 제거할 때 느끼는 통증이라고 알려져 있다. 이 통증은 수일에 걸쳐 지속되며 슈미트 통증 지수 3.0에 해당한다.

하지만 이런 통증들은 남아메리카에 서식하는 총알개미*Paraponera clavata* 독침의 통증에 비하면 아무것도 아니다. 남미의 원주인들은 총알개미를 '24시간 개미'라고도 부른다. 한 번 쏘이면 엄청난 고통이 24시간 지속되기 때문에 붙은 별명이라고 한다. 총알개미는 세계에서 가장 큰 개미로, 최대 4센티미터 크기까지 자란다. 이들은 슈미트가 직접 체험한 통증 가운데 가장 극심한 통증을 일으킨다. "정말 순수하고 강렬하며 찬란한 고통이다. 7센티미터 정도의 녹슨 대못이 발뒤꿈치에 박힌 채 불에 달군 숯 위를 걷는 느낌이다." 슈미트는 자신이 느낀 통증을 이

남미에 서식하는 총알개미는 개미들 가운데 가장 극심한 통증을 유발하는 독침을 가지고 있다.

렇게 표현하면서 4.x 단계에 넣었다. 총알개미의 독침이 주는 고통이 총에 맞았을 때의 통증과 흡사하다고 비유하는 사람들도 있다. 천만다행으로 총알개미의 독은 인간의 생명에 치명적이지는 않다. 지옥과도 같은 24시간이 지나면 통증은 서서히 가라앉는다. 하지만 총알개미의 독침에 쏘여 본 사람이라면, 비록 과학 발전을 위한 실험일지라도 또 한번 맞아 보겠다고 나서지는 않을 것이다. 남아메리카의 사테레마웨족 원주민이 아니라면 말이다. 이 부족은 남자들의 성인식에 총알개미를 이용하는 전통이 있다. 이들은 성인식을 치를 때 수십 마리의 총알개미를 넣은 주머니에 손을 집어넣고 30분을 버텨야 한다. 그런데 이것이 한번에 그치지 않는다. 무려 스물다섯 번을 해야 한다.

자, 이래도 우리 개미 연구가들이 미쳤다고 생각되는가?

큰 머리와 강한 턱

독침이 없는 개미들은 입으로 물거나 산성 물질을 뿌린다. 특히 하위 계급에 속하는 병정개미들이 이런 방법을 사용한다. 전사 같은 외모의 병정개미 일개미들은 보통 일개미나 작은 개미들보다 크기가 커서 큰 일개미 또는 슈퍼 일개미라고 불린다. 특히 강력한 큰턱이 있는 머리가 대단히 크다. 이러한 특징을 가진 흑개미 *Pheidole*속의 큰 일개미들은 '큰머리개미'라고도 불린다.

개미들이 홀쭉한 몸을 가진 작은 일개미가 될지 엄청난 크기의 큰 일개미가 될지는 육아실에서 결정된다. 먹이를 많이 먹지 못한 유충들은 나중에 일상의 소소한 일을 하게 되며, 잘 먹인 유충들은 전사가 되는 운명에 놓인다. 이처럼 유아기의 불균형적인 대우는 몸집의 크기로만

귀결되지 않는다. 먹이 분비물과 독성 물질을 조절하는 분비샘도 운명에 따라 기능이 좋기도 하고 약하기도 하다. 호전적인 아마존 전사들도 성인이 되면 처음에는 육아부터 시작한다. 이는 개미의 세계도 마찬가지여서, 전사 개미들도 새끼 개미들을 돌보는 일부터 시작한다.

큼지막한 큰턱을 가진 큰 일개미들은 개미집 입구의 보초를 서기도 한다. 잎꾼개미의 큰 일개미는 강력한 큰턱을 이용하여 거친 나뭇잎을 갈기갈기 찢고, 군대개미의 큰 일개미는 행렬의 측면에 서서 무리의 안전을 책임지면서 큰 먹잇감을 사냥하며, 큰머리개미의 큰 일개미는 단단한 씨앗을 갈아서 가루로 만든다. 베짜기개미의 큰 일개미는 나뭇잎으로 개미집을 만들 때 유충들을 입에 물고 이리저리 흔드는데, 이때 유충의 입에서 끈적끈적한 명주실이 나와 나뭇잎들을 연결한다. 콜로봅시스*Colobopsis*속 개미의 큰 일개미는 커다란 머리로 개미집 입구를 단단하게 막음으로써 문 고정쇠 역할을 한다. 큰 일개미들은 작은 일개미들에게 부득이한 사정이 생겨 유충들을 돌보지 못할 때 기꺼이 집으로 돌아온다. 물론 커다란 턱을 가진 큰 일개미들은 작은 유충들을 다룰 때 서툴고 섬세하지 못하다. 이러한 일개미들의 다양한 능력은 앞으로 자세히 다룰 것이다. 한 가지 분명한 사실은 평화 시에 큰 일개미들은 발달된 근육을 자랑하는 전사가 아니라 다양한 용도로 쓰이는 스위스 주머니칼 같은 역할을 한다는 점이다.

개미집 입구에서 각종 도구를 이용하여 개미들을 끄집어내고 여왕을 납치할 때면 이들 개미집 방어 부대와 대면하게 된다. 개미와 사람의 몸집에는 큰 차이가 있고, 연구원들이 과학적 호기심으로 하는 일이지만 우리는 나름의 예의를 지키며 삽과 모종삽, 칼을 든다. 그러나 결국 일어날 일은 일어나고 만다.

비닐봉지로 여행하기

개미들의 보금자리를 파헤칠 때 개미들은 당연하게도 불쾌해한다. 그리고 가끔은 연구자들이 개미들을 점잖게 다루지 못한다는 사실도 인정한다.

도토리 열매 하나 크기의 공간에 개미둥지가 있는 소형 개미종의 경우에는 날카로운 칼로 수 시간에 걸쳐 도토리나 호두, 작은 나무줄기를 하나하나 갈라서 개미들이 들어 있는지 확인하는데, 이때 연구원의 실수로 일개미나 여왕개미의 몸통이 절단되기도 한다. 정글 속에서는 미끄러지거나 칼로 손을 베는 경우가 허다해서 탐사 일정의 막바지에 이르면 팀원 절반이 손에 반창고를 붙이고 있다. 때로는 나무 한 그루가 쓰러질 때까지 기다리기도 하는데, 이때는 수령이 오래된 거대한 나무가 수십 년 품고 있던 개미집들을 전부 채집할 기회를 얻을 수 있다.

바위틈이나 평평한 땅속에 보금자리를 만들고 사는 개미들을 채집할 때는 다른 방법을 쓴다. 바로 진공청소기 원리다. 투명 플라스틱 튜브 두 개를 유리 채집통 끝부분에 있는 마개에 끼운다. 우리가 흡입기라고 부르는 도구다. 플라스틱 튜브 하나의 끝을 개미 가까이에 대고 다른 튜브는 사람이 입에 물고 힘주어서 흡입해 개미를 생포하는 방식이다. 이때 사람이 입에 무는 튜브에는 촘촘한 그물 필터를 부착해서 개미가 사람 입으로 들어가는 일이 없도록 한다. 간혹 그물 필터를 부착하지 않고 빨다가 개미가 입에 들어가는 사고가 발생하기도 한다. 개미를 식용으로 사용하는 문화권도 일부 있지만, 우리 개미 연구팀의 경험에 의하면 개미는 사람의 입맛에 맞는 동물은 아니다.

개미 연구자가 원하는 개미가 땅속 깊은 곳에 있는 경우에는 애를 먹는다. 이럴 땐 부득이 삽이나 가래를 이용하거나 사람이 힘을 써야 한다. 미국 애리조나주에서 수 시간에 걸쳐 땅을 파서 브레비셉스 노예 사육 개미 *Polyergus breviceps* 군체 하나를 채집한 적이 있다. 당시 연구팀은 땀을 뻘뻘 흘리면서 땅을 팠고, 기진맥진 상태가 되어서야 1.5미터 깊이에서 여왕개미 한 마리와 육아실을 발견했다. 그런데 마지막으로 삽질한 번만 더 해서 개미집을 들어내기만 하면 되는 순간에 너무 지친 연구팀이 어설프게 삽질하는 바람에 여왕개미가 두 동강이 나고 말았다. 몇차례 거친 언사가 오고 간 후, 우리는 어쨌든 군체를 가져가기로 결정했다. 그러나 여왕개미가 없기 때문에 더 이상 새로운 일꾼이 태어날 수 없었고, 우리의 실수는 그렇게 끝이 났다.

사이즈가 큰 개미집을 끄집어낼 때는 삽으로 뜬 후에 곧바로 큼지막한 플라스틱 통이나 양동이에 담는다. 그리고 개미집을 담은 통의 윗부분에 개미들이 싫어하는 액체인 플루온을 발라 탈출을 방지한다. 물론 개미들을 이송할 때는 뚜껑을 튼튼하게 닫아야 한다. 그렇게 하지 않으면 집으로 가는 도중에 개미들에게 종아리를 쏘이고 물리는 당혹스럽고 괴로운 사태가 발생할 수 있다.

크기가 작은 개미들의 소형 군체를 담을 때는 비닐봉지 하나면 충분하다. 그리고 비닐봉지에 나뭇잎과 물기가 있는 키친타월을 넣으면 개미들이 임시로 비닐봉지 안의 상황에 적응해 말라 죽는 사태를 방지할 수 있다. 이때 먹이로는 개미들이 난생처음 먹어 본다는 듯이 대단히 좋아할 만한 과자류나 참치가 적합하다. 이 상태로 데려와 냉장고에 넣어두면 개미들은 아무런 해를 입지 않고 2~3주간 살 수 있다. 연구진은 한번 탐사를 나갈 때 1000개가 넘는 개미 봉지를 가져온다. 따라서 우리는 묵을 숙소에 대형 냉장고가 있는지 반드시 확인한다. 미국 미시간주로 개미 탐사 여행을 갔을 때 있었던 일이다. 우리는 집주인과 함께 생활

하리라고는 전혀 생각지 못했고, 슈퍼마켓에서 장을 보고 집으로 돌아온 집주인은 냉장고 문을 열자마자 깜짝 놀랐다. 냉장고에 수없이 많은 개미가 들어 있었기 때문이다. 다행히도 집주인은 미소를 지으며 개미 봉지를 집어 들었을 뿐, 탐사팀과 개미들을 문밖으로 내쫓지는 않았다.

이러나저러나 즐거운 개미 채집 여행

개미들을 채집하느라 힘들고 고된 낮과 밤을 보낸 후 마침내 숙소로 돌아갈 시간이 되었다. 운이 좋다면 탐사팀은 부엌과 전기 시설, 상수도, 샤워기 등의 편의 시설을 갖추고 인터넷 접속도 가능한 야외 숙소에 묶는다. 하지만 옥외 간이 화장실이 있는 허름한 오두막을 이용해야 하는 경우도 있다. 야외 탐사 여행이라고 하면 낭만적으로 들릴 수 있지만, 실상은 그렇지 못하다.

식사 시간에는 흥미진진한 광경이 펼쳐진다. 탐사원들이 직접 음식을 만들어 먹는 경우가 드물지 않은데, 탐사팀이 여러 나라에서 온 사람들로 구성되다 보니 각 나라의 진기한 음식을 맛보는 즐거움을 만끽할 수 있다. 쌀이나 생선, 신선한 망고는 맛이 좋으며 건강에도 좋다. 하지만 페루에서 아침 식사로 생선 샐러드를 먹을 때는 적응하는 데 시간이 좀 필요했다.

탐사 여행을 시작하고 여러 주가 지나도 적응이 안 되는 것은 침대 시트로 들어오려는 달갑지 않은 동물들이다. 말레이시아에서는 모기에 물리지 않기 위해 침대 위에 그림처럼 아름다운 모기장을 쳤는데, 그게 효과가 있어서 주변에서 윙윙거리는 흡혈 곤충들과 거리를 두고 잘 수 있었다. 하지만 들쥐들이 모기장을 타고 위로 기어오른다는 사실은 전혀 알지 못해서, 한밤중에 얼굴 위를 기어가는 들쥐와 인사할 수밖에 없었다. 말레이시아에는 들쥐뿐 아니라 땅에 서식하는 거머리가 있다. 열대 우림의 덤불에서 군대개미들의 행진을 보기 위해 고개를 숙이면 종아리에 달라붙은 거머리가 보인다. 거머리는 몸에 달라붙어도 통증이 거의 없어 알아차리지 못한다. 어느 날 아침, 밤에 입고 잔 티셔츠에 핏자국이 있는 걸 보고 깜짝 놀랐다. 거머리가 몸에 달라붙어 있었는데 전혀 몰랐던 것이다. 다음 날 밤에는 들쥐가 티셔츠의 핏자국을 물어뜯어 구멍을 내놓았다. 나는 그때부터 밤마다 모기장을 매트리스 밑부분까지 쑤셔 넣었으며, 잠들기 전에 피에 굶주린 거머리가 몸에 붙어 있지 않은지 꼼꼼히 확인했다.

하지만 정글에서 개미를 찾는 것만큼 멋지고 신나는 일도 없다.

개미 군체의 탄생

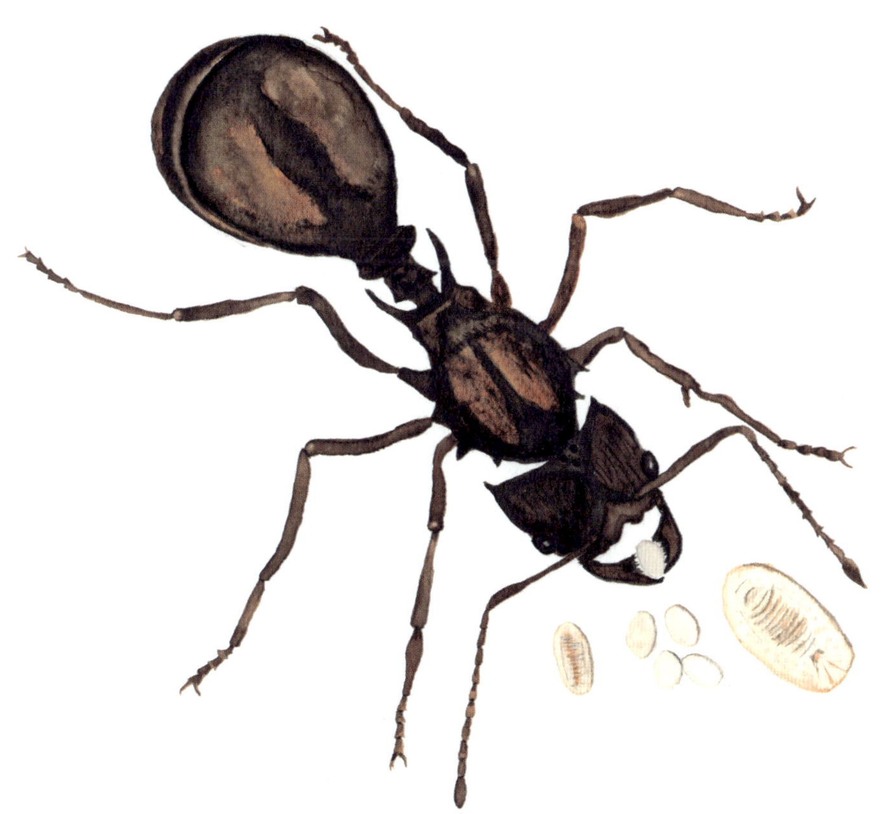

43쪽: 처음 낳은 알과 유충으로 새로운 군체를 만드는 젊은 잎꾼개미 *Acromyrmex versicolor* 여왕개미

여왕개미처럼 "짐이 곧 국가다"라는 말이 딱 들어맞는 경우도 없다. 여왕개미는 개미 군체의 과거이자 현재이며 동시에 미래이다. 여왕개미는 개미 군체를 만들며, 그 안에서 함께 생활하는 일개미와 수개미 그리고 공주개미들까지 전부 낳는다. 여왕개미가 죽으면 흔히 군체도 금세 소멸한다. 이런 삶을 위해 여왕개미는 평생에 단 한 번 문밖으로 나와 여행을 떠나야 한다.

여왕개미의 소녀 시절

여왕개미는 여왕으로 태어나는 것이 아니라 여왕으로 만들어진다. 약간의 예외는 있지만 일반적으로 유전자는 여왕개미가 되는 과정에서 아무런 역할을 하지 않는다. 정확하게 말하자면 개미집 육아실의 보모들은 공주개미를 만들어 내기 위해 마련된 특별 원칙에 따라 일한다. 예를 들어 포르미카 폴릭테나*Formica polyctena*는 여왕개미가 차가운 온도에서 겨울잠을 잔 후에 낳은 겨울 알 가운데 하나를 선택한다. 여름에 낳은 알들은 여왕개미가 되지 못한다. 그렇게 하는 이유는 과학자들이 여전히 풀지 못한 미스터리이다. 개미들은 그 이유가 뭔지에 관심도 없다. 어쨌거나 겨울에 낳은 알을 선택하는 데서부터 출발한다. 육아실의 보모 일개미들은 선택받은 유충에게 특별식을 먹인다. 이 특별식은 양도 많고 음식의 질도 고급이다. 불개미 공주는 유충이 되고 나서 사흘 안에 여러 가지 영양소가 풍부한 음식을 받는다. 주사위는 던져졌다. 불개미 공주는 유망 여왕개미가 되는 과정에 오른다. 불개미 공주는 여왕이 될 것이다. 그리고 수백에 이르는 고귀한 신분 출신의 자매들이 공주를 따른다.

여왕 지위 계승권에서 개미들은 한 바구니에 알을 전부 담지 않는다. 공주개미의 결혼이 잘못될 위험이 많기 때문이다. 왕자답지 못한 수컷이 공주와 결혼하여 개미들을 실망시키는 일이 발생할 수 있으며, 교미에 실패하기도 한다. 주변에 개미 군체를 새롭게 만들기에 적절한 장소가 없는 경우도 있다. 딱따구리 같은 치명적인 천적을 만나는 일도 흔하다. 딱따구리에게 영양 상태가 좋은 공주개미는 그야말로 훌륭한 먹잇감이다. 군체의 설립자가 되기도 전에 파멸하거나 조기 사망할 가능성도 적지 않다. 통계에 따르면 1만 마리의 공주개미 가운데 한 마리 정도만 군체를 만들고 여왕 자리에 오른다.

그렇지만 처녀 공주개미들은 이런 사실을 짐작도 못 한다. 이들은 자매지간인 일개미들보다 몸집이 상당히 크고 뼈 빠지게 일할 필요도 없으며 어깨 위에는 두 쌍의 날개가 달렸다. 공주개미들은 이러한 점들이 어떠한 때에 유리한지 날씨가 온화한 어느 날에야 알게 된다. 중부 유럽에서는 날씨가 포근한 5월부터 8월 사이의 시기이다.

그날이 오면 개미둥지 전체에 평소와 다른 이상한 불안감이 감돈다.

개미들의 본능적인 충동이 발동하면서 날개 달린 공주개미와 이 순간을
위해서만 존재하는 수개미들을 집 바깥으로 내몰려 한다. 그런 분위기
에 곧바로 반응하여 밖으로 나가려 하면 일개미들이 일단 만류한다. 그
러다가 은밀한 신호가 나오면 그제야 결혼 여행을 떠나는 부부들을 위
해 개미집의 문들이 일제히 열리면서 출입구마다 날개 달린 수개미와
공주개미 들이 몰려나온다. 이들은 처음에는 갈 곳을 몰라 우왕좌왕하
지만 결국 결혼 비행을 하기 위해 날개를 펴고 날아오른다.

여름철 결혼 비행의 정확한 시기는 개미종에 따라 다르다. 하루 중
에 날아오르는 시간도 각각 다른데, 도토리개미 *Temnothorax nylanderi*는 일

이 고동털개미 여왕개미처럼 여왕개미들은 오직 결혼 비행 때에만 보금자리를 떠나 바깥으로
나오며, 결혼 비행에서 돌아온 후에는 산란에만 집중한다.

몰 두 시간 전에 날아오르며 우니파시아투스 호리가슴개미 *Temnothorax unifasciatus*는 새벽녘에 결혼 비행을 한다. 이처럼 결혼 비행 출발 시간이 종마다 각각 다른 이유는 다른 종의 공주개미나 수개미들과 교미하는 불상사를 방지하기 위해서다.

결혼 비행의 모습도 종에 따라 제각각이다. 개중에 총각 개미끼리 무리를 이루어 비행하는 경우가 많은데, 그 모습을 멀리서 보면 마치 먹구름이 몰려오는 듯하다. 이때 공주개미 하나가 수개미 무리와 충돌하면 곧바로 공중에서 광란의 교미가 벌어지며, 일부 공주개미들은 단단한 땅바닥에서 짝짓기를 한다. 분위기 좋은 장소를 찾은 공주개미들은 방향 물질인 페로몬을 분비하는데, 수개미들은 이 페로몬 향기의 유혹을 뿌리치지 못한다.

군대개미 공주개미들은 첫날밤을 집에 머물면서 수개미를 기다린다. 공주개미는 수컷 개미 한 마리 또는 다수의 수개미와 짝짓기를 한다. 다만 짝짓기는 이날 하루뿐이다. 여왕개미에게 결혼식은 일생 단 한 번뿐이다.

따라서 여왕개미는 첫날밤에 가능한 한 많은 양의 정자를 부지런히 모아 자기 몸 안에 있는 특수 장기인 저정낭 속에 저장한다. 저정낭에는 정자 수억 개를 저장할 수 있는데, 여왕개미 대부분이 10년, 20년 또는 30년에 걸쳐 약 1억5000만 마리의 새끼를 낳는다는 사실을 감안하면 그리 많은 개수는 아니다. 저정낭에 들어 있는 정자 가운데 2분의 1 내지 3분의 1의 정자가 번식에 성공한다. 2억5000만 개의 정자 가운데 하나만 난자와 결합하는 인간과 비교하면 대단히 양호한 비율이다. 인간의 정자는 생산되고부터 유효 기간이 약 1개월 정도지만, 여왕개미의 저정낭에 든 정자들은 수십 년간 신선도를 유지한다.

늦어도 해가 지평선에 가까워질 무렵이면 개미들의 결혼식 잔치가 모두 끝난다. 짝짓기를 끝낸 미래의 엄마들과 아빠들은 별다른 대화도 없이 헤어지며, 이들을 기다리는 운명 역시 판이하다.

날아다니는 정자 주머니

간단히 말하자면 수개미들은 결혼 비행이 끝난 후 전부 죽는다. 수개미의 인생은 단 하나의 목적을 위해 이용된다. 다른 군체 출신의 같은 종 공주개미의 몸 안으로 자기 유전자 물질이 담긴 정자를 옮기는 것이다. 수개미들은 날아다니는 정자 주머니일 뿐이며, 완벽한 조직을 갖춘 모권제 집단에서 가장 지루한 계층임에 틀림없다.

단지 정자 배달 서비스 역할만 수행하기 때문에 개미들은 수개미들에게 그다지 투자를 하지 않는다. 수개미들의 가치는 여왕개미가 결혼 비행에서 얻어 오는 정자 하나만도 못하다. 여왕개미의 알 중에 정자와 수정하지 않은 무정란이 수개미로 성장하며, 여왕개미는 공주개미들의 결혼 비행이 목전에 있을 때만 수개미를 낳는다. 수개미는 일을 하지 않아도 된다. 수개미들은 무럭무럭 성장하고 열심히 먹어서 생식 능력을 키워 결혼 비행을 가서 몸속의 정자를 여왕개미에게 주고 나면 곧바로 죽는다. 수개미들의 사체를 발견한 일개미들은 개미집으로 끌고 가서 먹어 치운다. 수개미들의 일생은 그렇게 끝난다. 물론 일부 개미종에서 흥미진진한 예외가 발견되기는 하지만 말이다.

열대 지방이나 아열대 지방에 서식하는 카르디오콘뒐라*Cardiocondyla*속의 여러 개미종에는 제2의 수개미종이 있다. 이들은 날개가 없으며, 짝짓기를 마치고 곧바로 생을 마감하지도 않는다. 이 반란자들은 개미집

대부분의 여왕개미처럼 불개미아과 프레놀레피스 임파리스*Prenolepis imparis*의 여왕개미(왼쪽)도 결혼 비행에서 난생처음 짝짓기를 한다.

에 남아 라이벌 관계인 수컷끼리 싸운다. 날개 없는 수컷들이 개미집 안의 작은 구역 하나를 차지하고 사는 개미종도 많다. 수개미들 사이에 싸움이 벌어지면 수컷 중 하나는 싸움에서 질 수밖에 없지만, 목숨을 건 싸움에서 살아남으면 보상이 따른다. 자기 구역에 있다가 공주개미를 만나는 행운을 잡은 수컷은 공주개미와 교미할 수 있으며, 만족스러운 쾌락을 즐긴 후에도 죽지 않는다. 이들은 날개 달린 수개미들에게는 허락되지 않은 즐거움을 누리면서 산다. 이들은 50회 이상 짝짓기를 할 수 있으며 정자를 계속 생산해 낸다.

공주개미들은 먹을거리가 풍부한 호시절에는 날개 없는 마초 수컷들과 교미를 즐기며 결혼 비행은 하지 않는다. 개미집 내부의 안전한 방에

50

수개미들 대부분의 유일한 목표는 결혼 비행에서 공주개미와 교미하는 것이다. 하지만 카르디오콘뒬라속의 싸움꾼 수컷 개미들은 짝짓기를 마치고도 수개월 동안 살면서 암컷 개미에게 접근하기 위해 수컷끼리 목숨을 건 싸움도 불사한다.

서 이루어지는 짝짓기는 미지의 세계로 나가는 여행보다 위험성도 훨씬 적다. 개미집 밖으로 나가지 않고 남자 형제들 가운데 하나와 교미한 공주개미들은 엄마로 하여금 자신을 공동 여왕으로 인정하게 만든다. 그렇게 해서 알을 생산해 내는 여왕이 많아져 어느 날부터 군체 내부가 비좁고 갑갑해지면, 젊은 여왕개미 하나가 무리를 모아 개미집을 떠나 인근 다른 지역에 정착한다. 그러나 개미들이 굶주림에 시달리는 시기가 되면 공주개미들은 집 안에서 고생하는 어머니들을 버려두고 바깥으로 나온다. 어려운 시기에는 넓은 세상으로 나아가 보다 나은 조건의 보금자리를 찾는 행운을 기대하는 편이 좋다.

그리고 수개미와 교미를 마친 공주개미에게도 이러한 행운이 간절히 필요하다.

여왕개미 운명의 날

쾌락의 시간을 보낸 여왕개미들에게는 할 일이 있다. 바로 자기 군체를 만드는 것이다. 짝짓기한 자리에 둥지를 마련하는 것은 별로 좋은 아이디어가 아니어서, 여왕개미들은 조금 멀리 날아가 본인의 보금자리 혹은 무덤이 될 새로운 장소에 착륙한다. 여왕개미들은 대부분 새로운 땅을 잘 고르지 못한다. 물론 그 일이 쉽지는 않다. 도시의 길이나 광장, 도로에는 개미들이 파고 내려갈 푸석한 하층토가 없는 경우가 많으며 물기가 있는 장소도 적당하지 않다. 그러한 장소에 정착하려 해 봤자 헛수고일 뿐이다. 게다가 굶주린 거미와 도마뱀, 두꺼비 그리고 다른 종의 개미들이 지친 여왕개미를 노리고 길목에서 잠복한다. 익사 사고 없이 잡아먹히거나 짓밟히지도 않고서 위험천만한 결혼 비행에서 무사히 살아남은 여왕개미는 비행을 종료하고 자신의 날개를 떼어 버린다. 할 일이 많은 여왕개미에게 날개는 방해 요소일 뿐이다.

아직 태어나지 않은 여왕개미 새끼들을 위해서는 보금자리 마련이 시급하다. 여왕개미에게는 세 가지 옵션이 있다. 우선 열심히 일해서 스스로 새집을 마련하는 방법이 있다. 또 하나는 같은 종의 개미들이 사는 개미집에 합류하는 방법이다. 세 번째 방법은 다른 종의 개미들이 사는 개미집에 세입자로 들어가거나 기습 공격을 감행하여 개미집을 장악하는 것이다. 선택은 개미종마다 가진 특유의 기질과 여왕개미에게 주어진 기회에 따라 결정된다. 그러나 어떤 선택을 하든 위험을 피할 순 없다.

내 집 마련의 꿈

새집을 마련하는 일은 갖은 노력이 들어가는 가장 힘든 작업이다. 우선 여왕개미는 몸을 숨길 만한 자그마한 임시 숙소를 찾는다. 여왕개미는 임시 숙소를 까다롭게 고르지 않는다. 개척 정신으로 무장한 여왕은 나무속의 빈 공간이나 바위 밑 등 작은 은폐 공간이면 만족해한다. 임시로 몸을 숨길 장소를 찾지 못한 여왕개미는 직접 땅을 파거나 나무를 갉아 장소를 마련한다. 여왕개미는 수도원 독실 같은 작은 은신처에서 약탈자들로부터 안전하게 자기 몸을 지키면서 첫 번째 알을 낳는 데 집중한다.

하지만 용감하게 자기 둥지를 새로 만들어 세우는 설립자는 기존 군체의 자원이나 기반을 이용할 수 없다는 단점을 안고 가야 한다. 어린 새끼들을 돌봐 줄 일개미들도 없으며, 여왕개미와 유충에게 먹이를 가져다주는 개미도 없다. 그래서 이 시기에는 어쩔 수 없이 어린 시절에 먹이를 섭취하면서 몸 안에 축적한 지방층의 영양분으로 살아남아야 한다. 여왕개미는 필요 없어진 날개 근육과 뇌의 일부분을 분해해서 본인은 물론 처음으로 태어난 유충들의 먹이로 사용한다. 대부분의 개미종들은 이와 같은 비축 식량을 충분히 가지고 있다. 여왕개미들은 이를 바탕으로 수 주 내지 수개월간 수도원 독실 같은 곳에서 스타트업 기간을 보낸다. 우리는 이런 경우를 '수도원 군체 토대'라고 부른다. 하지만 이러한 비축 식량이 없는 개미종의 여왕개미들은 때때로 간이 수도원 군체 토대 은신처를 떠나 음식물을 구해 와야 한다. 음식을 구하러 밖에 나온 새내기 엄마들은 곳곳에서 온갖 위험과 사고와 직면한다. 배고픈 동포 개미가 나타나 방어력이 전무한 유충들을 발견하고 순식간에 잡아먹어 버리기도 한다. 먹이가 부족한 상황에서는 여왕개미도 이러한 일을 벌인다. 개미 알이나 유충 일부가 그렇게 희생됨으로써 형제 개미 알과 유충들을 살리는 것이다. 유충들도 배가 고프면 서로를 뜯어 먹는다. 개미들은 동족끼리 잡아먹는 행위에 대단히 너그럽다.

먹거리가 어느 정도 유지되면 여왕개미는 많지 않은 개체의 작은 사이즈 일개미들을 키운다. 이때부터 군체를 돌보는 책임은 작은 턱을 가진 일개미들의 몫이고 여왕개미는 다시 알을 낳는 기계적인 임무에 몰두한다. 작은 일개미들은 맡은 업무를 성실하게 수행하면서, 그와 동시에 극도로 조심스럽고 소심하게 움직인다. 작은 일개미들은 나중에 태어나는 자매들과 달리 무모하고 저돌적인 행동을 하지 않는다. 개체 수가 적은 때에 태어난 이들에게는 군체가 생존하기 위해 한 마리 한 마리

실험실에 마련된 큰집호리가슴개미*Temnothorax longispinosus* 둥지에서 첫 번째로 부화한 일개미(왼쪽)가 개미집을 짓는 여왕개미(오른쪽)를 돕고 있다.

가 소중하기 때문이다.

　새로 군체를 형성할 때, 주거 공동체를 목적으로 여러 젊은 여왕개미들이 힘을 모을 경우에는 할 일도 적고 위험성도 적다. 이렇게 젊은 여왕개미들이 모이는 경우, 초기에는 그 효과가 좋다. 하지만 이러한 주거 공동체는 흔히 계획에 따라 만사가 진행되어 일상생활이 시작되면 시스템이 붕괴되기가 쉽다. 첫 번째로 부화한 일개미들이 개미집에서 자리를 잡으면 여왕들은 성질이 나빠지면서 서로를 공격하기 시작한다. 드물게는 공동 군체 토대가 다수의 서로 연관성 없는 여왕개미들이 함께 이끄는 군체가 된다. 우리 개미 연구자들은 이런 경우를 '복수 여왕제'라고 지칭한다. 그러나 함께 군체를 설립한 여왕들은 늘 싸움을 한다. 모두가 단일 여왕 체제를 이루어 자기가 유일한 여왕개미가 되기를 원하기 때문이다. 싸움을 벌인다면 반드시 이길 필요가 있다. 패자에게는 그에 상응하는 상처가 따르기 때문이다. 부상으로 인해 죽지 않으면 일개미들이 끝장내며, 심지어 자기가 낳은 딸들에게 끝장이 날 수도 있다. 여왕이 죽었다! 여왕 폐하 만세!

맘스 호텔

창업자에게는 그런 역경이 있기에 적지 않은 개미종의 젊은 여왕들이 차라리 맘스 호텔에 머물기로 결심하고 결혼 비행을 마치자마자 친정으로 돌아온다. 예를 들어 홍개미*Formica rufa*는 어린 시절부터 살아온 집에서 멀지 않은 장소에서 짝짓기를 한다. 그리고 적당한 은신처를 찾을 때 종종 다른 일로 바쁜 자매 일개미들을 만난다. 일개미들은 자매를 알아보고 이들을 개미집으로 다시 데려다준다. 운이 좋으면 젊은 여왕개미들은 다른 개미집의 일개미들에게 죽임을 당하지 않고 오히려 입양되기도 한다. 하지만 이런 경우는 다수의 여왕개미가 함께 사는 개미종의 경우에만 해당된다. 일단 군체에 받아들여진 여왕개미들은 평탄하게 살아갈 수 있다. 알을 낳는 일에만 전념하면 되고 다른 일은 일개미들이 맡아서 한다. 그런데 이런 경우 헌신적인 일개미들만 손해를 본다. 군체 내의 여왕개미들이 다 그들의 모친이 아니고 일개미 전부가 다 그들의 자매도 아니어서 진화생물학상의 문제도 생긴다. 대개 가까운 혈육이지만 친척 관계가 전혀 성립되지 않는 경우도 생긴다. 그래서 맘스 호텔이 '맘스 마을'이 되는 경우가 적지 않다.

맘스 마을도 언젠가는 터질 정도로 꽉 들어차게 된다. 다수의 여왕개미가 수많은 일개미를 생산하기 때문에, 일개미들에게는 넓은 공간과 많은 먹이가 필요하다. 가까운 곳의 먹이는 곧 다 먹어 치울 테니 일개미들은 먹이를 구하기 위해 점점 멀리 나가기 시작하고, 그리하여 조만간 일부 여왕개미들과 군체의 일부가 보금자리를 떠나 적당히 거리를 둔 장소에 새집을 마련해야 하는 때가 온다. 이들에게는 날개가 없으므로 걸어서 새 거주지로 이동한다. 새 거주지는 친정집에서 가깝고 결혼 비행을 하러 출발할 때만큼이나 경쟁도 치열하다. 하지만 여왕개미는 다양한 연령의 일개미는 물론 유충과 알을 포함하는 가정을 꾸릴 수 있다. 무언가 조금 부족하더라도 비극적인 사태가 발생하지는 않는다. 새로 생긴 군체들은 맘스 호텔과 긴밀하게 연결되어 있는 경우가 많으며, 따라서 일개미들은 별다른 충돌을 일으키지 않고 각 개미집을 오간다. 그렇게 여러 군체가 모여 이른바 슈퍼 군체를 형성한다. 홍개미의 경우 서로 멀리 떨어져 있지 않은 곳에 여러 개의 개미 언덕을 만든다. 숲의 변두리가 개미 왕조의 손에 들어가는 것이다.

여왕개미가 하나만 있는 개미집들과 비교해 다수의 여왕이 있는 군체, 또는 슈퍼 군체의 가장 큰 장점은 이들 군체가 영원히 유지된다는 점이다. 여왕개미가 죽으면 다른 여왕개미가 그 자리를 즉시 채운다. 여러 개의 개미둥지 가운데 하나가 파괴되면 살아남은 일개미와 여왕개미들은 군체의 다른 지점에서 새 보금자리를 마련할 수 있다. 이에 반해 여왕개미가 하나만 있는 군체의 경우 여왕개미가 죽으면 곧바로 멸망한다. 다시 강조하지만, 개미들은 집단생활을 통해 힘을 얻는다.

네 집이 내 집이야!

그런데 짝짓기하고 나서 집을 지을 의지도 없고 능력도 없는 데다 원래 살던 집을 찾아가지도 못하는 여왕개미는 어찌해야 할까? 이런 경우 불개미를 비롯하여 일부 개미종은 위험하면서도 비열한 전략을 세운다. 그냥 다른 개미종의 둥지와 일개미들을 약탈하는 것이다!

적대적 인수 작업을 시도하는 젊은 여왕개미는 적에게 잡아먹히지 않기 위해 위장을 하고 몰래 잠입한다. 여왕은 먼저 목표로 삼은 개미집의 방향 물질을 도둑질한다. 이 방향 물질에는 개미집을 만든 재료들이나 일개미들의 냄새가 묻어 있어서, 이것이 있으면 안으로 들어갈 수 있다. 개미집 안으로 슬그머니 잠입한 여왕개미는 그곳의 여왕개미가 사는 가운뎃방으로 진입하고, 결국 서부 영화에나 나올 법한 최후의 결투를 벌인다. 많은 경우 침입자 여왕개미가 주인 여왕개미를 죽이며, 때로는 침입자가 주인 여왕을 퇴위시키는 작업만 하고 목숨을 거두는 일은 여왕의 딸들에게 맡긴다. 주인 여왕개미의 동작이 더 빨라 침입자를 죽이고 그 사체를 자기 일개미들에게 먹잇감으로 던져 주는 경우도 있다. 결과가 어찌 되었든 간에 유혈 사태를 피할 수는 없다.

털개미*Lasius*속의 개미종들은 좀 더 주도면밀한 방법으로 강탈 행위를 감행한다. 이들은 여왕개미가 없을 가능성이 있는 개미집을 노린다. 예를 들어 여왕이 늙어 죽은 경우다. 풀개미*Lasius fuliginosus*는 이런 상황에서 황털개미*Lasius umbratus*의 집을 접수하고, 황털개미 여왕개미들은 종종 고동털개미*Lasius niger*나 나도누운털개미*Lasius brunneus* 개미집을 빼앗는다. 그렇다, 조금 혼란스럽다. 특히 두 개미종의 일개미들이 한집에 살면서 함께 일하는 과도기의 모습은 정말 혼란스럽다.

새 여왕개미의 장기적인 목표는 자기만의 군체를 갖는 것이다. 원래 주인이었던 개미종 일개미들은 힘든 초기 과정에서 가교 역할을 하면서 이방인 여왕개미의 애벌레들을 돌보고 먹이를 공급한다. 하지만 원래의 주인 일개미들은 하나씩 죽어 가고 새 여왕개미의 일개미들이 그 자리를 채운다. 과도기에는 서로 다른 개미종이 섞여서 사는 모습이 나타난다. 주인 측이었던 늙은 일개미들은 먹이를 모으러 바깥을 돌아다니고, 반란군의 젊은 일개미들은 개미집 내부 일을 맡는다. 우리 개미학자들은 이런 행동 방식을 '임시적 사회 기생'이라고 부른다. '임시적'이라고 부르는 이유는 희생자들이 단지 일시적으로 이용되기 때문이다. 물론 종국에는 주인이건 침입자건 동물은 다 죽기 마련이다. '사회 기생'이라고 부르는 이유는 기생하는 측이 개미들의 사회적 행동을 악랄하게 이용하기 때문이다.

자기만의 군체를 만들기 위해 어떤 방법을 선택했든, 긴장감이 감도는 시간이 지나면 여왕개미는 마침내 자기 딸들에게 둘러싸여 자신만의 왕국을 시작할 준비를 마친 듯 보인다.

하지만 과연 그럴까?

혼란스럽지만
효율적으로

59쪽: 군대개미의 일종인 렙토게뉘스 디스팅구엔다 *Leptogenys distinguenda*는 두서너 날에 한 번 이동하는 데, 이때 개미 유충과 번데기(왼쪽)는 물론 달팽이(오른쪽) 등 이른바 손님들도 새 개미집으로 데려 간다.

규모가 큰 공동체가 제대로 돌아가려면 집단 내부의 누군가에게 최종 결정권이 있어야 한다. 학교에서는 교사, 기업에서는 사장, 그리고 국가에서는 대통령이 최종 결정권을 쥐고 있다. 사람이 개미들의 생활에 관심 갖기 시작했을 무렵, 한 나라의 권력 구조 정점에는 왕이 있었다. 왕들의 권력은 절대적이었다. 그들의 말이 법이었고, 그들의 신하들이 도시를 건설하고 곡식을 수확했으며, 왕들은 기분 내키는 대로 전쟁을 일으켰다. 초창기 개미 연구자들은 여왕개미가 권력의 정점에 있는 개미 집단 역시 인간 사회와 다르지 않음을 알고 깜짝 놀랐다. 기막힌 유사성이 있다! 하느님이 거룩한 자연계를 만들었음을 증명하는 사례다! 터무니없는 실수를 저지르는 모습도 똑같다!

일견 인간과 동물 사이에 유사성이 있기는 하다. 개미들의 습성과 능력을 알고 나면 더욱 놀랍다. 개미들은 공동생활을 해서, 때로는 덴마크 인구보다 더 많은 개체 수를 가진 개미 집단을 형성하기도 한다. 개미들은 구성원 전부가 먹기에 충분한 먹이를 마련하며, 쓰레기를 치우고, 너무 춥거나 더운 개미가 없도록 개미집의 온도를 조절한다. 우리 인간 사회에도 그런 일을 책임지는 누군가가 필요하며 명령이 내려지고 감시가 이뤄진다. 인간에게도 우두머리, 시장, 국왕, 황제 등으로 불리는 남녀 대장이 필요하다.

그런데 개미들은 대장 없이도 무슨 일이든 다 해낸다.

여왕개미는 집단 내에서 개미들을 지배하지 않는다. 여왕개미는 사실상 개미집 엄마에 불과하며, 알을 낳는 기계일 뿐이다. 여왕개미는 밤낮을 가리지 않고 알을 낳는다. 그들은 음식 먹는 일과 알 낳는 일을 매일같이 반복한다. 자기 군체를 갖는 순간부터, 정확하게 말하면 여왕 자리에 즉위하는 날부터 여왕개미의 삶은 지루한 일상의 연속이다. 군체 내의 진정한 발언권은 여왕개미의 수많은 딸, 즉 일개미들에게 있다. 따라서 개미 집단에서 보이는 국가 형태는 절대 군주제보다는 무정부주의에 가까운 민주주의를 연상하게 한다.

1000개의 방과 부엌, 욕실이 있는 집 급구

개미 군체가 해결해야 하는 가장 큰 도전 과제 가운데 하나인 집단 이주 문제를 살펴보면서 개미들의 의사 결정 과정을 알아보자.

낡은 개미집이 본래의 목적에 부합하지 못하게 되는 경우는 여러 가지다. 작은 나뭇가지나 숲속 땅바닥의 도토리 속에 사는 개미 군체는 시간이 지나면서 개미집이 저절로 붕괴되거나, 노루나 멧돼지 같은 동물들이 밟고 지나가면서 무너진다. 군체 내 개체 수가 너무 많아지는 경우도 흔하여 보다 큰 거주지가 필요해진다. 가까운 곳의 먹이들을 다 먹어치워서 새로운 먹거리를 찾아 나서야 할 때도 있다. 특히 군대개미들에게 이런 일이 자주 일어난다. 공격적인 성향의 이웃 개미들이 쳐들어왔을 때는 집을 내주는 편이 현명한 경우도 있다. 예의를 모르는 개미 탐사원들이 개미집을 파헤치고 군체 일부를 실험실로 가져가는 사태도 종종 일어난다. 이유가 무엇이든 집을 옮기는 일은 개미 군체에게 대단히 큰 프로젝트이다. 개미집의 사이즈에 따라서는 일본 도쿄만 한 크기의 거대 도시를 다른 지역으로 옮기는 일과 비견될 수도 있다. 개미들이 이처럼 엄청난 규모의 과업을 시작하기에 앞서 시급하게 해야 할 일은 지역 부동산 시장 탐색이다.

바깥으로 돌아다니면서 군체가 들어가 살기에 적당한 장소가 있는지 탐색하는 일은 정찰병 일개미들이 맡는다. 적당한 거주지의 조건은 한두 가지가 아니다. 우선 새집은 동족 개미들이 걸어서 갈 수 있는 위치에 있어야 한다. 일개미들에게는 날개가 없기 때문이다. 군체 구성원들이 전부 들어갈 수 있는 크기여야 하며, 약탈자로부터 보호되고, 혹독한 날씨도 피할 수 있어야 한다. 필요에 따라 벽을 허물거나 새로 벽을 만들 수 있는 자재로 지어진 집이어야 하며, 건기에도 적당한 습도가 유지되어야 하고, 비가 오는 경우 물방울이 떨어질 정도로 물러서는 곤란하다. 겨울에는 추위를 막아 주어야 하며 여름철에는 빵 굽는 오븐이 되면 안 되는 등등 조건이 정말 많다.

정찰병 일개미가 그런 조건들을 두루 갖춘 장소를 찾아낸다면 정말 다행이다. 정찰병 일개미는 적합 판정을 내리기에 앞서 대상지를 꼼꼼하게 확인하고 검토한다. 이들은 개미집 후보지의 안으로 들어갔다 나오기를 여러 차례 반복하면서 내부 곳곳을 빠짐없이 살핀다. 내부를 살피는 데 한 시간 가까이 소요되기도 한다. 그런 과정을 거치고 나서야 결정을 내려지는데, 이는 오로지 정찰병 일개미의 개인적인 결정이다!

정찰병 일개미는 수십, 수백, 수천 또는 수백만 마리의 일개미 가운데 하나이지만 이 순간에는 오직 자신의 본능과 체험, 때로는 취향에 따라 거주지를 결정한다. 아무도 그 정찰병 옆에 서서 작은 소리로 조언을 해 주지 않는다. 부동산 중개사도 없으며, 자매 일개미나 여왕개미도 없다.

작은 개미 한 마리의 두뇌로 판단하기에는 과중한 업무가 아닐 수 없다.

다리 여섯 달린 컴퓨터

그렇다. 개미에게는 뇌가 있다. 개미의 뇌는 매우 작아서 개미종에 따라 1세제곱밀리미터도 안 되기도 한다. 무게는 100만 분의 1그램 정도이며, 약 25만 개의 신경 세포로 구성되어 있다. 그래서 개미의 뇌는 해부하기가 너무 어렵다. 그럼 어떻게 해야 하나? 우리 연구진은 면도날을 비롯한 대단히 섬세한 도구들, 그리고 무한한 인내심을 이용한다.

우선 면도날을 두 조각 내서 그 중 하나를 외과용 메스에 부착하여 개미의 머리를 자른다. 사실은 직접 발명하지 않고 제안만 했을 뿐이지만 그 이름이 단두대의 대명사가 되어 버린 조제프이냐스 기요탱Joseph-Ignace Guillotine 박사의 의견에 따르자면, 이는 개미가 편안한 죽음을 맞이하는 과정이다. 그는 이런 말을 남겼다. "희생자는 단지 통풍이 잘된다는 느낌만 받을 것이다." 개미 머리는 너무 작아서 사람이 붙잡고 있을 수 없다. 그래서 액체 왁스에 개미를 넣은 후 얼음 위에 놓인 해부용 접시에서 고체가 될 때까지 기다린다.

다음 단계는 조금 까다롭다. 각피라고 부르는 단단한 머리 표면을 세 부분으로 절개해야 한다. 그러면 일종의 뚜껑이 생기는데, 이를 창문 열 듯이 조심스럽게 열어야 한다. 이제 개미의 뇌를 볼 수 있다. 개미의 뇌는 전문 용어로 식도상신경절이라고 부른다. 뇌가 구강의 위쪽에 있기 때문이다. 개미의 뇌는 아주 작은 크기임에도 여러 부분으로 나뉘어 있으며, 각 부분이 담당하는 기능이 다르다. 더듬이를 통해 들어온 신호는 더듬이엽과 등쪽엽에서 감지되며, 눈을 통해 들어온 새로운 이미지는 시엽에서 받아들인다. 개미 뇌의 가운데 부분, 특히 버섯체를 보면 더욱 흥미진진해진다. 버섯체는 현미경으로 들여다봤을 때 버섯 모양으로 생겨서 붙은 이름으로, 시각 정보와 학습을 담당한다. 그런데 여유롭게 자세히 들여다볼 시간이 없다. RNA 분자들이 민감하여 서둘러 일을 하지 않으면 분해되기 때문이다. 그간 애써서 진행한 일들이 전부 헛수고가 될 수도 있는 순간이다. 이제 면도날을 부착한 외과용 메스를 치우고 아주 얇은 금속제 핀셋 두 개를 들고서 개미의 머리에서 뇌를 조심스럽게 분리하여 들어 올린다.

자, 이제 여러분의 첫 번째 개미 두뇌 추출이 끝났다. 이제 우리가 충분히 연구할 수 있도록 이 과정을 몇십 번만 반복하면 된다.

어느 유전자가 활성화되는가?

개미 두뇌의 크기는 개미종이나 계층에 따라 결정되기도 하지만, 개미 각자가 맡은 임무에 따라서도 다르게 나타난다. 여왕개미들의 뇌가 가장 크지도 않다. 결혼 비행을 마친 후 자신만의 개미집이 마련되고 첫 번째 일개미들이 임무를 부여받고 나면, 여왕개미들의 정신력은 급격히 감퇴한다. 여왕은 이때부터 알 낳은 일에만 전념하기 때문에 더 이상 쓰이지 않을 모든 부분의 능력이 퇴화하는 것이다. 비행 능력을 잃을 뿐 아니라 먹이 찾기나 새끼 돌보기도 못 하게 된다. 따라서 여왕개미가 일을 할 필요가 없다는 말은 일정 부분 사실이 아니다. 여왕은 일을 못 한다. 이제 너무나 멍청해져서 일을 할 수 없는 것이다.

여왕개미의 일개미들은 사정이 전혀 다르다. 일개미들은 일평생 굉장히 많은 경험을 쌓아서, 일부 종은 그 흔적이 몸에 남아 이를 통해 성장 과정을 추적할 수 있기도 하다. 부화장에 있는 어린 일개미들의 뇌 속에 있는 버섯체는 크기가 상당히 작다. 이들은 여왕개미와 알, 유충, 번데기 그리고 개미집 내부밖에는 알지 못하기 때문이다. 이에 반해 바깥에서 일하면서 경험을 많이 쌓은 일개미들은 먹거리가 있는 곳으로 가는 길을 기억해 두어야 하므로 버섯체가 분명하게 크다.

하지만 이러한 해부학적 차이점만으로는 개미가 어떻게 자기 역할을 정확하게 수행하는지를 이해하기 어렵다. 이를 제대로 알기 위해서는 개미들이 목이 잘려 비명횡사하기 바로 직전의 순간에 어떤 행동을 보이는지와, 목이 잘릴 때 어느 유전자가 활성화되는지를 들여다보아야 한다. 일개미들의 몸속에는 많은 일을 수행하는 데 필요한 유전 물질이 있지만, 개미들은 주어진 시간에 필요한 부분만을 이용한다. 개미들은 RNA 분자의 형태로 유전 물질을 복제한다. 우리 개미학자들은 RNA 분자를 생화학적 방법으로 분리하고, 분자의 구조를 근거로 RNA 분자를 확인한다. 수시로 다양한 임무가 부여되는 일개미들을 그들의 RNA 혼합체와 비교함으로써 어느 유전자가 어느 특정 행동에 관여하는지 알수 있다. 예를 들어 우리 개미학자들은 이런 방법으로 새끼들을 돌보는 일개미들의 경우 비텔로제닌 유사 A 단백질Vitellogenin Like A Protein 유전자가 많이 활성화되어 있음을 알아냈다. 연구진이 몇 가지 기술을 써서 살아 있는 개미들의 활력을 약화해 놓으면 일개미들은 유충과 번데기에 대한 관심을 잃고, 그 대신 성체 개미들을 돌보기 시작한다. 자연 속에서는 방향 물질이 유전자의 활동성을 조절한다. 일개미들의 역할 분담에서 비텔로제닌 유사 A 단백질의 유전자가 중요한 역할을 하는 것으로 보인다.

우린 모두 달라!

버섯체 내에서 서로 다르게 연결된 신경 세포들, 그리고 상이한 유전자 활성도를 가진 두뇌 중심부들의 결합은 아무도 예상 못 하는 결과를 낳는다. 개미들의 성격이 각기 다르게 나타나는 것이다. 그렇다. 개미들은 제각각 성격이 다르다!

박사 과정 학생 에벨리엔 욘게피어가 공들여 연구한 결과가 이를 구체적으로 증명한다. 에벨리엔은 큰집호리가슴개미*Temnothorax longispinosus* 102개 군체에서 총 3842마리의 일개미를 대상으로 연구했다. 실험에서 에벨리엔은 도움이 필요한 번데기 앞에 일개미들을 한 마리씩 놓았다. 번데기를 돌보는 행동을 유도하려는 목적이었다. 그리고 그와 동시에 다른 개미종의 사체를 일개미들 앞에 놓았는데, 이는 일개미들의 방어적 행동을 자극하려는 목적이었다. 우리 인간들은 개미들이 아무 생각이 없으리라고 믿는 경향이 있는데, 개미들이 정말 머리를 쓰지 않는 로봇에 불과하다면 일개미들 전부 각각의 자극에 기계적으로 반응해 번데기를 돌보거나 적들을 공격했을 것이다. 그러나 일개미들은 전부 동일한 반응을 보이지는 않았다. 다수의 개미들은 특정한 임무에 유인되지 않았다. 어떤 개미들은 번데기를 돌보는 일에 집중했지만 다른 개미종의 일개미들과 싸울 태세는 보이지 않았고, 그와 정반대로 다른 종의 개미들을 공격했지만 도움이 필요한 새끼들에게는 관심을 보이지 않은 개미들도 있었다. 또 다른 개미들은 번데기는 물론 다른 개미종도 무시하면서 아무 일도 하지 않았다. 서로 다른 유전자 활성도가 개미들의 자극 반응을 결정한 듯하다.

개미들 각각의 체험이 중요하다는 점은 약탈개미*Ooceraea biroi* 일개미들을 관찰해 보면 알 수 있다. 약탈개미는 대단히 탐욕스럽고 노상강도 같은 짓을 하는 개미종으로, 주로 다른 개미종의 개미집에 쳐들어가 그들의 유충을 잡아먹는다. 실험실에서 다른 개미종을 약탈하지 못하도록 방해받은 약탈개미 일개미들은 결국 약탈 행위를 포기하고 번데기들을 돌보는 일에 집중한다. 그러나 사냥 행위를 방해받지 않은 일개미들은 사냥 성공으로 더욱 대담해지고 많은 먹이를 얻는다. 개미들도 성공하지 못하면 좌절감을 느끼며, 업종을 바꾸기도 한다. 분명 개미들은 아무 생각도 없는 다리 여섯 개 달린 로봇이 아니다. 개미들은 마음속으로 각자의 관심도와 호불호를 키운다.

개미에게도 자유 의지가 있다고 주장하는 것은 아니다. 일개미들이 실제로 각자의 개성을 발전시켰다고는 하지만 존재의 의미를 고민하는 개미는 없다. 또한 먹거리를 찾으며 시간을 보내야 한다거나 개미집 수리를 하면서 하루를 보내야 한다는 둥의 합리적인 생각을 하는 개미도 없다. 개미들의 행동이 서로 다른 것은 위에서 언급한 생물학적 메커니즘에서 비롯되며, 주로 그것이 개미들의 특성을 결정한다.

이사 갑시다!

개미집 물색에 나선 정찰병 일개미들은 새 보금자리를 만들기에 적합한 장소인지 아닌지를 결정할 때 자신이 속한 계급의 유전적 특질뿐 아니라 나이, 그리고 각자의 경험에 의지한다. 고른 장소가 자신이 생각한 장소와 맞지 않는다는 판단이 서면 정찰병 일개미는 더 좋은 위치를 찾아 떠나고, 자기가 속한 군체의 새집으로 적당하다는 판단이 서면 곧장 집으로 달려가 다른 개미들의 의견을 묻는다.

일개미들 각자가 군체 성원 전체의 운명이 달린 어떤 문제에 대해 스스로 답을 내린다는 점은 분명 주목할 만하다. 하지만 모든 일개미가 똑같은 의견을 가지지는 않으며, 거의 동시에 다른 일개미가 더 좋은 장소를 발견했을 수도 있다. 이주하기에 적당한 장소일지 여부를 결정하기에 앞서 다수의 감정사 개미가 새집 물망에 오른 위치에 가서 검토 작업을 벌인다. 정찰병 일개미들은 냄새를 추적하여 자기들이 선택한 장소로 동료 개미들을 데려간다. 정찰병이 물색해 둔 장소에 도착한 개미들은 마치 자신들이 발견한 장소라도 되는 양 꼼꼼하게 살펴서 자기 나름의 판단을 내린다. 장소가 마음에 들면 다른 전문가들을 불러들이며, 그리하여 매력적인 거주지를 방문하는 개미들이 점점 많아진다. 정찰병 일개미들은 새 개미둥지를 만들기에 유망한 장소를 전부 조사하고 다니지는 않는다. 사실상 대부분의 개미는 한 군데만 찾아가며, 극소수의 개미들만 두서너 군데를 찾아다니며 비교해 본다. 하지만 새 개미집 후보지로 물색한 장소가 좋다는 의견을 내는 개미들의 숫자가 어느 정도의 수준을 넘어서면 곧바로 군체를 대표하는 위원회가 열려 최종 결정을 내린다. 그래, 여기로 이사 가자! 투표에 참여하는 인원은 이주가 얼마나 급박한 사안이냐에 따라 결정된다. 개미집이 파괴되었거나 다른 종의 적대적 개미들이 여왕개미와 새끼들의 목숨을 위협하는 경우에는 두서너 마리의 일개미들이 결정하지만, 이주가 급하지 않은 경우에는 까다롭게 검토가 이뤄져서 여러 군데의 개미집 후보지를 놓고 비교하여 최종 결정을 내린다.

이제 개미들이 각자 맡은 바 일을 시작할 시간이다. 일개미들은 전부 화물 운송업자가 된다. 지금까지 살던 개미집에 있는 물건들을 하나도 빠짐없이 새집으로 옮겨야 하기 때문이다. 이들은 강력한 큰턱을 이용하여 알과 애벌레, 번데기뿐 아니라 어린 여동생들을 옮긴다. 여동생들은 아직 유전자의 활력이 약해서 새집까지 걸어가기 어렵다. 일부 개미종의 경우 이렇게 새집으로 옮겨지는 개미들은 아주 독특한 자세를 취한다. 복부와 촉수와 다리를 안으로 접어 넣어 몸을 마치 여행 가방처럼 만드는 것이다. 군체의 크기가 작은 개미종은 신속하게 이주를 진행하지만, 잎꾼개미처럼 복잡한 구조의 개미집에서 큰 군체를 이루며 사는 개미종은 여러 주에 걸쳐 이사를 한다. 개미들은 긴 이주 행렬을 이루는 가운데 한바탕 법석을 피운다. 새 서식지에 먼저 도착한 일개미들은 곧장 둥지의 설비를 갖추는 일에 착수한다. 일개미들은 통로를 파고 방을 만드는데, 대규모의 동료 개미들이 도착할 때쯤이면 개미집의 모습이 제법 갖추어진다. 여왕개미가 힘센 보디가드의 호위를 받으며 직접 걸어서 새집으로 이동하는 경우도 있다. 여왕개미는 이날 처음으로 새 개미집의 모습을 본다. 여왕개미는 새집을 선택하거나 설비를 갖추는 일에 전혀 관여하지 않는다. 새집 선택의 결정권은 여왕개미의 딸들에게 있다.

개미들의 친화력

새집 이사는 여왕개미가 적극적으로 관여하지 않는 여러 활동 가운데 하나일 뿐이다. 비록 여왕이라는 거창한 직함을 가졌지만, 여왕개미는 명령을 내리지 않고 통수권도 행사하지 않는다. 크고 작은 결정을 내리고 결정 사항을 시행하는 것은 일개미들의 몫이다. 지방 분권적이고 민주적이며 약간 무질서하지만 대단히 효과적이다. 일개미들이 개미집 안과 밖에서 활력 있게 움직이는 반면 여왕개미는 거의 예외 없이 방 안에만 처박혀 있으며 군체 내에서 일어나는 일에는 관여하지 않는다.

그런데 거기에 그치지 않는다. 여왕개미들은 조금의 권력도 없어 개미 제국 내에서 영향력을 행사하지 못할 뿐 아니라 일개미들의 지속적인 통제를 받는다. 이런 모습은 단 한 마리의 수컷과 짝짓기를 한 여왕개미 한 마리만 있는 군체에서 두드러지게 나타난다. 이 현상을 이해하려면 개미들의 유전적 특징을 살펴봐야 하는데, 밝혀 보려고 애를 썼음에도 여전히 난해하고 복잡한 문제다. 개미들의 상세한 유전적 특징에 관심이 없다면 이번 주제의 마지막에서 두 번째 단락으로 건너뛰어 읽으시기 바란다. 독자 여러분에게 이 내용에 관해서는 물어보지 않을 것이다.

개미 알이 수정되면 암개미가 된다. 즉 암개미에게는 아빠인 수개미와 엄마인 여왕개미가 있다. 부모들은 자식에게 완벽한 한 쌍의 유전자를 물려준다. 즉 암컷은 두 쌍의 유전자를 가진다. 따라서 이들 암개미를 과학 용어로 이배체diploid 개미라고 부른다. 이런 유전자 가운데에는 대립유전자Allele로 알려진 서로 다른 변이가 존재한다. 주방에서 사용하는 믹서를 예로 들어 보자. 모델 A는 100와트, 모델 B는 250와트, 모델 C는 500와트이다. 믹서가 유전자이고 각 모델은 여러 대립유전자들이다. 믹서의 기본적인 기능은 똑같지만 서로 약간 다른 점들이 존재하며, 이는 믹서를 사용해 봐야 알 수 있다. 여왕개미는 온갖 주방 용품들이 다 있는 주방 설비이다. 여왕개미는 이중 유전자를 가지고 있으므로 여러 유전자에 대해 서로 다른 대립유전자를 가진다. 즉 여왕개미는 어느 특정 유전자에 대해 A와 B라는 대립유전자를 가진다.

여왕개미는 본인이 가장 잘하는 일을 한다. 즉 난자 세포를 생산한다. 난자는 각 유전자에서 한 가지 샘플만 물려받기 때문에 두 대립유전자 가운데서도 하나만을 물려받는다. 따라서 난자들은 A 대립유전자 또는 B 대립유전자만을 보유하게 된다. 하지만 아직 알들은 수정되지 않았다. 알이 나중에 수개미가 되는 경우라면 아무 문제 없다. 수개미가 되려면 일배체haploid 유전자 세트를 가진 무정란이면 충분하기 때문이다. 하지만 대부분의 개미 알은 여왕개미의 정자 주머니에서 나오는 정자와 융합해 수정된다. 이때 정자는 부친이 가진 유전자, 예를 들어 모델 C에 속하는 유전자의 대립유전자를 보유하고 있다. 난자와 정자의 결합은 두 가지 서로 다른 결과를 가져온다. AC 또는 BC이다. 여기서 A와 B는 여왕개미에게서 물려받으며 C는 부친인 수개미에게서 물려받는다. 따라서 딸들은 모친과 50퍼센트의 혈육 관계이다. 그리고 이 과정은 단 하나의 유전자가 아닌 모든 유전자에서 일어난다.

이는 두 자매간의 친족 관계에 두 가지 극단적인 가능성이 일어날 수 있음을 의미한다. 두 자매가 모친에게서 서로 다른 대립유전자를 물려받았다면 이들 자매는 유전적으로 50퍼센트가 일치한다. 부친에게 받은 대립유전자는 동일하기 때문이다. 또는 두 자매가 모친에게서 동일한 대립유전자를 물려받았다면, 이런 경우에는 유전적으로 100퍼센트 동일하다. 거의 모든 개미 자매는 그 중간 어딘가에 해당하며, 유전적으로 평균 75퍼센트의 친족 관계를 가진다. 이런 이유로 일개미들은 유전적으로 모친보다는 자매들끼리 더 가깝다.

그렇다면 수개미인 아들과 형제들은 어떠한가? 수정되지 않은 알들이 수컷이 되므로 수개미들은 모친의 유전자를 물려받으며, 대립유전자들도 모친에게서 물려받는다. 따라서 이들 수개미들은 100퍼센트 엄마의 아들이다! 수개미들이 A 대립유전자를 받았건 B 대립유전자를 받았건 상관없다. 그러나 암컷 자매 개미들과 비교하면 다른 결과를 얻는다. 수개미들은 사례로 든 C 대립유전자와 같은 부친의 유전 물질을 가질 수 없다. 수개미들은 부친이 없기 때문이다. 따라서 수개미는 대립유전자 중 절반만을 자매와 공유할 수 있다. 유전적 친족 관계가 최대 50퍼센트 보장된 셈이다. 만약 남매지간에 동일한 대립유전자가 없다면, 비록 같은 엄마의 자식이지만 유전적 친족성은 0퍼센트다. 평균적으로 개미 남매 사이에서는 25퍼센트의 친족 관계가 나타난다.

물론 개미끼리 서로 촌수를 따지는 일은 없다. 진화 과정에서 친족 선택의 메커니즘이 발생하지 않았다면 75퍼센트에 이르는 자매들 간의 비대칭적인 친족 관계, 그리고 25퍼센트에 이르는 일개미들과 이들의 형제들 간에 비대칭적인 친족 관계가 비극적이지 않았을 것이다. 이론상으로 개미들은 친족 관계가 가까울수록 보다 헌신적으로 서로를 돕는다. 그러한 행위를 통해 동일한 대립유전자들을 보다 많이 다음 세대로 넘길 수 있기 때문이다. 수개미들은 참으로 불행한 존재들이다! 여왕개미는 딸들이나 아들들에게 균형 잡힌 관계를 유지하려 하지만 일부 개미종의 일개미들은 자매들에 대한 사랑이 너무 극진해서 수개미들을 사정없이 죽여 암컷 애벌레들에게 먹이로 준다. 육아실에서 발생하는 소규모의 궁중 학살인 셈이다. 자매간의 우정은 남자들의 우정과는 사뭇 다르다.

여왕개미는 자기들의 전문 분야, 즉 알을 낳을 때도 무리의 압제 아래 있다. 이에 대한 보상으로 여왕개미는 최고의 음식을 공급받으며, 본인

들만 가진 특수 페로몬인 신호 방향 물질을 이용하여 일개미들이 후손
을 잉태하지 못하도록 방해한다. 대부분의 개미종에서 이러한 독점권은
여왕개미의 전유물이다.

뭉치면 산다!

그런데 개미들이 무리 내 동료 개미들과 얼마나 밀접한 혈연 관계인지
관심을 가져야 하는 이유는 무엇일까? 이 질문에 대해 최근 생물학에서
얻어 낸 정답은 이러하다. 수십억 년에 걸쳐 진화가 진행되는 동안 다음
세대로 진화가 이어지도록 하는 메커니즘이 있었기 때문이다. 박테리아
를 예로 들면 새로운 당분을 소화하고 이를 통해 빠르게 성장하여 더 자
주 분열하는 능력이다. 나무들은 뿌리를 땅속 깊이 내려 지하수를 흡수
하여 경쟁자들이 오래전에 이미 도달한 높이까지 자라난다. 또 다른 예
를 들면, 극락조 수컷은 오색찬란한 날개를 이용해 암컷에게 연적들보
다 깊은 인상을 주어 많은 암컷을 주위에 모은다. 이런 여러 가지 성공
전략에 영향을 미치는 것이 바로 신진대사와 성장, 외모, 행동을 조종하
는 유전자들이다. 유전자가 생물체를 지속적으로 성장시킬 수 있다면
이 유전자는 다음 세대로 넘겨져 지속적으로 성장할 기회를 얻고, 실패
하는 유전자는 소리 없이 사라진다. 결국 유전자들이 다음 세대로 넘어
갈 수 있느냐가 핵심이다. 그런데 일개미들에게는 큰 문제가 있다. 본인
들의 자식을 가질 수 없다는 점이다.

생식 기능이 없는 일개미들은 다른 전략으로 자기들의 결점을 메운
다. 벌이나 흰개미, 벌거숭이두더지쥐처럼 개미들도 완전한 '진사회성'
동물이다. 과학자들은 대다수의 개체가 후손을 낳지 못하는 대신 친족

관계인 암컷, 즉 여왕개미의 자손들을 헌신적으로 돌보는 동물 종에게 진사회성이라는 명칭을 부여했다. 사자 무리에게는 진사회성이란 개념을 부여할 수 없다. 암사자들은 전부 새끼를 낳을 수 있기 때문이다. 유럽쇠물닭의 경우 먼저 태어난 새끼가 나중에 태어난 동생의 양육을 도와주는 경우가 종종 있으나, 이는 오직 한 세대에서만 나타나는 현상이다.

불임 일개미들의 희망은 여왕개미가 낳은 딸들에게 있다. 앞에서 살펴보았듯이 이들 일개미는 자매들 전부뿐 아니라 공주개미들과도 평균적으로 유전자의 75퍼센트를 공유한다. 자신이 낳은 딸들보다 더 많은 유전자를 공유하는 것이다! 일개미들은 온 힘을 다하여 젊은 여왕개미들이 새 군체를 일굴 수 있도록 도와줌으로써 자기 유전자가 다음 세대까지 이어지도록 한다. 이런 일은 주거 공동체를 이루고 사는 개미 집단에서 가장 잘 작동한다.

일개미들은 자신이 죽어도 자매들이 새끼들을 돌볼 수 있기 때문에 결과에 구애받지 않고 무리를 위한 봉사에 적극적으로 앞장선다. 일개미들은 본인보다 월등하게 강한 적군이 나타나도 주저 없이 공격을 감행하며, 대단히 위험한 상황에서도 먹이를 찾아 나선다. 군체가 굶주림에 시달리면 자발적으로 본인들이 자매들의 먹잇감이 되기도 한다. 개미 무리가 세대를 뛰어넘어 생존하기 위해, 개미 한 마리의 힘으로는 절대 제공할 수 없는 보호 기능을 집단적으로 갖추게 되는 것이다. 개미들은 몸집이 작고 힘도 약하지만 군체를 이룬 개미 무리는 방어 능력이 우수하고 강하다. 이에 반해 단독 생활을 하는 말벌은 매년 자신이 낳은 알들을 위해 작은 벌집을 새로 만들어야 한다. 또한 먹이를 찾아 나설 때면 이 벌집은 무방비로 노출되며, 약탈자가 나타나면 홀로 맞서 싸워야 한다. 그 말벌이 죽으면 새끼들도 죽는다. 그간의 노력이 전부 허사가 되어 버리는 것이다. 진사회성은 짝짓기를 포기할 때 갖게 되는 엄청난 장점이다.

그런데 개미들은 어떻게 이처럼 특이하고 비상한 전략을 갖게 되었을까?

개미 제국 이루기

개미들의 진사회성은 대단히 은밀하고 서서히 진행되었을 것이다. 개미의 조상들은 개별적으로 생계를 이어 나가고 혼자서 새끼들을 키우려고 했지만 언젠가부터 개미들의 유전자가 변하였으며, 그와 함께 개미들의 행동도 바뀌었고, 그 후에는 개미들의 외형도 변했다. 구체적으로 개미들에게 무슨 일이 있었는지는 알지 못하지만, 개미의 날개 달린 친척뻘인 말벌과 꿀벌 여러 종에 관한 연구를 통해 사회성의 발전 과정 일부를 알 수 있었다. 진사회성을 갖게 되는 두 가지 방식이 밝혀진 것이다.

한 가지 방식은 생식 능력이 있고 주거 공동체에서 자기 가족을 일구며 살던 개미 자매들에게서 시작된다. 옛날에는 새끼들을 돌보고 보호하는 일을 엄마 개미들 전부가 책임졌다. 동생들을 돌보고 보호하는 일을 언니들이 맡은 것은 두 번째 발전 단계에 와서야 이루어진 일이다. 그때부터 다수의 일개미에게 책임이 부여되었다. 하지만 성충 일개미들이 많지 않았기 때문에 그중 일부라도 사라지는 경우에는 새끼 개미 전체가 위험에 빠졌다. 그러던 중 암개미들 가운데 하나가 주도권을 잡고 다른 암개미들은 자손을 낳지 못하게 만들면서 위험성이 줄어들었다. 굴종을 강요당한 자매 개미들은 비록 생식 능력을 잃었지만 모성애는 잃지 않아 어린 조카들을 키우는 일에 헌신했다. 결국 이들 암개미는 개미집을 떠나지 않고 여왕개미가 낳은 새끼들을 키우면서 진사회성 동물이 되었다.

진사회성을 갖게 된 두 번째 방식은 혼자서 새끼들을 키우던 어느 엄마 개미와 그 암개미의 첫 번째 딸들에게서 시작되었다. 엄마 개미가 새끼들을 설득하여 바깥에 나가지 말고 집 안에서 살림이나 하고 동생들 돌보는 일을 도우라고 했다는 가정이다. 이는 첫 번째 딸들에게도 손해는 없는 일이었을 것이다. 엄마 개미는 새끼들을 양육하면서 모든 일을 혼자 다 했기 때문에 첫 번째 딸들을 제대로 보살필 수 없었다. 그러다 보니 첫 딸들은 몸집이 작고 몸이 약하여 자신들의 개미집을 꾸려 나갈 기회도 거의 얻지 못했을 것이다. 그러나 이들이 자기들과 가까운 혈육 관계인 동생들을 엄마 개미와 함께 돌보면서 동생들에게는 독자적인 가정을 이룰 가능성이 열린 것이다.

두 가지 시나리오에서 일개미들의 몸은 차츰 새로운 환경에 적응했다. 일개미들이 새로운 생활 방식에 잘 적응할수록 군체가 성공적으로 기반을 다지고 개체 수를 늘릴 수 있었기 때문이다. 지금도 일개미들은 여왕개미와 똑같은 유전자를 가지지만 이들에게는 불필요한 유전자가 많으며, 이러한 유전자들은 비활성화된 상태이다. 예를 들어 일개미에게는 날개가 필요 없다. 일개미들은 개미집에서 나와 짝짓기를 하러 갈 필요가 없기 때문이다. 따라서 날개 유전자는 일개미의 세포 속에 숨어 있지만 평생 작동하지 않는다. 또한 일개미들은 혼자 살면서 새끼를 낳고 돌보는 일보다 먹잇감 찾기를 우선시하는 곤충들과 달리 육아 행동을 발현시키는 유전자들을 일찍 작동시켜야 한다. 따라서 개미들에게는 반대로 작동하거나 새롭게 조정되어야 했던 유전자 스위치들이 많이 있다. 자연계는 수천만 년에 걸쳐 실험하고 부적절한 시도는 거절하고 괜찮은 시도는 부양했다. 그리하여 결국 최소 1억 년 전에 우리가 요즘 보는 개미들의 시조 개미들이 지구에 나타나 공룡의 발톱 사이를 기어다녔다. 그 개미들로부터 시작해서 지금까지 제각각의 특징을 가진 1만 6000종이 넘는, 군체 내에서 아무 발언권도 없는 여왕개미와 무정부적이고 민주적인 일개미 부대를 거느린 엄청나게 큰 무리들이 출현했다.

의사소통 감각

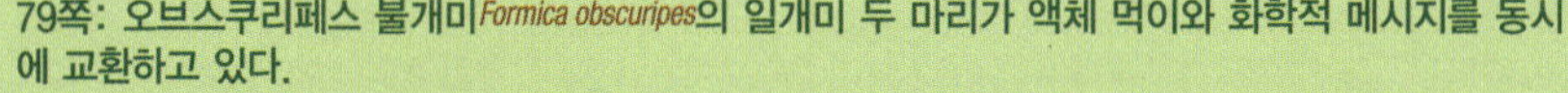

79쪽: 오브스쿠리페스 불개미*Formica obscuripes*의 일개미 두 마리가 액체 먹이와 화학적 메시지를 동시에 교환하고 있다.

솔직하게 말해서 같은 개미종의 같은 계급, 예를 들어 홍개미의 일개미들을 관찰해 보면 서로 똑같아 보인다. 개미의 각피에 다양한 색으로 래커 칠을 해 두지 않는 한 인간이 눈으로 A 개미집의 4278번 개미와 B 개미집의 3321번 개미를 식별하지는 못한다. 어느 종의 개미인지 특정하기 힘든 경우도 흔하다. 예를 들어 시베리아개미아과 마디개미속의 일부 종은 수개미의 생식기 모양을 보아야만 각 개체를 구분할 수 있다. 자, 그럼 한번 들여다보도록 하자. 근처에 수개미가 있기는 한가? 아마 거의 없을 것이다. 그래서 우리 인간이 보기에 각각의 개미는 그저 똑같아 보일 뿐이다.

하지만 개미들 눈에는 똑같아 보이지 않는다.

개미들은 본인이 속한 군체의 개미들과 다른 군체 소속 또는 다른 개미종의 개미들을 분명하게 구분한다. 심지어 육아방에서 유충들을 보살피는 개미인지, 개미집 청소를 하는 개미인지, 또는 먹이를 구하러 나가는 개미인지도 서로 정확하게 구분한다. 일개미들과 함께 개미집을 만드는 네오포네라 인베르사 개미*Neoponera inversa*의 여왕개미들은 일개미 각각을 식별한다. 하지만 내가 추측하기에 이런 정도의 개별적 고유성은 대규모 군체 내에서는 성립이 불가능하다. 각 개체들의 행동이 달라 이로 인해 어느 정도의 개성을 보일 수는 있지만 「혼란스럽지만 효율적으로」장에서 설명했듯이 육아 담당 개미와 먹이 채집 개미, 그리고 경비병 개미 사이의 차이점이 훨씬 크다. 그래서 개미들은 각자의 개성보다는 본인이 속한 그룹의 일원으로 서로를 판단한다. 예를 들어 육아 담당 일개미들은 먹이 채집 일개미들에게 먹이가 필요하다는 메시지를 전달하여 그들로부터 애벌레에게 먹일 먹잇감을 공급받는다. 육아 담당 일개미들은 5241번 개미가 잠을 이루지 못했는지, 외출 중에 도마뱀을 만나 간신히 벗어났는지 여부에 조금도 관심을 두지 않는다.

하지만 기본적으로 개미들은 정보를 공유하는 데 능숙해서 새로 발견한 진딧물 떼가 있는 곳으로 가는 길이나 뜻밖에 발견한 먹잇감, 또는 다른 종 개미 무리가 기습할지 여부에 관한 정보를 재빠르게 얻는다. 이들은 개미집 내부 사정에 대한 정보도 교환한다. 그렇게 함으로써 일개미들은 여왕개미가 여전히 알을 생산할 능력이 있는지, 또는 열심히 알을 낳고 있는지 여부를 자세히 파악한다. 인간들만 여왕의 사생활에 대해 이러쿵저러쿵 입방아를 찧는 게 아닌가 보다.

그런데 개미종 전부가 이런 정보를 교환하지는 않는다. 원시 형태 개미종의 일개미들 가운데는 혼자 있기를 좋아하고, 인간에 비유하면 과묵한 편인 개미들도 있다. 이에 반해 고도로 진화한 개미종들은 모든 사안의 소식에 정통하며, 마법을 부린 듯이 정보들이 빠르게 군체 내에 퍼지는 것으로 보인다.

우리 개미학자들은 개미들이 서로 의사소통을 하는 여러 기술 가운데 일부를 해독하는 데 성공했다.

저해상도의 하프톤 이미지

개미들에게 반듯한 외모는 중요하지 않다. 전부 똑같은 모양의 탄탄한 외골격을 가진 입장에서는 어쩌면 당연한 일이다. 갑옷을 입은 채 얼굴 가리개를 내린 투구를 단단히 쓰고 있는 기사가 그 안에서 어떤 몸짓과 표정을 하든 외양이 그다지 달라 보이지 않는 것과 마찬가지다. 개미들은 얼굴 좌우 면에 고도로 진화한 겹눈을 가지고 있으며, 여왕개미와 수개미들은 추가로 작은 홑눈 세 개를 가졌다. 홑눈은 빛에 민감하여 자외선에도 반응하며 햇빛의 편광 방향도 감지한다. 햇빛의 편광에 대해서는 다음 장에서 자세히 다루겠다. 이번 장에서는 홑눈이 천체 나침반 기능을 하여 구름 낀 날에도 태양의 위치를 알려 준다는 사실만 알아 두자. 공주개미와 수개미들의 결혼 비행 시에는 홑눈이 내비게이션 역할을 한다.

겹눈은 시각적 이미지를 감지한다. 여러분은 파리나 꿀벌, 잠자리의 커다란 눈을 익히 보았을 것이다. 겹눈은 마치 알갱이를 거르거나 음식 재료의 물을 빼는 데 쓰는 소쿠리를 뒤집어 놓은 듯한 모습으로, 작은 렌즈처럼 보이는 낱눈들로 구성되어 있다. 겹눈의 각 낱눈들은 겹눈이 바라보는 전체 이미지의 한 점을 구성한다. 하지만 겹눈에 선명한 상이 형성되지는 못한다. 개미종에 따라 겹눈 하나가 고작 세 개 내지 1300개의 낱눈으로 구성되어 해상도가 형편없다. 저가 모델이더라도 500만 픽셀 이상의 이미지를 담을 수 있는 핸드폰 카메라와 비교하자면, 개미의 눈이 보는 이미지는 기껏해야 종이 신문에 실리는 조잡한 사진 정도이다. 게다가 낱눈의 렌즈들이 탄력성이 없어 초점도 잘 맞지 않는다. 개미의 눈이 우리 인간에게는 그냥 푸르스름해 보이지만 최소 몇 가지의 빛깔이 있다. 꿀벌처럼 개미들도 붉은색을 검정색으로 인지하지만, 이런 결점에 대한 보상으로 개미들은 자외선을 볼 수 있다. 그렇지만 일개미의 겹눈은 자매 개미와 같은 사이즈의 조약돌을 구분하는 데 애를 먹는다. 가뜩이나 다리가 짧은 개미의 눈에는 보이는 게 그리 많지 않다.

하지만 그런 사정으로 인해 개미들이 불편해하지는 않는다. 개미들은 주변을 HD 고화질이나 4K 해상도로 보고 싶어 하지 않는다. 이들은 주로 다른 장점들에 의지하면서 눈은 고감도의 동작 감지기로 이용한다. 갑자기 어느 한 픽셀에서 그림자가 사라지고 그와 동시에 다른 픽셀에서 그림자가 나타날 때, 이를 얼른 감지할 수만 있으면 충분하다. 파리들의 경우 이런 과정이 빠르게 진행되어, 인간에게는 유연한 움직임으로 보이는 텔레비전 프로그램이 파리에게는 정지 화면들이 연속해서 나타나는 것처럼 보인다. 속도와 관련하여 겹눈은 수준 높은 구조임에 틀림없다. 특히 큰 눈을 가진 개미종들은 시각 동작 감지기로 먹잇감을 인지한 후 코앞으로 다가왔을 때 제물을 덮친다. 불도그개미속 붉은불도그개미종의 일개미들은 머리 앞에서 앞뒤로 움직이는 사람의 손가락을 따라 움직이기까지 한다. 이는 개미 연구자가 보기에는 이해할 수 없는 이상한 행동이었다. 내가 아는 한 불도그개미들은 뛰어 달아나는 데 능하고 침도 꽤나 아프게 쏠 수 있기 때문이다.

날개 달린 수개미들은 특히 결혼 비행에서 꿈에 그리던 공주개미를 찾을 때 시각을 이용한다. 겹눈은 훌륭한 천체 나침반 역할을 한다. 간단히 말해서 개미의 눈은 우리 인간의 눈보다 못하지 않다. 어떤 기능을 우선시하느냐의 문제일 뿐이다.

붉은불도그개미는 시력이 좋아서 사람의 손가락 움직임을 따라서 머리를 움직인다.

어쨌든 개미들은 서로를 알아본다. 하지만 이는 시력에 의존해서가 아니다.

다리 여섯 달린 화학 공장

개미들이 서로를 알아보는 비결은 냄새다. 사람들은 개미의 형편없는 시력을 비웃겠지만, 개미들은 우리 인간의 실망스러운 후각을 경멸할 것이다. 비유하자면 말이다. 사실 개미에게는 인간의 코에 해당하는 기관이 없다. 개미들은 주로 촉수 또는 더듬이를 이용해 냄새를 맡고 맛을 본다. 개미의 더듬이에는 다양한 물질에 반응을 보이는 극도로 민감한 화학 센서들이 있다. 개미들에게는 인간들도 느끼는 달콤한 냄새나 꽃

향기뿐 아니라 인간이 포착하기 불가능한 신호들을 감지하는 작은 코가 있다. 예를 들어 개미들은 이산화탄소를 감지하는 능력이 있어 개미집이 환기가 잘되도록 하여 질식사하는 일이 없도록 한다. 또한 개미의 촉수에는 습기를 감지하는 센서가 있어서 움직이지 못하는 알이나 유충이나 번데기들에 곰팡이가 슬거나 메마르지 않도록 때를 놓치지 않고 위치를 옮긴다.

가장 놀라운 사실은 개미들이 주변의 냄새를 맡는다는 것이 아니라 냄새를 맡기 위해 직접 방향 물질을 만들어서 이용한다는 점이다. 개미들은 자기들만의 화학 언어를 개발했다!

이런 소리를 들으면 언어학자들이 눈썹을 추켜올릴지도 모르겠다. 사실 개미들의 레퍼토리는 『햄릿』이나 『파우스트』까지는 미치지 못한다. 하지만 개미들은 페로몬을 이용해 "조심해! 적들이 우리를 공격하고 있어!", "먹이가 있는 곳을 알고 있어!", "나도 너희들과 같은 군체 소속이야", "여기는 우리 영역이다", "나는 육아실에서 일하고 있어", "나는 공주개미다. 너도 다 아는 그 일 때문에 수개미를 찾고 있어" 등의 메시지를 전달한다. 모두 개미의 생존과 관련해 중요한 내용들이다.

개미의 몸은 걸어 다니는 화학 공장으로, 몸 안에 여러 개의 분비샘이 있어 메시지를 전달한다. 분비샘은 머리와 가슴과 배 등 개미의 몸 곳곳에 있어 독소와 소화 분비물, 호르몬뿐 아니라 다양한 메시지 전달 물질의 혼합체를 만들어 낸다.

개미들의 화학적 의사 전달 방법은 우리 인간들이 거의 알아내지 못한 암호 같은 것이지만, 최신 설비와 연구진의 섬세한 감각 덕분에 각 메시지 전달 물질의 혼합체가 어떤 기능을 하는지 밝혀지고 있다.

실험을 하기 위해 우리 개미 연구원들은 개미를 죽여서 꼼짝 못하게 하고 나서 병원 수술대에 환자를 눕히듯이 현미경의 재물대 위에 올려 놓는다. 개미는 각 부위가 정말 작아서 입체 현미경과 연구원들의 섬세한 손놀림이 필요하다. 금속제 극세 핀셋으로 개미의 침을 조심스럽게 뽑아내면, 이때 독침에 연결된 분비샘도 함께 제거된다. 이 과정은 침으로 사람의 몸을 쏘는 꿀벌의 경우와 똑같아서, 꿀벌은 사람 피부에 박힌 침을 뺄 때 내장이 함께 빠져나온다. 분비샘이 손상되지 않은 경우에는 물방울 안에 넣어서 분비샘을 분리한다. 연구진은 둥근 모양의 독 분비샘에는 그다지 관심이 없다. 길쭉하게 생긴 뒤푸르샘에는 엄청난 양의 신호 물질이 들어 있다. 그래서 연구진은 그 신호 물질의 내용물을 화학적으로 분석하거나 실험용 개미들의 몸에 발라서 그 작용을 연구한다. 일개미들이 냄새나는 자매 일개미들을 받아들일까? 아니면 화를 내면서 공격하고 개미집 밖으로 내쫓을까? 혹시 일개미들이 분비물을 닦아주지는 않을까? 전혀 예상치 못한 반응을 보이지는 않을까?

사실 뒤푸르샘에서 나오는 물질은 개미들을 흥분시킨다. 실험용 일개미들의 등에 '날 발로 차 버려!'라는 표시판을 붙이는 것이나 다름이 없다. 일개미들은 뒤푸르샘 분비물을 바른 개미들을 곧바로 공격한다. 개미들은 이 분비물을 범죄적 목적으로 사용하기도 한다. 예를 들어 기생성 개미들은 다른 종의 개미 무리를 공격해 애벌레와 일개미들을 납치하고 노예로 삼는 과정에서 이 분비물을 뿌린다. 침략자들이 뿌린 분비물로 인해 당황한 개미들은 침략자들을 공격하지 않고 오히려 자기네 개미 동료들을 습격한다. 북방호리가슴개미*Leptothorax*속의 여왕개미들은 목적이 분명하며 냉혹하다. 이들이 뒤푸르샘에서 나온 분비물을 경쟁자 여왕개미들의 몸에 바르면 일개미들이 곧바로 경쟁자 여왕개미들을 죽인다. 개미들이 몸 안의 분비샘에서 만드는 정말 강력하고 고약한 물질이다.

개미 연구자들은 뒤푸르샘 분비물을 용해제에 넣고 유기 화합물 혼합체 분석기인 가스크로마토그래프를 이용하여 성분을 측정한다. 시료는 천천히 가열되면서 각 성분이 차츰 기화한다. 캐리어 가스인 헬륨을 금속관에 흘려보낸 후 기화한 시료를 주입하면, 화학적 성분에 따라 흐르는 속도가 다른 다양한 물질들이 분리된다. 가스크로마토그래프에 연결된 질량 분석계로 이 물질들을 들여보내면 질량 분석계를 통해 어떤 성분인지 확인할 수 있으며, 분비물 안에 있는 물질의 양도 알 수 있다.

개미 한 마리가 가진 분비물의 양은 고작 100만 분의 1그램에 불과하지만, 대단히 효과적인 화학물 키트를 가지고 있는 셈이다.

인간에게도 화학 언어가 있을까?

개미들의 언어를 구성하는 '단어들'은 대부분 유기 화학의 주요 구성 요소에서 나온다. 이제까지 수소와 탄소 원자만으로 이루어진 탄화수소 이외에 알코올과 알데히드, 에스테르, 테페노이드 등의 성분이 확인되었는데, 전부 하나 이상의 수소 원자뿐 아니라 유황과 질소 원자 혼합물이 포함되어 있는 물질들이다. 분자들은 가늘고 길거나 갈라졌으며 링 모양을 이루기도 한다. 물론 소량만으로도 소통 도구로 이용되는 개미산을 잊어서는 안 된다.

개미들은 의사 표현을 하기 위해, 이른바 '문장'을 만들기 위해 서로 다른 농도의 여러 가지 물질들을 섞는다. 이런 방법으로 한 줌의 원재료에서 작은 뇌를 가진 개미들이 충분히 의사를 표현할 수 있을 정도로 엄청나게 많은 수의 조합이 만들어진다. 그 덕에 개미 연구자들은 개미들이 사용하는 언어에 숨겨진 의미를 찾아내는 일에 애를 먹는다.

개미집에는 특유의 냄새가 있다. 30~60종의 화합물이 정확한 비율로 섞인 개미의 각피에서 나는 냄새다. 연구진은 개미들의 화학 언어의 수수께끼를 풀기 위해 죽은 개미 한 마리를 용해제에 집어넣고, 위에서 설명했듯이 가스크로마토그래프와 질량 분석계를 이용하여 분석한다. 그렇게 하면 개미들이 실험용 일개미를 만났을 때 어떤 냄새를 풍기는지 컴퓨터 화면으로 확인할 수 있으며, 어느 군체에 있던 개미인지도 알 수 있다. 그 정도의 냄새 차이를 구분하기까지 오랜 시간이 소요되며 고가의 실험 장비가 필요하지만, 결과는 마치 가벼운 감기에 걸린 개미가 구분해 내는 수준과 유사하다. 하지만 우리 개미 연구자들은 딴 세상의 냄새를 맡는다.

화학 물질을 이용한 신호는 작은 체구로 어두운 곳에서 사는 누군가에게는 음성 언어나 시각 언어에 비해 장점이 많다. 페로몬이 발산되어 공기 중으로 퍼지기에 소식이 비교적 여러 자매에게 넓게 전달된다. 소식을 신속하게 전달해야 하는 경우에는 퍼지는 속도가 빠른 물질을 이용하는 것이 최선이다. 반대로 지속성이 좋은 신호는 빨리 전달되지 않는 물질들로 구성된다. 두 가지 물질 모두 아무리 큰 눈을 가졌더라도 시야 확보에 어려움이 있는 어두운 개미집 내에서 효과가 좋다. 그렇기에 화학 언어는 개미들에게 그야말로 의사소통 도구로써 안성맞춤이라고 할 수 있다. 냄새만으로 그들이 얼마나 많은 의사소통을 이뤄 내는지 그저 놀라울 뿐이다.

화학 코드가 중요하다

개미가 다른 개미에게 전달하는 가장 중요한 내용은 아마 이러할 것이다. "난 너와 같은 군체 소속이야." 이 말이 진실이 아니라면 두 개미 사이에는 싸움이 벌어질 가능성이 높다. 우연이건 의도적이건 다른 무리의 개미집 깊숙이 들어간 개미는 극심한 공격을 받는다. 침입자 개미는 타 개미들의 서식지에서 멀리 떨어진 외곽 지역을 돌아다니기만 해도 위협을 받고 쫓겨나며, 다른 개미들의 영토 한가운데서 발견되면 곧바로 붙잡혀 영토 바깥으로 내쫓긴다. 비좁은 개미집 영역으로 들어가면 용서는 없다. 방어군 부대가 침입자 개미에게 달려들어 물어뜯거나 죽을 때까지 독침을 쏜다. 아군인지 적군인지 여부는 오로지 냄새로 판단한다. 군체마다 개미들의 각피에서 나는 특유의 냄새가 있기 때문이다.

개미들은 직접 자신들의 후각 신분증명서를 만든다. 개미들은 여러 분비샘과 특화된 세포인 편도 세포에서 탄화수소를 만드는데, 이 탄화수소는 혈림프를 거쳐 각피에 도달한다. 또한 외부, 예를 들어 개미집이 위치한 나무에서도 방향 물질이 유입된다. 개미들이 서로 몸을 닦아 주거나 핥으면 방향 물질이 몸 전체에 확산될 뿐 아니라 방향 물질들이 서로 섞여서 개미들 공동의 냄새가 생긴다. 이런 방향 물질이 주로 비축되고 섞이는 곳은 개미의 입 가까이에 있는 후인두 분비샘이다. 일부 개미종에서는 이러한 공통 정체성이 위장을 통해 전달된다. 삼킨 음식을 저장했다가 역류시켜 동료에게 전달할 때 페로몬이 함께 전달되는 것이다. 개미들은 이런 방식으로 특유의 화학적 프로필을 가지게 되는데, 이는 신뢰할 만한 인식표 기능을 한다. 가끔 어떤 개미들은 생물학 실험에 피실험자로 참여하는 불운을 겪는다. 이때 실험자들은 개미를 용해제로 깨끗이 닦아 방향 물질을 남김없이 제거하는데, 그 후 이 개미를 자매 일개미들에게 돌려보내면 자매들은 공동의 냄새가 다시 생길 때까지 이 개미를 수상쩍어하면서 킁킁 냄새를 맡는다. 개미들에게 냄새란 스포츠 팀의 유니폼만큼이나 중요하다.

개미들은 소속 팀이 어디인지 부화하자마자 배운다. 막 부화한 개미 는 처음에는 아무 팀에나 속한다고 느낄 것이다. 하지만 불과 며칠 만에 개미집의 냄새를 기억하게 되며 본인에게도 그 냄새가 난다.

신분에 맞는 냄새

개미는 어둑어둑한 개미집에서 본인이 속한 군체의 냄새를 맡을 뿐 아 니라, 어느 개미가 어떤 계급에 속하고 무슨 임무를 맡고 있는지도 냄새 로 알아낸다. 특히 여왕개미는 독특한 냄새를 풍긴다. 여왕개미가 하나 만 있는 소규모의 신생 군체에서는 여왕개미의 냄새가 개미집 냄새에 결정적인 영향을 미치고 일개미들에게도 전해진다. 군체의 규모가 더 커져도 그 냄새는 변하지 않아서 여왕개미가 집 안에 있으며 다른 암개 미들이 알을 낳는 행위는 절대 용서하지 않겠다는 경고 신호 역할을 한 다. 일개미들이 생식 가능한 난소를 가진 개미종이더라도 일개미들은 자손을 생산하지 못한다. 반항적인 일개미 하나가 알을 낳아도 이 알에 는 여왕개미 특유의 냄새가 없어서 다른 일개미들의 먹이가 된다. 그러 나 여왕개미가 사라지거나, 죽거나, 또는 번식을 중단하는 경우에는 개 미집 내에 여왕개미의 번식 냄새가 사라짐으로써 여왕개미의 유고 소식 이 금방 퍼진다. 그러면 젊은 일개미들이 기회를 잡는데, 이들 일개미에 게는 저정낭이 없어 알이 수정되지 못하므로 수개미만 낳아 결국 군체

개미들은 냄새로 상대방이 같은
군체 소속인지 알아낸다.

는 멸망하고 만다.

개미 계급 중 여왕개미만이 특유의 체취를 발산하지는 않는다. 정찰 임무를 수행하러 밖을 돌아다니는 일개미들은 집에서 가사를 하는 일개미나 육아 담당 일개미들과 다른 냄새를 풍긴다. 애벌레들도 먹이가 필요하고 돌봐 줄 보모 개미가 필요하다는 의사를 냄새로써 분명하게 표현한다. 애벌레들의 냄새에는 매력적인 유인력이 있어서 군체 냄새를 압도하는 경우도 있으며, 다른 개미집에 납치된 애벌레나 번데기는 그곳 개미들에게 공격받지 않고 일원으로서 받아들여진다. 사이즈가 큰 정찰 개미들에게도 특유의 화학적 프로필이 있어 작은 크기의 일개미들과 구분된다. 이를 통해 육아 담당 일개미들은 큰 개미와 작은 개미의 수적 비례가 맞는지 간단히 확인한다. 예를 들어 적군 개미들이 공격할 시, 병사 개미들이 많이 죽으면 개미집 내에서 병사들의 냄새가 약해진다. 이때 육아 담당 일개미들은 일개미와 병사 개미의 균형을 맞추기 위해 애벌레에게 먹이를 많이 먹여서 다음 세대에는 가능한 한 큰 개미들이 많이 태어나도록 유도한다.

개미가 죽는다고 해서 그 개미의 냄새가 금방 없어지지는 않는다. 죽은 일개미는 집안 청소나 육아에 참여하지 못하기 때문에 개미집의 냄새에 기여하지 못하며 탄화수소가 없어지면서 냄새를 잃는다. 그러면 살아 있는 일개미는 죽은 일개미가 같은 군체 소속이 아니라고 여긴다. 살아 있는 일개미는 죽은 자매를 들어 올려서 쓰레기 더미 위에 던진다. 부패한 사체를 개미집 안에 방치하면 질병을 일으키기 쉽기 때문이다. 수백만 년의 진화를 거치면서 개미들은 대단히 실용적인 생명체가 되었다.

헨젤과 그레텔과 개미들

개미 세상에서 냄새는 동료 개미임을 밝히는 증명서 역할을 할뿐 아니라, 화학적 길 안내 역할도 훌륭하게 하여 바깥세상을 돌아다닐 때 도움을 준다.

군체가 있는 서식 지역을 돌아다니다가 맛있는 먹거리를 발견한 일개미는 기분이 좋겠지만, 그와 동시에 넘어야 할 난관에 직면한다. 크기가 작은 일개미는 본인보다 몸집이 훨씬 큰 먹잇감 곤충을 혼자서 제압하지 못한다. 사냥감이 이미 죽었어도 혼자 나르기에는 너무 무겁고 부피가 큰 경우가 많다. 그렇다고 훌륭한 진미를 오래 내버려둘 순 없다. 허기진 지네 같은 다른 곤충들에게 발각되기 쉽기 때문이다. 이러한 딜레마에서 벗어나는 방법은 단 한 가지뿐이다. 도움을 줄 동료 개미를 불러오는 것이다.

도움을 청하는 방법은 개미종에 따라 다르며, 개미집과 자매 일개미들이 있는 곳까지의 거리에 따라서도 달라진다. 도움이 될 만한 동료 개미들이 근처에서 돌아다니면 바로 페로몬을 공기 중에 뿌린다. 그러면 일개미들은 그 신호에 반응하여 페로몬을 뿌린 개미에게 달려가 전투를 시작하거나 먹잇감 이송 작업에 착수한다. 동료 없이 단독으로 먹이를 채집하거나 찾아다녀야 하는 경우도 발생할 수 있다. 이런 상황에서 냄새 신호는 바람에 실려 금방 흩어지기 때문에 동료 개미들은 냄새를 맡았어도 그 냄새가 어느 방향에서 왔는지 알지 못한다. 따라서 똑똑한 개미는 동료 일개미들을 불러 모으러 직접 나선다. 그리고 먹잇감이 있는 장소로 돌아가는 길을 잊지 않기 위해 헨젤과 그레텔이 어두운 숲속에서 이용한 방법이나, 그리스 신화 속 미노타우로스의 미궁에서 테세우스가 이용한 방법을 쓴다. 가는 길에 흔적을 남기는 것이다.

물론 개미의 입장에서는 누구든 잽싸게 먹어 치울 수 있는 빵 조각을 떨어뜨려 흔적을 만드는 것은 적합하지 못한 방법이다. 그렇다고 거미처럼 실을 뽑아낼 수도 없다. 대신 개미들은 분비샘의 분비물로 냄새 흔적을 남긴다. 자매 일개미들에게 서둘러 달려가면서 복부를 땅바닥에 스쳐 소량의 페로몬을 묻히는 방식이다. 정말 소량의 페로몬이다. 개미 종에 따라 그 양이 다른데, 미터당 10억 분의 1그램이나 1조 분의 1그램을 묻힌다. 쉽게 설명하자면, 지구에서 목성까지의 거리를 가거나 지구를 2만 번 돌면서 냄새를 남기는 데 방향 물질 1그램이면 충분하다.

마침내 동료 일개미를 만난 먹이 발견자 개미는 냄새를 이용하여 동료에게 먹잇감 정보를 전한다. 더듬이로 동료 일개미의 머리를 두드리거나 삼켰던 먹이를 역류시켜 샘플을 보여 주기도 한다. 개미종 대부분은 이런 방법으로 수백의 동료 개미들을 금방 불러 모은다. 개미들은 먹잇감을 들고 집으로 돌아가는 길에도 냄새 흔적을 남긴다. 그러나 먹잇감을 거의 다 옮겼을 경우에는 더 이상 냄새 흔적을 남기지 않으며, 냄새는 금방 사라진다. 잠시 후 땅바닥은 마치 백지 종이처럼 깨끗해지고, 다른 일개미들은 새로운 먹잇감이 있는 곳으로 이어지는 길에 냄새 흔적을 남긴다.

냄새 흔적으로 먹잇감이 있는 곳으로 가는 길을 알려 주는 행위의 진화적 기원은 소화 기관의 맨 끝부분에 있을 것이다. 이 방식은 배설물을 이용하여 서식 영역을 표시하는 습관에서 발전해 왔을 것으로 추측된다. 흔적 페로몬이 직장과 직장 분비샘에서 나온다는 사실이 이 가설을 뒷받침한다. '여기는 우리 영역이다'라는 메시지가 '이 먹잇감은 우리 거야', 그리고 나중에는 '여기가 음식이 있는 곳으로 가는 길이야'라

먹잇감을 발견한 일개미는 자매 일개미에게 먹이 샘플을 맛보여 먹잇감의 가치를 판단하게 한다.

는 내용으로 발전했을 것이다. 탁월하다고는 할 수 없더라도 꽤나 효과적인 방법이다.

대부분의 일개미들은 길 안내 역할을 하는 화학 물질 흔적뿐 아니라 각피의 탄화수소가 땅바닥에 닿는 경우에 생기는 화학 발자국도 남긴다. 화학 발자국은 지속성이 유지되어 개미들이 새 군체가 들어설 지역을 살필 때 한 번 와 본 적이 있는 곳인지 확인할 수 있도록 한다. 또한 이런 냄새는 다른 개미종이 군체 영역을 침범했는지 여부를 밝혀 준다. 같은 개미종이 침입해 이에 대항하여 영역을 지킬 때는 다른 종 개미들은 허용하는 경우도 흔하다. 먹이를 채집하는 개미들은 일반적으로 덩치가 큰 개미들을 회피해 크기가 작은 개미들의 발자국을 따라간다. 이러한 발자국들이 새로운 먹잇감이 있는 곳으로 이어질 가능성이 있기 때문이다.

어떤 개미들은 다른 개미종의 발자국을 알아보는 데 탁월한 능력을 보인다. 힘든 수색 작업을 다른 개미들에게 맡길 수 있다면 직접 숲속을 샅샅이 수색하고 다닐 이유가 있을까? 동남아시아와 남미에 서식하는 왕개미*Camponotus*속과 꼬리치레개미*Crematogaster*속의 여러 개미종에게는 이른바 곁공생*Parabiose*이라고 불리는 파트너십이 있다. 이들은 한집에서 주거 공동체를 형성하고 함께 산다. 집을 지키는 일은 몸집이 큰 왕개미들이 맡고, 크기가 작은 꼬리치레개미들은 먹이를 찾아다닌다. 이들이 먹이를 찾으면 힘이 좋은 왕개미들을 부르러 가기 위해 화학 흔적을 남긴다. 영리한 조류들이나 포유류에서도 매우 드물게 관찰되며, 인간의 주거 공동체에서도 당연하게 여겨지지는 않는 팀플레이 사례라고 할 수 있다.

서로 톡톡 치고 어루만지기

냄새 언어는 분명 개미들의 의사소통에서 가장 중요한 도구임에 틀림없다. 그런데 실험실이나 정글에서 이들을 관찰하다 보면, 더듬이와 앞발로 서로를 되풀이해서 터치하는 모습을 본다. 이때 개미들은 상대방의 머리를 톡톡 치거나 서로의 입을 가볍게 찌르고 아래턱을 잡아당긴다. 그래서 한때는 개미에게 '촉수 언어'가 있다는 주장이 있었다. 그러나 개미들의 움직임을 담은 영상을 한 장면씩 분석해 보면 서로 가볍게 때리고 톡톡 치는 행위에는 규칙성이 전혀 없다. 즉 촉수의 움직임이나 위치는 아무런 인과 관계가 없어 보인다. 이러한 접촉 행위에 어떤 의미가 있다면 아마 주의를 환기시키는 정도가 아닐까? "이봐, 집중해! 지금 중요한 얘기 중이라고!"

더듬이 터치는 개체 수가 많지 않은 작은 규모의 군체를 이루고 사는 개미들이 자매 일개미들을 먹잇감이 있는 곳이나 새 보금자리로 데려갈 때 사용된다. 먹이를 발견하고 집으로 일단 돌아온 일개미는 더듬이를 사용하여 다른 일개미에게 자신을 따라오라고 독촉한다. 자매 일개미가 관심을 보이면 먹이를 발견한 개미는 먹이가 있는 곳을 향해 다시 달린다. 차출된 개미는 앞서가는 개미를 따라나서며 앞선 개미의 복부 쪽을 촉수로 더듬는다. 특히 앞에 가는 개미의 뒷다리를 촉수로 더듬는데, 이는 뒷다리 쪽에 있는 분비샘에서 페로몬이 나오기 때문이다. 먹잇감이 있는 곳을 향해 달려가는 개미 두 마리의 모습을 보고 있으면 신비스러우면서도 한편으로는 안타깝다. 두 개미는 번번이 서로를 놓치며, 그럴 때면 앞서가는 개미가 동료 개미의 모습이 보일 때까지 기다려야 하기 때문이다. 마침내 목적지에 도착한 두 개미는 힘을 모아 먹이를 수확하거나 도와줄 동료들을 추가로 데려오기 위해 다시 집으로 향한다. 부지런한 일개미들은 얼마든지 있어서 큼지막한 먹잇감을 언제든 집으로 가져올 수 있다.

개미 연구자들이 관찰한 바에 따르면 두 마리가 함께 움직이는 방식, 이른바 '병렬 주행'은 개미들의 교육 방식이다. 앞선 개미가 뒤따르는 개미에게 길을 안내하고 길을 기억할 시간도 줌으로써 결국 두 마리 모두 차질 없이 목적지에 도착한다. 따라서 대단히 비효율적으로 보이기도 하지만, 이 병렬 주행은 새집으로 이사를 갈 때 효과를 보인다. 병렬 주행 방법을 사용하면 동료 개미를 등에 지고 가는 방법보다는 오랜 시간이 소요되지만, 길을 아는 개미들이 늘어나는 이점이 있다. 업혀서 가는 경우에는 어느 방향에서 왔는지, 어디로 가는지도 알지 못하지만, 병렬 주행은 앞선 개미를 뒤따라온 개미들이 다른 자매 개미들을 안내할 수 있어 군체 전체가 무사히 새집에 도달한다.

병렬 주행 이외에도 동료 개미들에게 보여 주는 상당히 의미 있는 행동이 있다. 서로 몸을 접촉해야만 가능한 것으로, 동료에게 먹이를 구걸하는 행위다. 배가 고프거나 개미집에 먹이를 조달하는 의무가 있는 개미는 모이주머니에 음식이 가득 찬 일개미를 만나면 촉수로 상대방의 비위를 맞춘다. 그러면 삼킨 음식이 있는 개미는 음식물을 입안으로 역류시켜 배고픈 개미에게 적선한다. 개미학자 베르트 횔도블러^{Bert Hölldobler} 교수는 머리카락 하나로 개미들을 간지럽혀서 음식물 역류를 유도하는 실험을 했다. 이 실험에서 개미들은 냄새 신호를 교환하지 않았는데, 개미의 머리나 입을 가볍게 치자 금방 맛있는 음식이 나왔다! 개미에게는 참으로 안타까운 일이지만 여러 기생충이 이 방법을 알고 있어서 음식물을 많이 먹은 일개미들에게 뻔뻔스레 빌붙는다. 개미 세계의 이러한 '거지들'에 대해서는 이후에 보다 자세히 다루겠다.

개미들의 오케스트라에서는 타악기뿐 아니라 현악기 연주도 들을 수 있다. 어쩌면 '듣는다'는 말은 정확한 표현이 아닐지도 모른다. 개미들에게는 귀가 없으며 진동을 감지하기 때문이다. 이들은 공중이 아니라 땅속에서 다리를 이용하여 '듣는다'. 그런데 개미 같은 작은 곤충은 전력을 다해야 개미집을 짓는 흙이나 나무 같은 물질에 진동을 줄 수 있다. 그리고 그런 신호는 멀리 미치지도 못하는 게 사실이다. 흙이나 나무가 진동을 약화시키기 때문이다. 강력한 냄새 언어를 사용할 수 있는 상황에서 진동을 통해 메시지를 전달하는 것에 무슨 이득이 있을까? 정답은 아주 간단하다. 냄새는 어느 특정한 상황에서는 메시지를 전달하

작은 규모의 군체를 이루고 사는 개미종의 일개미들은 병렬 주행으로 자매 일개미들을 먹잇감이 발견된 장소나 새 개미집이 있는 곳으로 데려간다.

지 못하지만, 톡톡 치는 소리와 찌르찌르 우는 소리는 가까운 곳에서는 들리기 때문이다.

여러분이 잎꾼개미이고 여러분의 군체가 어처구니없게도 모래땅 위에 있다고 가정해 보자. 보금자리의 한 부분이 계속 무너지기 시작하더니 어느 날 당신도 끔찍한 일을 당한다. 엄청난 양의 토사가 갑자기 여러분을 덮치면서 당신의 작은 몸이 흙 속에 묻힌 것이다! 인간이라면 이런 사태에 금방 몸이 으스러지겠지만 개미에게는 단단한 외골격이 있어 이런 사소한 일은 개의치 않는다. 여러분이 묻힌 흙모래 더미는 대단히 크고 무겁다. 당신 혼자서는 거기에서 빠져나오지 못하며 페로몬의 도움을 받아도 벗어나지 못한다. 어떻게 해야 할까? 소리를 질러라!

개미들은 소리 신호를 보내는 다양한 방법을 개발했다. 간단하게는 엉덩이로 개미집의 바닥이나 벽을 치는 방법이 있으며, 어떤 개미들은 온몸을 이용해서 진동을 만들거나 큰턱으로 바닥을 긁는다. 잎꾼개미들은 바이올린 연주자처럼 소리를 낸다. 비록 진짜 바이올린은 없지만, 잎꾼개미에게는 이른바 마찰돌기라고 하는 발음 기관이 있다. 허리와 배 사이의 관절 부분에 있는 마찰돌기는 고음의 찌륵찌륵 소리를 내는데, 이 소리는 개미집 바깥에서도 들려 근처에 있는 일개미들을 불러 모래 속에 묻힌 동료를 구해 준다. 소리를 듣고 어려운 상황이나 곤경에서 벗어날 수 있도록 도와주는 것이다.

그런데 찌륵찌륵 울어서 조난 신호를 보내는 방법은 본래 청각적 의사소통 수단의 특별한 경우이다. 일반적으로 소리 신호는 촉수로 다른 개미를 더듬는 방법과 마찬가지로 화학 신호를 강화하는 데 이용된다. 페로몬은 현악기 의사소통과 함께 사용될 때 보다 효과적으로 작용한다. 그래서 일개미들은 먹이를 발견한 개미가 소리를 내어 울더라도 냄새 신호를 따른다. 개미들은 먹잇감에 관해서는 가용할 수 있는 모든 채널을 동원한다.

섬세한 내비게이션

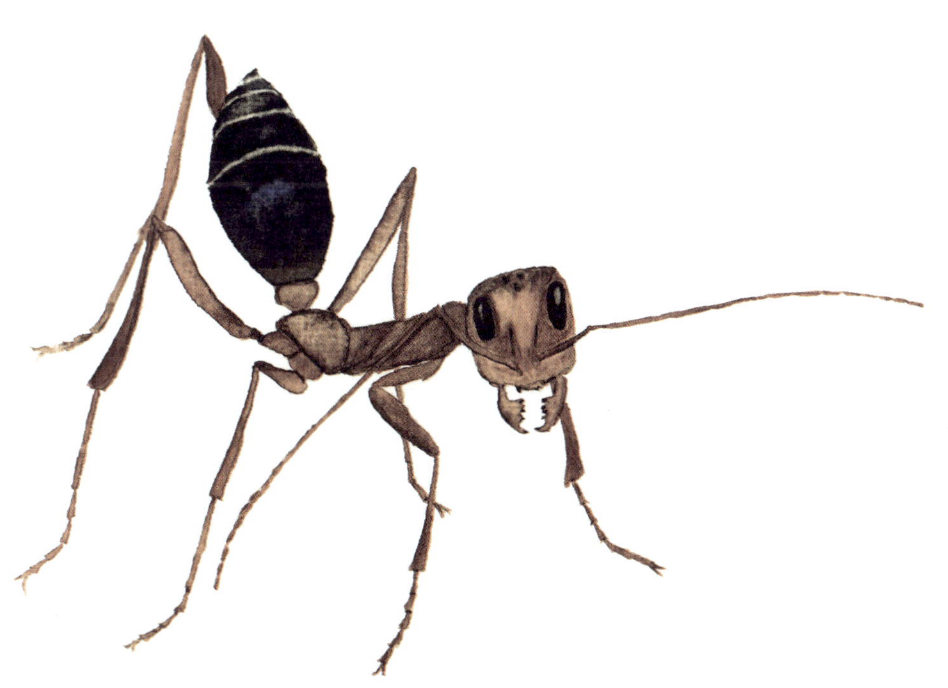

103쪽: 사막개미 *Cataglyphis*속의 사하라사막개미는 천체 나침반과 측도법을 이용하여 정확하게 길을 찾는다.

브라질은 개미 연구자들에게 지상 낙원과도 같은 나라다. 브라질의 열대 우림에는 엄청나게 많은 종류의 개미들이 서식한다. 한번은 브라질 여대생 한 명과 함께 개미 탐사 여행을 한 적이 있다. 우리는 정글 속으로 들어가 나뭇가지들이 부러진 나무에서 네오포네라*Neoponera*속 개미의 군체와 여왕개미들을 찾고 있었다. 그런데 개미들을 찾긴 했으나 길을 잃고 말았다. 가는 곳마다 정글은 똑같아 보였다. 하지만 상황이 그리 나빠 보이진 않았다. 타고난 방향 감각이라는 것이 있으니, 둘이 함께 고민하다 보면 문제없이 다시 길을 찾을 수 있으리라고 생각했다. 그런데 다른 문제가 있었다. 나는 독일어와 영어, 프랑스어를 구사했지만 브라질 여대생은 포르투갈어만을 구사했다. 방향을 정할 때도 서로 의견이 달라서, 몇 차례 우왕좌왕하고 난 뒤에야 길을 찾았다고 확신할 수 있었다. 우리는 내가 정한 길로 방향을 잡고서, 마침내 처음에 들어왔던 길은 아니었지만 열대 우림에서 벗어나는 데 성공했다. 그렇게 하여 그날 탐사 일정은 무사히 끝났다. 하지만 며칠이 지나도록 내 머릿속을 떠나지 않은 생각이 하나 있었다. 브라질 여대생과 내가 나무들이 무성한 정글뿐 아니라 언어의 정글에서도 길을 잃었을 때, 그녀는 정말로 내게 정글에서 빠져나가는 길을 설명한 것일까? 혹시 다른 얘기를 했던 것은 아닐까?

그리고 또 하나의 의문이 머릿속에 떠올랐다. 사람도 정글에서 그렇게 쉽게 길을 잃는데, 개미처럼 몸이 작아서 바로 앞에 있는 풀 줄기 너머도 볼 수 없는 상황이라면 무슨 방법으로 집을 찾아갈까?

둥지 안에서 방향 찾기

일개미가 개미집 내부에서 자기 임무를 충실히 수행하는 한 개미둥지는 관리가 잘되고 원활하게 돌아간다. 개미집들은 대부분 넓은 통로에서 곁가지로 뻗어 나온 좁은 통로들이 이어져 각 방으로 연결된다. 개미집 내부는 어둡고 캄캄하며 미로처럼 생긴 동굴이기에 시력을 이용하여 길을 찾지는 못한다. 그런데도 개미들은 개미굴 속에서 문제없이 길을 찾는다. 앞이 보이지 않는 굴 속에서 개미들은 더듬이를 이용하여 방향을 가늠한다. 개미의 더듬이는 개미집 통로의 거리를 측정할 뿐 아니라 앞에 장애물이 있음을 경고하고, 개미 동료들이 다가온다는 메시지를 전달한다. 개미들은 화학적 감각을 이용하여 다른 일개미들이나 여왕개미, 그리고 새끼들의 냄새를 감지한다. 또한 온도는 물론이고 습도와 이산화탄소의 양도 알아낸다. 그 정도면 개미집 내에서 자신의 위치와 여왕개미의 방이나 유충들이 머무는 방과의 거리를 정확히 파악하기에 충분하다. 장소마다 고유한 물리 화학적 지문이 있기 때문이다. 예를 들어 땅속에 있는 개미집 깊숙이 들어갈수록 습도가 높아진다. 온도는 비교적 일정하게 유지되는데, 주변의 땅이 완충 작용을 하여 온도 변화의 균형을 잡아 주기 때문이다. 이에 반해 지표면 근처에서는 날씨의 영향을 받는다. 어느 날은 날씨가 서늘하고 땅바닥이 빗물로 축축하며, 다음 날에는 햇빛과 바람으로 통로와 방들이 건조하고 따듯하다.

개미들에게는 중력 감각도 있어서 개미집의 통로가 위쪽으로 향하는지 아래로 나 있는지도 안다. 우리 인간을 비롯해 척추동물들은 내이(속귀)에 중력을 느끼는 기관이 있다. 이에 반해 개미들은 몸 전체를 이용해서 중력을 헤아린다. 개미에게는 관절마다 감각털 다발이 있는데, 중력이 개미의 다리와 더듬이, 머리 또는 배를 지구 중심 방향으로 당기면

사람의 몸이 풀잎보다 작아진다면 정원이나 숲 또는 벌판에서 어떤 방법으로 길을 찾을까?

감각털 다발에 압력이 가해져 개미에게 신호를 보내 알려 준다. '이쪽이
아래야.'

부화한 첫 번째 날, 일개미는 멀리 나가지 않는다. 유모로 일하게 될
일개미는 유충과 번데기 들이 있는 방을 떠나지 않는다. 그리고 대단히
신속하게 개미집의 지도를 머릿속에 담는다. 실험실 실험에서 북아메리
카불개미*Formica pallidefulva*는 두세 번 만에 생쥐처럼 빠르게 길을 기억하
며 미로를 벗어났다. 생쥐는 방향 감각이 좋다고 알려진 동물로, 실험용
미로를 벗어나는 전문가로 여겨진다.

개미집 안을 돌아다닐수록 일개미의 머릿속 지도도 점점 커진다. 하
지만 개미의 머릿속에 있는 메모리 저장소는 충분하지 못하여 둥지 밖
으로 나와 일을 시작하면서 마주할 넓은 세상을 다 담지는 못한다. 따라
서 일개미는 새로운 기술을 몇 가지 더 익혀야 한다.

훌륭하게 건설한 도로망

숲이나 들판에서 길을 잃지 않는 것은 개미들이 이용하기 편하게 만든
개미집 내부에서 길을 찾는 것과는 차원이 다른 도전이다. 우선 숲이나
들판에서는 어딜 가든 방향을 선택해야 한다. 왼쪽으로 방향을 잡고 얼
마를 가야 하나? 90도 직각으로 가야 하나, 아니면 조금 오른쪽으로 가야
하나? 얼마나 멀리 뛰어가서 다시 방향을 결정해야 하나? 이때 개미들이
유의해야 할 사항은 무엇일까? 발걸음 수, 아니면 돌아다니는 시간? 그
리고 다른 차원의 문제가 생기기도 한다. 풀잎 한 장이나 나무 한 그루를
넘어서 전진하는 것은 개미에게 어렵지 않은 일이지만, 엄청나게 넓은
공간으로 나가면 길을 잃을 가능성이 높아진다. 이런 경우에는 표시판이

불개미의 개미집에 알루미늄을 녹여서 부으면 개미집의 복잡한 통로와 방 들의 모습이 드러난다.

도움이 될 것이다. 도로망이 훌륭하게 구축되어 있다면 더할 나위 없다.

불개미종이나 잎꾼개미종이 바로 그런 경우이다. 이들은 늘 같은 길을 다니며 길에 냄새 흔적을 남긴다. 이들 개미종 가운데는 100미터가 넘는 길을 만드는 개미들도 있다. 이들이 가는 길에는 무성한 덤불을 통과하는 작은 터널이 생긴다. 또한 시냇물이 길을 막고 있는 경우에는 떨어져 있는 나뭇가지나 나무줄기를 이용해서 다리를 만든다. 도로 담당 임무를 맡은 일개미들은 모래나 나뭇잎, 또는 나뭇가지 같은 장애물이 개미들이 가는 길에 방해가 되지 않도록 한다. 개미들에게 목적지로 가는 최단 경로는 중요하지 않다. 독일 뷔르츠부르크대학교 에릭 프랑크 교수는 아프리카 마타벨레개미*Megaponera analis* 사례에서 이런 사실을 입증했다. 아프리카 마타벨레개미는 거리는 비교적 짧지만 우거진 식물들이 있어 번거로운 길보다는 맨땅의 우회 길을 선택함으로써 최단 코스로 갈 때보다 두 배나 빨리 목적지에 도달했다.

사람이 이용하는 도로와 달리 개미들의 고속도로는 지면이 아니라 벽이나 나무줄기에 수직으로 건설된 경우가 많다. 개미들의 도로에 방향 물질이 정말 묻어 있는지 직접 확인하고 싶다면 앞마당이나 숲, 또는 공원에서 개미들이 나무에 만든 길을 찾아보시라. 고무 지우개로 개미들이 자주 다니는 길을 문지른 후 개미들의 반응을 관찰해 보기 바란다. 고무 지우개가 페로몬 상당량을 지우고 특히 방향 물질을 없앨 것이다. 이는 인간이 사용하는 도로의 아스팔트를 없애 맨땅이 훤히 드러난 것과 다를 바 없다. 개미들은 방향을 잃고 이리저리 헤매면서 길을 인도할 방향 물질을 찾아다닌다. 그러다가 방향 물질을 찾으면 분비샘에서 분비물을 내보내 방향 물질이 지워진 부분을 메운다. 개미들은 사람들이 고속도로를 고치는 속도보다 훨씬 빠르게 길을 복구한다.

개미들은 냄새 흔적으로 먹잇감이 있는 장소로 가는 길을 표시한다. 많은 일개미들이 냄새 흔적을 따라 이동하면서 완벽한 개미 도로가 만들어진다.

　　방향 물질을 이용한 교통 표지판은 빠르게 설치한다는 장점이 있을 뿐 아니라, 개미들이 어느 특정한 길에 관심을 잃으면 금방 지울 수도 있다. 예를 들어 진딧물 떼가 신선한 잎이 있는 다른 나뭇가지로 자리를 옮기면 일개미들은 그곳으로 가는 길에 페로몬으로 표시를 남긴다. 그러면 먼저 뿌린 페로몬은 시간이 지나면서 없어진다. 갈림길에 도달할 경우 개미들은 보다 강한 냄새를 따라감으로써 잘못된 길로 접어드는 오류를 피한다. 경로의 중요도에 따라 다르지만 개미들의 도로는 적게는 수일에서 많게는 수년 동안 이용된다.

너도밤나무 뒤로 오른쪽 떡갈나무까지

정글에서는 길을 잃고 하염없이 헤매는 경우가 많다. 운이 좋으면 사람들이 자주 다녀 저절로 생긴 길을 만날 수도 있지만, 대개는 길인지 아닌지 분명치 않으며 잡초가 금방 무성해져 찾기가 어렵다. 지난번 페루 탐사 때는 아마존 열대 우림으로 가는 길이 어느 개울에서 갑자기 단절되었다. 탐사 일행은 물가를 따라 걸었지만 양쪽 모두 덤불숲이 울창하여 지나가기가 곤란했다. 따라서 일행은 장화를 신고 개울을 따라 이동했다. 어디에도 길이 계속 이어진 곳은 없는 듯 보였다. 그러다가 개울 위에 쓰러져 있는 나무 하나를 발견했는데, 쓰러진 나무에서 브로멜리아드가 두 개 자라고 있었다. 우린 브로멜리아드의 아름다운 모습을 감상하고 카메라에 담아 위안으로 삼으며 방향을 바꾸어 다시 돌아왔다. 더 이상 갈 길이 없었기 때문이다.

그런데 며칠 후에 이어진 다른 탐사길에서도 같은 일이 되풀이되었다. 길이 또 갑작스레 끊겼으며 며칠 전과 다름없이 길을 찾아보았지만 소용없었다. 그때 개울 위에 쓰러져 있던 나무와 화려한 브로멜리아드 두 개가 시야에 들어왔다. 바라보는 방향만 달랐을 뿐 며칠 전에 본 모습과 똑같았다. 그제야 일행은 서 있는 장소의 위치를 알게 되었다. 우리는 브로멜리아드를 지나서 개울 아래로 간 뒤 오른쪽으로 돌아갔다. 꽃 이정표 덕분에 아주 쉽게 길을 찾은 것이다.

일개미들도 항상 개미 도로만 고수하지는 않는다. 적지 않은 개미종이 개미 도로를 중요하게 여기지 않으며, 자연 그대로의 땅으로 이동한다. 즉 길이 없는 데를 지나 개미집으로 돌아가는 여러 가지 방법을 사용한다.

그 방법 가운데 하나는 우리 일행이 개울에 쓰러져 있는 나무와 브로멜리아드의 도움으로 방향을 잡았듯이 주변을 둘러보고 이정표들을 확인하면서 이동하는 방법이다. 개미들이 눈에 보이는 단서들을 이용하여 길을 간다는 사실은 다소 놀랍다. 앞서 확인한 대로 개미들의 겹눈은 선명한 이미지를 만들어 내지 못하며, 군대개미 일개미처럼 겹눈이 없는 개미종도 있기 때문이다. 그러나 불개미의 시력은 나쁘지 않아서 랜드마크를 보면서 이동한다. 심지어 아프리카침개미 *Pachycondyla tarsata*에게는 시각 내비게이션이 있다. 아프리카침개미 일개미는 개미집 밖으로 나오면 머리 위쪽 나무 꼭대기의 패턴을 머릿속에 새겨 넣고는, 길을 가면서 패턴이 어떻게 변화하는지 기억한다. 베르트 횔도블러 교수는 아프리카침개미들이 시각에 의존하고 후각에 의지하지 않는다는 증거를 밝혀냈다. 횔도블러 교수는 개미집 출구 위의 하늘 사진을 찍고 그 사진을 방향이 다른 곳으로 하여 개미집 바로 위쪽에 붙여 두었다. 밖으로 나온 침개미는 사진을 보더니 엉뚱한 방향으로 곧장 가기 시작했다. 마치 누가 개미집 앞에 서서 길 안내를 잘못한 듯이 말이다.

언제나 태양을 좇아서

사진을 인식하는 개미도 있지만 시력을 바탕으로 길을 찾아야 할 필요가 없는 개미도 있다. 태양의 위치만 알면 충분히 길을 찾는다. 지중해 지역에 서식하는 수확개미 *Messor barbarus*는 야생 허브의 씨앗을 주식으로 하는데, 개미 도로를 이용해 씨앗들을 개미집으로 운반한다. 집으로 돌아올 때 수확개미는 태양을 나침반으로 삼는다. 주간에 시시각각 달라지는 태양과의 각도를 정확히 측정하면서 집으로 향하는 것이다. 하늘에 떠 있는 태양이 움직여서 집으로 돌아오는 동안 태양의 위치가 달라진다는 사실은 경험 많은 개미들에게는 아무런 문제도 되지 않는다. 하지만 외근 임무를 부여받고 바깥으로 처음 나온 새내기 일개미들은 태양 위치 측정 방법을 배워야 한다. 각도기나 계산기 따위도 없이 말이다.

게다가 우산이나 액세서리, 거울 등을 몸에 지닌 개미 연구자가 어디서 불쑥 나타나면 태양 나침반을 이용하는 데 문제가 생긴다. 1911년 스위스의 의사이자 생태 연구가인 펠릭스 샌치Felix Santschi는 짙은 색 우산으로 직사광선을 차단하고 다른 방향에서 거울을 이용하여 수확개미에게 빛을 비추는 실험을 했다. 그러자 일개미들은 즉각 경로를 수정했다. 펠릭스 샌치가 거울의 위치를 이리저리 바꾸자 개미들도 빛을 따라 움직였다. 개미들은 방향을 180도 바꾸는 것도 마다하지 않았다. 근래에 와서 개미 연구자들은 실내 실험실에서도 이런 실험을 한다. 태양 역할을 대신하는 램프를 이용하면 개미들이 움직이는 방향을 마음대로 바꿀 수 있다. 약간의 솜씨를 발휘하면 개미들이 멋진 기하학적 무늬를 만들면서 기어가게 할 수도 있다.

이에 반해 불개미들을 속이기란 쉽지 않다. 불개미들도 태양 나침반을 이용하며 심지어 달을 길 안내판으로 이용하기도 하지만, 이러한 나침반들을 무조건적으로 믿지는 않는다. 불개미들은 거울에 비친 태양 빛의 위치가 진짜 햇빛의 위치와 너무 다르면 사람의 속임수에 넘어갔다는 사실을 알아차려 진짜 방향으로 행진한다. 분명 불개미들에게는 경고 신호를 보내고 길 안내를 하는 통제 시스템이 있는 것이다. 그런데 원시적 형태의 겹눈을 가진 불개미들이 진짜 햇빛과 거울에 비친 가짜 햇빛을 어떻게 구분할까? 복잡한 구조의 수정체가 있는 눈을 가진 우리 인간도 그렇게 못 하는데 말이다. 해답은 불개미의 겹눈이 사실 원시적이지 않으며 햇빛의 도움으로 방향을 잡는 탁월한 도구로 이용된다는 데 있다. 불개미의 눈은 사람들이 못 보는 것을 본다. 바로 빛의 편광이다.

구름 덮인 날도 태양을 본다

불개미들이 보여 주는 재주를 이해하려면 빛과 빛의 편광이 뭔지를 알아야 한다. 따라서 여기에는 약간의 물리학 지식이 필요하다. 하지만 염려할 필요 없다. 별로 어렵지 않아서 개미들도 쉽게 배울 수 있는 내용이니까.

태양이나 램프 같은 광원은 엄청난 양의 광선을 방출한다. 광선은 앞마당의 고무호스에서 솟구치는 물처럼 입자들로 구성되어 있지 않고 양극과 음극이 순식간에 바뀌는 전기장으로 구성된다. 직선으로 공간을 돌진하는 일종의 전기적 깜박임이다. 빛이 눈에 들어오면 전기장이 망막 색소에 전자 에너지를 공급하면서 분자의 모양이 바뀌고 신호를 보낸다. 그래서 우리가 눈부신 빛을 보게 되는 것이다. 끊임없이 들어오는 광선으로 인한 눈부신 빛이 우리가 사는 세상을 밝혀 준다.

다시 한번 광선의 전기장에 대해 알아보자. 전기장의 양극과 음극은 단순하게 일렬로 서로를 따르지 않는다. 양극과 음극은 일직선에서 약간 벗어난다. 밧줄을 생각해 보자. 고정된 물체에 밧줄을 묶고 나서 밧줄의 다른 쪽 끝을 잡고 빠르게 아래위로 움직인다. 이때 밧줄은 아래위로 움직이면서 언덕과 계곡이 있는 물결 모양을 만들 것이다. 이때 물결 모양은 균일한 높이로 바닥에 닿다가 위로 오르는 패턴을 반복한다. 밧줄을 수직으로 흔들지 않고 좌우로 흔들면 언덕과 계곡의 물결 모양이 땅바닥과 평형을 이루면서 움직인다.

빛에서도 이와 동일한 일이 일어난다. 각 언덕은 전기장의 양극에 해당하고 각 계곡은 음극에 해당한다. 각 광선에서 전기장은 일정한 영역에서 흔들린다. 물리학자들은 이를 편광면, 또는 간단히 편광이라고 지칭한다.

빛의 편광은 사물을 볼 때 대단히 중요하다. 광선이 망막 분자를 자극하려면 편광면과 길쭉한 분자가 정확하게 마주 보고 배열되어야 한다. 그렇게 되지 않으면 광선이 그냥 지나가면서 아무것도 보이지 않는다. 우리 인간의 눈에서는 각 광선에 어울리는 파트너를 가진 망막 분자들이 뒤섞여 활발하게 움직인다. 그러나 개미의 겹눈은 전혀 다르다. 여기서는 일부 홑눈의 망막 분자들이 서로 병렬로 배열되어 있다. 따라서 그와 같은 홑눈은 적절한 편광이 있는 빛이 들어와야 밝게 보인다. 개미들은 신호를 보내는 홑눈으로 빛의 편광을 인식한다. 이는 태양의 위치가 빛의 편광과 관련이 있다는 전제하에 태양의 위치를 알고자 할 때 대단히 유용하다.

중요한 단계는 태양 자체에서 일어나지 않는다. 태양은 모든 편광으로 빛을 발산하기 때문이다. 여기서는 대기권이 중요하다. 광선은 대기권에서 산란을 하면서 방향이 바뀌어 사방의 하늘에서 지구를 향해 떨어진다. 우리가 어느 각도에서 하늘을 보느냐에 따라 빛이 산란되어 편광에 따라 광선을 분리한다. 태양을 똑바로 바라볼 때는 이 효과가 전혀 중요하지 않다. 광선은 규칙적으로 진동하면서 눈에 도달한다. 빛이 밝지만 결국 편광되지 않는다. 이런 상황은 태양이 우리가 서 있는 곳의 반대편에 있을 때 극적으로 바뀐다. 인간이 개미의 눈을 가졌다면, 그 방향에서 비추는 빛이 조금 약해졌고 그 대신에 대단히 강하게 편광되었다고 말할 수 있을 것이다. 태양을 등지고 있는 개미에게는 빛이 어둡다. 그리고 다른 빛은 편광되지 않는다. 개미의 겹눈은 특수 디자인된 일종의 각도 측정기로 태양의 위치를 정확하게 알려 준다. 이 도구는 하늘이 구름에 가렸을 때도 작동한다. 야간이나 완전히 어두워지는 일식 때도 편광 나침반은 작동을 멈추지 않는다. 물론 개미들은 날이 밝을 때까지 둥지에서 머물거나 조용히 자리를 지키겠지만 말이다.

사람도 그와 같은 정교한 눈을 가졌다면 사방이 똑같아 보이는 사막에서도 정확하게 방향을 잡을 수 있을 것이다.

사막의 내비게이션 고수

미국 남부 애리조나주의 8월 태양열은 그야말로 살인적이다. 나는 지금까지 운이 좋아서 해발 2000~3000미터의 산악 지대만 돌아다녔다. 한여름에도 별로 덥지 않은 지대들이다. 그렇지만 내 동료 데버라 고든은 그러지 못했다. 데버라는 포고노뮈르멕스*Pogonomyrmex*속 수확개미에 관심이 많은데, 이들은 사막과 초원의 중간 지대에 서식한다. 그곳은 대낮에 너무 더워서 건조한 지표면 위로 공기가 어른거리고 온도는 그늘에서도 섭씨 40도가 넘는다. 따라서 개미 연구자와 개미들이 뜨거운 열기를 피하는 방법은 딱 한 가지다. 이른 아침에 탐사에 나서서 태양열을 피하는 것이다. 다른 탐사원들이 아직 숙소에 누워서 아침 식사를 기다릴 때 데버라는 벌써 출발하여 자리에 없었다. 데버라는 해가 뜰 무렵에 수확개미 정찰병들이 떼 지어 몰려나오는 모습을 관찰했다. 괜찮은 먹잇감이 있는 장소를 알아낸 일개미들은 신속하게 움직였다. 해가 중천에 뜨자 개미들은 개미집의 서늘한 깊은 곳으로 기어 들어갔고 데버라는 그늘이 있는 야외 숙소로 돌아왔다.

사막개미*Cataglyphis*속의 개미들도 뜨거운 지역에서 서식한다. 너무 뜨거운 지역이어서 그늘을 찾지 못하거나 서늘한 곳으로 얼른 몸을 숨기지 못하는 곤충들은 작열하는 태양 아래서 지글지글 구워져 포식자들의 손쉬운 먹잇감이 된다. 사막개미 일개미들은 북아프리카의 사막에서 약 200미터 거리를 혼자 이리저리 돌아다니며 바비큐 신세가 된 곤충들을 찾는다. 이런 곳에서는 냄새 흔적을 남겨 봤자 쓸모가 없다. 우선 페로몬이 뜨거운 열기에서는 순식간에 기화되고, 죽은 곤충들이 각기 다른 장소에 있기에 장소를 표시하는 것에 의미가 없기 때문이다. 이와 똑같은 이유로 사막개미들은 도로도 만들지 않고 아무 데나 돌아다닌다. 사실 지그재그로 돌아다니는 방법은 대단히 정교하고 기발한 시스템이다. 사막개미들은 바람이 불어오는 방향과 직각 방향으로 움직이는데, 그렇게 하면 먹잇감의 냄새를 포착하는 좋은 기회를 갖게 된다. 사막개미들은 맛있는 먹이를 보면 얼른 잡아챈다. 땡볕을 피해 서늘한 개미집으로 돌아가야 하는 시간이 금방 찾아오기 때문이다. 사막개미들도 장시간 햇빛에 노출되면 바비큐가 된다. 그래서 사막개미 일개미들은 먹이를 찾으러 돌아다닐 때의 꾸불꾸불한 길로 가지 않고 집을 향해 똑바로 달린다. 그런데 사막개미들은 개미집이 눈에 보이지 않는 상황에서 개미집 방향을 어떻게 알까? 주변은 온통 메마르고 뜨거운 모래뿐이며 방향을 알려 줄 랜드마크가 없는 경우가 허다한데 말이다.

여러분도 벌써 추측하고 있을 것이다. 사막개미들은 태양에 의지해서 길을 찾는다. 물론 태양의 위치와 빛의 편광이 방향을 정확하게 알려 주지는 않는다. 하늘에 떠 있는 원반 모양 태양의 시직경은 0.5도다. 따라서 정확하지 않은 도구를 이용하여 약 100미터 떨어진 거리에서 집을 찾아가는 사막개미는 완벽하게 일직선으로 집을 향해 가더라도 약 1미터의 오차가 생겨 개미집 입구를 지나쳐 갈 것이다. 하지만 다행히도 사막개미의 몸 안에는 거리 측정 장치가 내장되어 있어 집을 지나치는 일이 없다. 이 장치는 집에 도착할 시간을 알려 준다.

사막개미의 거리 측정 장치는 사실상 컴퓨터나 다름없다. 약간 우회하여 집을 향하더라도 직선 코스에서 크게 벗어나지 않고 귀가하기 때문이다. 사막개미는 자기들의 걸음 수를 정확하게 계산하지는 못하지만, 집에서 떠났을 때와 돌아올 때의 발걸음 수가 거의 같다. 물론 사막개미는 자신이 움직이는 방향을 지속적으로 점검해야 하며 개미집과의 거리도 계속 계산해야 한다. 이때 벡터 분석과 벡터 가법을 이용한 수학적 계산이 가능하다. 뜨거운 사막의 태양이 없어도 학생들을 진땀 흘리게 만드는 계산 방법이다. 그러나 사막개미는 누가 가르쳐 주지 않아도 짧은 기간의 본능에 기반한 학습 과정을 마치고 이른바 경로 통합을 터득한다. 이런 일이 어떻게 가능한지는 아직 아무도 모른다.

어쨌거나 사막개미들이 개미집 입구 근처에 도달하려면 몇 걸음을 가야 하는지 정확히 알고 있다는 건 확실하다. 독일 울름대학교의 마티아스 비트링거Matthias Wittlinger는 박사 학위 논문에서 이에 대한 증거를 제시했다. 비트링거는 정교하게 만들어져 있는 사막개미의 다리를 고의로 훼손하여 개미들의 보폭을 변경시키는 실험을 했다. 그는 튀니지의 사막에서 실시한 실험에서 개미들로 하여금 먹이를 찾아가게 길을 마련해 주고는, 조금 잔인하고 섬뜩한 실험을 시행했다. 사막개미들의 다리를 자르거나 뻣뻣한 돼지털을 다리에 붙여서 다리 길이를 늘인 것이다. 그런데 사막개미들은 다리가 절단되거나 늘어나도 그다지 당황하지 않는 듯 보였다. 사막개미들은 곤충을 덥석 물더니 정확하게 계산된 걸음 수로 개미집 방향으로 나아갔다. 하지만 집으로 돌아갈 때 다리의 길이가 집에서 나올 때의 길이와 달랐기 때문에 너무 빨리 멈추어 서거나 너무 늦게 멈추어 섰으며, 개미집의 입구를 찾느라 헤매기도 했다. 만약 비트 링거가 개미들이 먹잇감을 가지러 나가기 전에 다리의 길이를 변경했다면 개미들은 먹이를 가지러 갈 때도 돌아올 때와 동일한 보폭으로 갔을 것이고, 별문제 없이 집으로 돌아왔을 것이다. 개미집 입구 근처에는 먹이를 찾아오는 개미들을 기다리는 일개미들이 있는 경우가 흔하다. 또는 먹이 채집 개미들 스스로 자그마한 랜드마크를 이용하여 길을 찾는다. 비록 정확하게 계산된 걸음 수로 움직여도 약간 옆으로 길을 벗어나는 일은 피할 수 없기 때문이다. 필요한 경우 개미들은 주변을 그냥 쭉 둘러보기만 한다. 편리한 만보기 덕분에 개미집 입구가 근처에 있다는 사실을 알기에 가능한 일이다.

영화 필름을 거꾸로 돌리다

개미학자들이 '경로 통합'이라고 지칭하는 태양 나침반과 만보기의 조합 이외에도 사막개미에게는 또 다른 방향 파악 수단이 있다. 이른바 시각적 흐름이다. 기차를 타고 가면서 바라보는 풍경처럼 움직이는 동안 눈앞을 지나가는 이미지라고 이해하면 될 것이다. 집을 나서는 사막개미는 눈앞에 펼쳐지는 장면을 머릿속에 담아, 돌아오는 길에 마치 영화를 거꾸로 돌리듯이 머릿속에 저장된 영상을 뒷부분부터 보면서 길을 찾아간다.

군체가 새집으로 이주할 때 스스로 걷지 않고 다른 개미에게 실려서 이동하는 개미들은 전적으로 시각적 흐름에 의존한다. 개미가 실려 가는 동안 눈을 가리는 실험을 해 보면, 이들은 이후에 집으로 돌아가는 길을 찾지 못한다.

일개미 혼자서 들고 가기에는 너무 큰 먹잇감을 찾았을 때 이런 형태의 방향 찾기는 조금 복잡해진다. 큰 사냥감은 뒷걸음질을 하며 끌어야 하는데, 이때 앞을 볼 수 없는 문제가 생긴다. 결국 방향이 혼란스러워진 개미는 멈추어 서서 먹이를 내려놓고 뒤를 돌아보았다가 다시 앞쪽으로 전진한다. 이렇게 사막개미는 시각적 흐름을 재측정하며 다음에는 어디로 가야 하는지 파악한다. 다시금 방향을 확신한 사막개미는 사냥감을 계속 끌고 간다.

이렇게 경로 통합 시스템과 시각적 흐름 시스템이 독자적으로 작용함으로써 사막개미들은 두 가지 방향 탐지 도구를 머릿속에 담고 있는 셈이다. 이들은 사막 지역에서 개미의 목숨을 구할 이중 안전 장치 역할을 한다. 사막에서 길을 잃으면 죽은 목숨이나 다름없다.

개미들의 나침반

독일 뷔르츠부르크대학교의 볼프강 뢰슬러 교수팀은 어떤 사막개미들은 태양 나침반뿐 아니라 지구의 자기장을 이용하여 길을 찾기도 한다는 사실을 밝혀냈다. 뢰슬러 교수팀은 바깥 임무를 처음 부여받고 밖으로 나와 개미집 주변의 모습을 머릿속에 담으려는 카타글뤼피스 노바 사막개미 *Cataglyphis nova*의 어린 일개미들을 혼란스럽게 만들었다. 일반적으로 사막개미는 야외 학습을 통해 개미집 입구를 다시 찾을 때 랜드마크 역할을 할 요소들을 머릿속에 각인한다. 야외 학습에서 어린 일개미들은 자기 몸의 축을 중심으로 몸 돌리기와 멈추어 서기를 반복한다. 대단히 놀랍게도 어린 일개미들은 태양의 위치와 햇빛의 편광을 알 수 없는 상황에서도 몸을 돌리다가 멈출 때면 개미집 방향을 바라본다. 이들은 집으로 가는 방향을 어떻게 알았을까?

뢰슬러 교수팀은 사막개미들이 자기 나침반을 이용한다고 추측했다. 철새들이 이동할 때 자기 나침반이 이끄는 방향으로 날아간다고 알려져 있다. 그러나 곤충들이 자기 나침반을 이용하여 길을 찾는다는 명확한 근거는 아직까지 없다. 개미 연구자들은 개미집의 입구에 자기장을 생성할 수 있는 전기 코일을 설치했다. 여기에서 나오는 자기장은 지구 자기장보다 강하다. 전기 코일 작동을 중단하자 예상대로 사막개미들은 개미집 입구를 바라보며 몸 돌리기를 멈추었다. 그러나 계속해서 방향을 바꾸는 인공 자기장이 작동되거나 지구 자기장을 중화시키는 인공 자기장이 작동되자 어린 일개미들은 각기 다른 방향으로 몸을 멈췄다. 개미 연구자들은 선형 자기장을 이용하여 인위적인 북극과 남극을 만들어 개미들이 엉뚱한 방향으로 가도록 만들기도 했다. 이런 상황에서 어린 일개미들은 태양의 위치와 빛의 편광을 무시했다. 이들은 오직 자기장에만 집착했다.

사막개미들은 개미집 입구 근처에서 실시하는 이삼일간의 학습 과정 동안에는 정상적인 자기장을 좋아한다. 그리고 나중에 본격적으로 먹이 채집 활동에 나설 때는 태양에 의지해서 방향을 잡는다. 하지만 사막개미들의 자기 나침반이 이 단계에서도 여전히 작동하는지 여부와 개미의 몸 어느 부분에서 자기장을 느끼는지는 우리 개미 연구가들도 알지 못한다. 하지만 호기심 많은 개미학자들은 여러 가지 실험을 계획하고 있다.

사나운 무리들

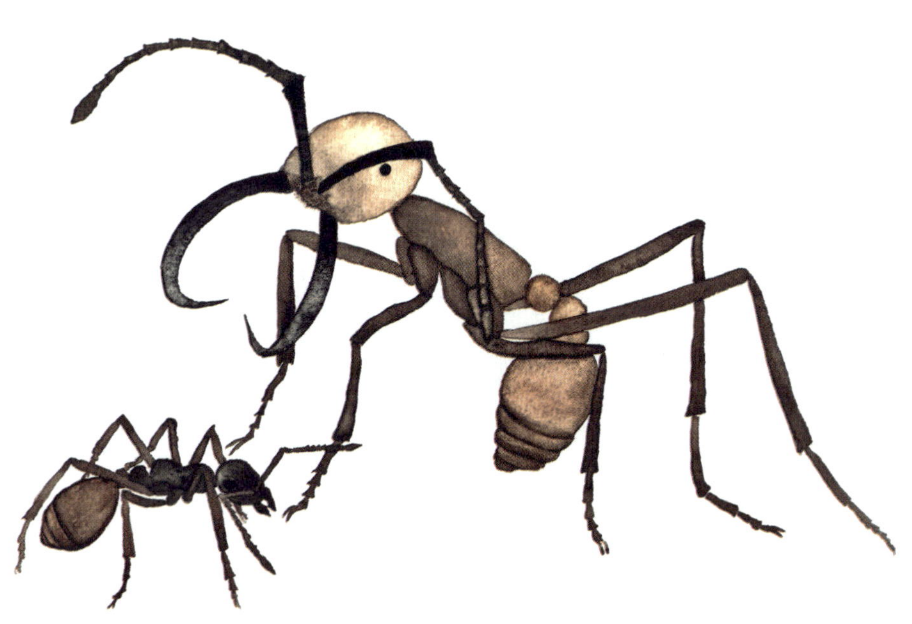

123쪽: 군대개미 일개미는 계급에 따라 외형이 크게 다르다. 몸집이 큰 병정개미들은 사냥에 나선 일개미들을 호위한다.

군대개미는 열대 지방과 아열대 지역에 서식하는 개미종으로 사시사철 무덥고 습기가 많은 아메리카, 아프리카, 그리고 아시아 전역에 분포한다. 한번은 남아메리카와 말레이시아의 열대 우림에서 군대개미를 관찰할 기회가 있었는데, 말레이시아의 수도 쿠알라룸푸르 인근 야외 연구소로 가는 비행기가 예정보다 열두 시간이나 늦어져서 예정된 아침 시간이 아닌 밤 9시에 도착하게 되었다. 당연지사로 나를 마중 나온 사람은 아무도 없었다. 나는 열대 우림의 연구소로 나를 태워다 줄 택시를 찾으면서 미신을 믿는 지역 주민들의 성향을 생각 못했고, 한참 뒤에야 한밤에도 정글 진입을 두려워하지 않는 택시 기사 한 사람을 찾을 수 있었다. 그는 처음에는 아무 두려움도 없어 보였지만, 정글 깊숙이 들어갈수록 용기를 잃더니 결국 차를 돌리려 했다. 나는 택시 기사를 끈질기게 설득해야 했으며, 마침내 그는 나를 야외 숙소로 데려다주었다.

만약 내 동료 하나가 이동 중인 군대개미 군체를 발견했다는 소식을 접하지 못했다면 나는 피로감이 몰려와 곧바로 침대에 쓰러졌을 것이다. 그러나 그 소식을 듣자마자 피로감은 씻긴 듯이 사라졌다. 연구원들은 헤드램프를 머리에 쓰고 어둠이 짙게 깔린 열대 우림으로 향했다. 끝이 없어 보일 정도로 길게 늘어서서 길을 가는 군대개미들의 모습이 보였다. 많은 일개미가 황금색 애벌레를 입에 물고 행군하고 있었다. 이들을 자세히 살펴보니 다른 곤충들이 군대개미들과 함께 섞여서 이동하는 모습이 보였다. 거미 한 마리가 군대개미 일행을 따랐으며, 좀벌레가 개미 애벌레 위에 앉아 얹혀 가고 있었다. 아주 작은 달팽이 한 마리도 소중한 화물처럼 실려 가고 있었다. 이처럼 호사스런 즐거움을 누리기 위해 알로페아스 뮈르메코필로스 달팽이*Allopeas myrmekophilos*는 냄새나는 거품을 만든다. 달팽이의 거품 냄새를 맡은 군대개미들은 달팽이를 새끼 개미로 착각하고 조심스럽게 입에 물고 데려간다. 달팽이들이 분비하는 페로몬의 효과는 강력하여 일개미는 진짜 개미 유충과 달팽이 가운데 하나를 선택해야 하는 상황에서 주로 달팽이를 선택한다.

두 시간 반에 걸친 개미들의 이동이 끝날 무렵 다시 피곤이 몰려와 잠을 청하려 했으나, 동료 연구원이 내게 놓치면 후회할 일이 있다고 말해 후텁지근한 어둠 속에서 잠을 참으며 버텼다. 한참 동안 아무 일도 일어나지 않다가 마침내 개미들이 지나간 길에서 빠른 움직임이 포착되었다. 이번에는 개미들이 아니었다. 반날갯과의 딱정벌레 무리였다. 복부를 들어 올린 이들은 개미들의 냄새 흔적을 따라가고 있는 게 분명했다. 반날개들은 개미 무리에 섞여서 함께 가지 않는다. 이들이 개미 새끼들을 즐겨 포식해 개미들의 공격 대상이 되기 때문이다. 나는 이날 군대개미들의 행렬을 관찰한 덕에 기분 좋게 늦은 잠자리에 들 수 있었다.

인정사정없는 사나운 무리

군대개미종으로 인정받으려면 몇 가지 특징이 있어야 한다. 특히 먹이 사냥 방식이 중요하다. 예를 들어 불개미종의 경우 일개미들이 먹이 사냥을 나가기에 앞서 정찰병 개미들을 먼저 보내 쓸 만한 먹잇감을 물색한다. 또는 사막개미처럼 혼자서 먹이를 찾으러 돌아다니는 개미종도 있다. 그에 반해 군대개미들은 정찰병 개미들이 돌아올 때까지 기다리지 않으며 개별적으로 행동하지도 않는다. 이들은 처음부터 막강한 팀을 조직하여 움직이는데, 수천 마리가 완벽한 행군 대열을 갖추어 함께 먹이 사냥에 나선다. 대부분의 군대개미종은 땅속에서 서식하며 밖에 나와서는 은밀하게 움직인다. 탐사원들의 발밑에서 이동하며 사냥 중인 군대개미들을 가끔 보면서도 이들에 대해 아는 바가 거의 없는 이유이다. 남아메리카군대개미 *Eciton hamatum*와 버첼리 군대개미 *Eciton burchellii*들이 땅에서 사냥하는 모습은 정말 흥미진진한 볼거리이다.

두 종류 다 비슷한 모습으로 출발한다. 이들은 아침이 밝자마자 사냥 모드에 들어간다. 자신들의 몸을 이어서 지은 야영 막사를 해체한 뒤에 우선 넓게 퍼져서 전선을 형성하고, 곧이어 줄을 지어 늘어선 대형으로 이동한다. 사냥할 때는 여러 무리로 나뉘는데, 버첼리 군대개미들은 아주 많은 무리로 나뉘어서 넓적한 부채꼴 모양의 대열을 형성하고 사냥한다. 이때 일개미들은 부채꼴 모양의 무리가 어디로 가야 하는지 알지 못한다. 무리 속에서 조금씩 전진하며 쓰나미처럼 몰려오는 다른 일개미들에 떠밀리기도 한다. 일개미들은 먹이를 야영지로 운반하며, 위협적인 큰턱을 가진 병정개미들이 무리 가장자리에서 파수꾼 노릇을 한다. 여러 개의 다리가 달린 이 밀림의 파괴자들은 이런 식으로 사냥을 하면서 열대 우림 지대를 유유히 하루에 약 300미터 이동한다. 군대개미는 장애물을 만나면 서로 몸을 연결하여 살아 있는 개미 다리를 만든다. 남아메리카군대개미는 나무의 잎들 사이만을 통과하여 이동하면서 꿀벌이나 말벌, 개미처럼 군체를 이루고 사는 곤충들의 유충을 사냥한다. 이에 반해 버첼리 군대개미는 식성이 까다롭지 않아서 주둥이에 걸려든 건 뭐든지 다 죽인다. 다른 곤충류나 거미, 쥐며느리, 지네, 노래기, 지렁이 등이 이들에게 희생되며 심지어 빨리 도망가지 못하는 도마뱀과 개구리, 어린 새 등 작은 척추동물들도 잡아 죽인다. 이런 먹잇감은 사냥 담당 일개미가 홀로 감당하기에는 너무 크지만, 군대개미들은 엄청

군대개미들은 수천 마리가 무리를 이루어 다니면서 빨리 도망가지 못하는 먹잇감은 뭐든지 사냥한다. 강력한 턱을 가진 병정개미들이 약탈자들의 행렬을 호위한다.

난 수가 모여 어떤 저항 세력이든 신속히 제압한다. 사냥감의 크기가 너무 커서 낫처럼 생긴 군대개미의 강력한 큰턱으로도 물어뜯을 수 없는 경우에는 그냥 내버려둔 채 이동하는데, 이때는 군대개미들을 따라다니는 파리들의 잔치가 벌어진다.

파리는 물론이고 군대개미들이 사냥에 나서면 뭔가 좋은 일이 생기리라는 것을 아는 동물들이 있다. 딱따구리와 개미잡이새도 도망가는 먹잇감 중에서 가장 맛있는 먹이를 골라 먹는다. 다른 조류들뿐 아니라 개미 연구자들도 딱따구리와 개미잡이새의 소리를 듣고 군대개미 무리의 위치를 알아낸다. 일부 개미잡이새들은 이런 방식의 먹잇감 배달 서비스에 익숙해진 나머지 군대개미의 도움이 없으면 스스로 먹이를 찾지 못한다. 군대개미들이 한번 습격하면 약 열두 시간에 걸쳐 10만 마리의 생명체가 죽음을 맞이하며, 숲속에는 남는 게 거의 없다.

밤이 오면 군대개미들은 다시 야영 막사를 만들고 잠을 청한다.

특이한 형태의 군대개미 막사

어느 한 지역에만 머물러서는 군체의 허기를 달래지 못하기 때문에 에키톤*Eciton*속 군대개미들은 2~3주 간격으로 유목 생활을 한다. 이들은 하룻 동안 수백 미터 거리를 이동하며 주둔지를 바꾼다. 성장한 애벌레들이 끊임없이 먹이를 달라고 아우성치기 때문이다. 이처럼 주거가 일정치 않은 생활 방식에서는 매번 새로운 집을 만들어 봤자 의미가 없다. 대신 군대개미들은 공간이 넉넉한 장소를 물색한다. 이들은 바위 사이의 틈이나 땅속 구멍, 나무 구멍, 나무뿌리, 부득이한 경우에는 가까운 나뭇가지를 찾아 일명 '비바크'라고 불리는 야영지를 세운다. 야영지를 만들

재료는 걱정할 필요가 없다. 자기들의 몸을 이용해 야영지를 만들기 때문이다. 군대개미들은 다리에 있는 특수한 갈고리를 이용해 서로 몸을 다닥다닥 붙인다. 버첼리 군대개미의 경우 약 50만 마리의 일개미가 야영지를 구성한다. 늙은 일개미들은 바깥쪽으로, 어린 일개미들은 안쪽으로 자리하며 무게는 약 1킬로그램, 직경은 1미터가 넘는다. 땅속에 사는 아프리카군대개미*Dorylus*속 개미들도 종종 야영을 한다. 몰레스투스 군대개미*Dorylus molestus*의 야영지는 직경 3미터에 달하는 분화구 모양의 구덩이 안에 있다. 이들은 이런 규모의 구멍을 만들기 위해 약 35킬로그램의 모래를 들어낸다. 야영지 안쪽에는 여러 통로들이 있어 각 방으로 이어지며, 그 안에서 여왕개미와 새끼 개미들이 안전하게 보호받는다. 하지만 그들이 보호하는 존재는 여왕개미와 새끼들만이 아니다.

대단히 효율적인 방법으로 이동하는 군대개미들의 야영지에서는 종종 믿기지 않는 일이 일어난다. 이들 킬러 개미들이 자신들의 야영지에 무더기로 들어오는 불법 세입자들을 숙박시킨다는 사실이다. 지금까지 관찰한 군대개미들의 야영지마다 거미, 딱정벌레, 쥐며느리, 좀벌레, 파리, 진드기, 그리고 톡토기 등이 득실거렸다. 이들 불법 세입자는 군대개미들이 먹다 남은 음식으로 영양분을 섭취한다. 다른 개미종과 비교하여 군대개미들은 자신들의 둥지의 위생에 그다지 신경 쓰지 않기 때문에 음식 찌꺼기의 양이 적지 않다. 게다가 군대개미는 기생 동물들이 들어왔는지 일일이 점검하지 않는다. 그리하여 군대개미들의 진화 과정에서 기생 동물들은 이들의 야영지에 슬그머니 잠입할 수 있었다. 그래서 예전에는 군대개미 집에 눌러앉아 주인 행세를 하는 딱정벌레목 반날갯과 곤충들이 군대개미와 같은 조상의 후손이라고 추측하기도 했다. 하지만 이들의 유전자를 비교해 본 결과, 딱정벌레류 곤충들은 군대개

유랑 생활을 하는 군대개미에게는 버젓한 개미집이 의미 없다. 대신 수많은 일개미가 서로 몸을 연결하여 임시 야영지인 '비바크'를 만든다.

미의 집을 자신들의 집과는 다른 별개의 서식지로 여기고 거기에 적응해서 살았다는 사실이 밝혀졌다.

우리가 기생 동물이라고 부르는 손님들은 탁월한 위장 수법으로 군대개미의 집에 잠입한다. 이들은 무엇보다 개미와 똑같은 냄새를 풍긴다. 기생 동물들은 이른바 화학적 위장술을 사용하기 위해 군대개미와 똑같은 혼합 방향 물질을 만들거나, 개미의 사체에 자기들의 몸을 비벼서 개미의 방향 물질을 얻는다. 이밖에도 기생 동물들은 군대개미 야영지 내의 비교적 한적한 구역으로 침투해 개미들의 시선을 따돌린다. 주인들이 야영지를 해체하고 이동할 때는 일이 더욱 복잡해진다. 말레이시아에서 관찰했던 바에 의하면 자기 다리로는 군대개미를 따라가지 못하는 기생 동물들은 극단적인 붙어살기 수법을 쓴다. 바로 개미 유충들과 함께 일개미들에게 실려 가는 방법이다.

수많은 개미의 몸을 이어서 만드는 야영지는 그 자체로도 실용성이 뛰어나지만, 이것에는 이동식 숙소 이상의 기능이 있다. 폭우가 쏟아져 개미들이 물에 휩쓸리는 경우 이 야영지는 자동적으로 뗏목 역할을 한다. 우리가 큐티클이라고 부르는 군대개미들의 각피는 방수 역할을 하여 야영지가 침수되지 않도록 막아 준다. 또한 군대개미의 뻣뻣한 털들은 엷은 공기층을 잡아 주고 공기층은 야영지에 충분한 부력을 줘서 홍수가 나도 야영지가 물 표면에 떠 있도록 한다. 수중에서 산소를 마시지 못하는 개미는 몸을 풀고 물 밖으로 기어 나가고, 그러면 다른 일개미 하나가 그 자리를 메운다. 이러한 메커니즘은 잘 작동되어서, 서아프리카에 서식하는 아르켄스군대개미*Dorylus arcens*와 같은 군대개미들뿐 아니라 유럽에 사는 유럽불개미나 미국 남부의 홍수가 잦은 지역에 서식하는 붉은불개미*Solenopsis invicta*들도 이 전략을 이용한다.

하지만 평범한 고정식 개미집과 비교해 야영지 방식에도 단점이 있다. 이들은 추위와 건조한 환경 조건에 약하다. 대지의 단단한 지층은 대낮과 한여름의 열기를 오랜 시간 축적해 날씨가 추워지면 열기를 천천히 방출한다. 이러한 작용 덕에 지표면의 온도는 땅속 깊이 들어갈수록 일정하게 유지된다. 나무 안에 지은 개미집의 나무 벽이나 나뭇가지 더미, 침엽수 잎의 더미는 그 안에 가득한 공기 덕분에 열 손실을 억제하고 바람도 막아 준다. 이에 반해 개미들의 야영지는 온기를 가두어 두는 재료가 없는 엉성한 벽으로 구성된다. 날씨가 포근한 경우에만 보호 기능을 제공하는 외풍이 있는 집이나 다름이 없다. 이런 이유로 군대개미는 남아메리카와 중부아메리카에서 미국의 남부 지역, 아프리카와 아시아의 열대 지방에 이르는 날씨가 더운 지역에만 서식한다. 유럽에는

큰물이 흘러넘쳐 개미들을 위협하면 사진 속의 불개미를 포함하여 여러 개미종들이 일개미의 몸을 연결해 뗏목을 만든다. 일개미들은 물 위와 아래를 교대로 오가면서 임무를 수행한다.

오직 한 종류 풀부스 군대개미 *Dorylus fulvus*가 발칸반도 남동부에 서식한다. 기후가 자연스레 군대개미의 이동 욕구에 제한을 두는 것이다. 하지만 기후도 변할 수 있다.

끝없는 요요의 굴레

군대개미는 꽤나 특이한 개미종이지만, 이들의 여왕개미는 더 독특하다. 군대개미의 여왕개미는 날개가 없으며 군체를 떠나지도 않는다. 군대개미 여왕개미는 야영지에서 참을성 있게 수개미를 기다리며, 딸들이 여왕개미와 수개미의 만남을 주선한다. 수개미들은 동화 속 왕자처럼 날아다니면서 신붓감을 찾는다. 그중 운 좋은 수개미는 공주개미가 사는 야영지를 발견하고 일개미들의 지지를 얻으며 연인과 짝짓기한다.

이때 여러 왕자들에게 행운이 찾아오는데, 군대개미의 공주개미는 다수의 수개미와 짝짓기를 하기 때문이다.

혼자 날아다니며 스스로 길을 찾아야 하기 때문에 군대개미 수컷에게는 커다란 겹눈 외에 추가로 세 개의 홑눈이 있다. 따라서 이들 수개미는 시력이 좋으며, 그에 반해 여왕개미 대부분과 일개미 전부는 시각 장애인이다. 이들도 눈이 있기는 하지만 겹눈이 아니라 각 홑눈으로 구성된 작은 점들만 있을 뿐이다. 그럼에도 윌베르티 군대개미*Dorylus wilverthi*의 일개미들은 빛의 명암 차이 정도는 구분하는데, 이는 피부에 있는 광 센서를 통해 가능한 것으로 추정된다.

윌베르티 군대개미가 각별히 흥미로운 데는 또 다른 이유가 있다. 이들은 두 개의 세계 신기록을 보유하고 있다. 우선 윌베르티 군대개미는 200만 마리가 넘는 일개미를 포함하는 엄청나게 큰 군체를 구성한다. 두 번째, 이들의 여왕개미는 몸길이가 최대 5.2센티미터까지 자라 전 세계 개미들 가운데 가장 길다. 꼬리 부분을 제외한 작은 생쥐의 크기와 거의 맞먹는다.

에키톤속 군대개미들의 여왕개미는 그다지 크지 않지만 일개미와는 확연히 구분된다. 이들의 몸길이는 2~3주간의 이동기를 마치고 한군데에 정착하는 시기에 가장 길다. 이동기 동안 지칠 줄 모르고 먹어 대던 애벌레들은 정착기에는 번데기가 되면서 음식을 끊임없이 찾지도 않는다. 따라서 일개미들이 자주 먹잇감을 찾아다닐 필요가 없어지면서 한동안 이들 서식지 주변에는 군체 전체가 먹기에 충분한 양의 음식이 존재한다. 그리고 여왕개미는 정착기를 이용해 알을 낳는다. 유목 시기에는 몸이 날씬하고 민첩하던 여왕개미지만 정착기에 들어서면 알아보기 어려울 정도로 몸이 금방 불어난다. 복부가 엄청나게 부풀어 오르며, 자기 힘으로는 걷지도 못할 정도로 비대해진다. 여왕개미는 혼신의 힘을 다해 수많은 알을 낳고, 이들이 다음 세대 일개미로 자라난다. 여왕개미 는 서둘러야 한다. 어린 일개미들이 부화하자마자 애벌레들에게 끊임없 이 먹이를 공급해야 하는 동시에, 여왕개미는 이동기의 몸무게를 되찾 아야 하기 때문이다. 그리고 또다시 유랑 시기가 찾아온다. 군대개미들 은 느긋하게 쉴 시간이 없다.

새 군체는 땅이 필요하다

정착기에 부화하는 많은 새끼들 가운데 특별한 대접을 받는 개미들이 있다. 군대개미 여왕개미도 언젠가는 결국 수명을 다하며, 여왕개미가 죽으면 곧바로 군체 전체가 죽는다. 각 군체에는 단 한 마리의 여왕만 있기 때문이다. 따라서 일개미들은 자매들 가운데 일부 개미를 신경 써 서 먹여 공주개미로 키운다. 이 과정은 이들 자매가 성장하여 그 가운데 하나가 새 군체를 만들 여왕으로 결정되는 날까지 계속된다. 그래서 군 대개미 여왕 후보자들은 자기 군체를 만들거나 다른 군체에 여왕으로 들어가는 일을 스스로 하지 않는다. 약탈 행위를 일삼는 생활 방식을 가 진 개미 무리에게는 처음부터 많은 수의 일개미와 병정개미가 필요하기 때문에, 여왕으로 선택된 개미는 가솔의 상당수를 지참금으로 물려받고 싶어 한다. 그렇게 되면 군체는 두 개로 나누어진다. 군체에는 공주개미 가 다수 존재하기 때문에 모든 공주가 동일하게 군체를 나누어 갖지는 못한다.

공주들 가운데서 여왕을 선정하는 방식은 마치 서바이벌 프로그램을 보는 듯하다. 후보자들마다 따르는 추종자 일개미들이 있으며, 추종자들의 숫자는 늘었다 줄었다 한다. 결국 다수의 지지를 얻는 공주가 개미 제국의 절반을 나누어 받아, 좋은 신랑 개미를 만날 기대감 속에 추종자들과 함께 분가한다. 한편 일개미들에게 퇴짜 맞은 후보자들은 불청객 신세가 되어 군체 내에서 고립된다. 탈락한 후보자들과 그들을 따르던 충성스런 일개미들은 더 이상 음식도 얻어먹지 못하는 비참한 신세가 되어 몰락의 길을 걷는다.

두 개로 나누어진 군체는 각자의 길을 간다. 공격적인 성향을 가졌지만, 두 군체의 개미들은 어느 날 서로 만나거나 다른 무리의 군대개미를 만나도 전투를 벌이지는 않고 서로 외면한 채 방향을 틀어 각기 다른 길로 향한다. 늘 걸어서 이동하고 여왕개미에게는 날개가 없어 날 수 없기 때문에 군대개미들은 강과 같은 커다란 자연 장애물을 극복하지 못한다. 폭이 수백 미터에 이르는 숲속 빈터에서도 도중에 먹거리가 없으면 꼼짝 못 한다. 개미들에게 너무 추운 곳, 즉 산이나 산등성이에서도 마찬가지이다. 널찍한 땅에서 군대개미의 서식지가 그들만의 섬을 이루는 이유이다. 군대개미는 대양이나 큰 호수의 섬에는 서식하지 않는다. 날지 못하는 여왕개미들이 바람에 실려 섬으로 가는 일이 없기 때문이다. 군대개미들은 많이 돌아다니기는 하지만 근거지를 일관되게 고수하는 편이다.

소시지 파리와 상처 봉합

군대개미종이 전부 위에서 설명한 방식으로 살지는 않는다. 우리는 땅속에 서식하는 여러 군대개미종에 대해 거의 알지 못한다. 땅속 군대개미를 목격한 과학자는 소수다. 남아프리카에 서식하는 아에닉토기톤 *Aenictogiton*속 개미들은 대단히 은밀하게 움직여서 지금까지 이들의 일개미나 여왕개미를 본 사람이 없다. 수개미들만 이따금 모습을 드러낼 뿐이다. 그럼에도 과학자들은 이들을 개미의 한 종류로 인정하기는 했다. 두 단어로 구성된 생물 명명법을 만든 위대한 생물학자 칼 폰 린네는 윌베르티 군대개미의 수컷을 말벌이라고 생각했다. 요즘도 수컷 가운데 일부는 다른 개미종으로 잘못 분류되고는 한다. 군체 내의 암컷들과 닮은 구석이 전혀 없기 때문이다. 일부 지역에서는 윌베르티 군대개미를 맛있는 음식으로 여기며, 원주민들은 이들을 '소시지 파리'라고 부른다.

하지만 원주민을 만난 군대개미들이 늘 그들의 식탁에 오르지는 않는

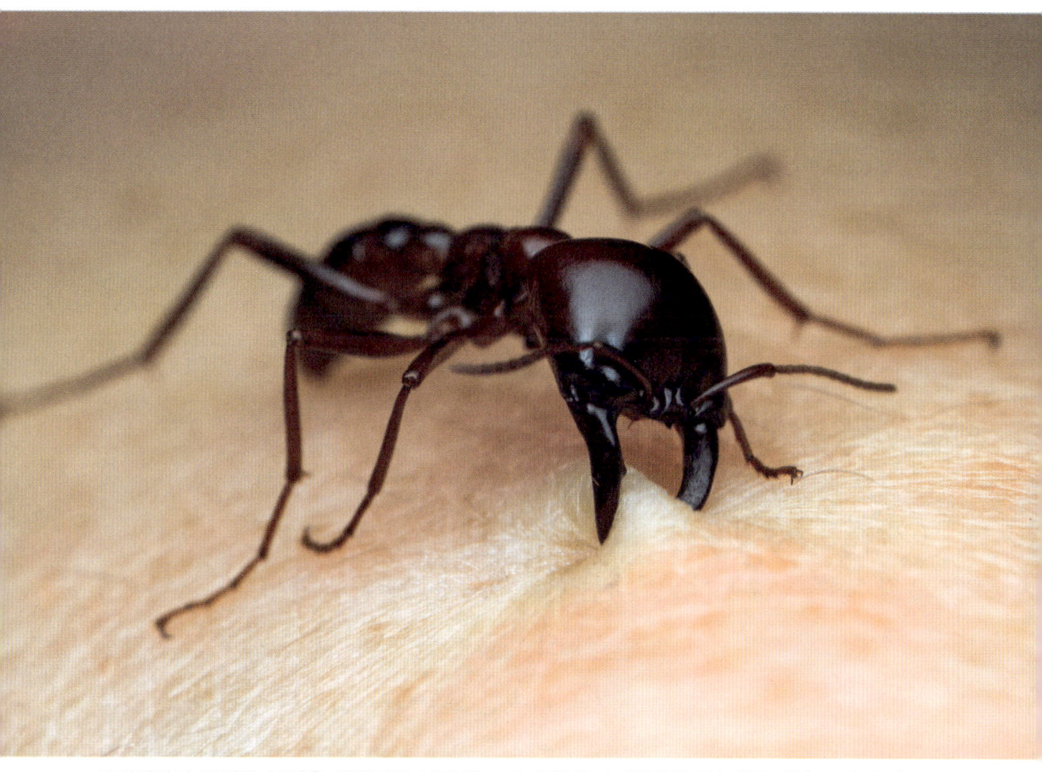

군대개미의 강력한 큰턱은 약탈자를 물리치는 데 유용하며, 원주민들의 전통 의술로써 찢긴 상처 부위의 봉합에도 쓰인다.

다. 이들은 사람의 피부가 찢겼을 때도 유용하게 쓰인다. 고대 문명에서도 이런 치료법을 알고 있었던 것으로 추정되며, 마사이족은 요즘도 이 방법을 사용한다. 군대개미의 큰턱은 찢긴 상처를 봉합하는 데 제격이다. 우선 군대개미를 손으로 잡고 개미의 큰턱을 상처 부위에 댄다. 그리고 개미가 상처를 물 때까지 기다린다. 개미가 큰턱으로 상처 부위의 양쪽을 꽉 물면 곧바로 개미의 머리에서 몸을 떼어 낸다. 그러면 머리만 오랫동안 남아 찢긴 상처를 붙게 만드는 방식이다.

결론적으로 말하면 군대개미는 대단히 매력적인 곤충일 뿐 아니라 인간에게 매우 유용하기도 하다.

자, 그럼 이제 자그라바크Jaglavak 얘기를 해 보자.

곤충의 왕자

카메룬 북부에 터를 잡은 모푸족의 삶은 우리의 시각으로 보면 대단히 척박하고 검소해 보인다. 인구가 많지 않은 이 부족의 마을들은 나이지리아 국경 지대 차드 호수에서 남쪽으로 약 350킬로미터 떨어진 곳에 위치한다. 이곳 산악 지대는 대단히 건조해서 곤충과 일부 조류를 제외하면 야생 동물도 많지 않다. 모푸족은 이곳에 수수 농사를 짓는다. 척박한 환경 조건에서도 잘 자라는 소수의 유용 식물들 가운데 하나이다. 원주민들은 수수를 수확하면 원형 건물에 보관한다. 통나무와 들판에서 가져온 돌과 바람에 말린 점토로 벽을 만들고 지붕은 짚으로 덮은 건물로, 모푸족이 거주하는 가옥과 비슷한 모양새다. 단순한 생활 방식 덕분인지 모푸족은 삶에 대한 만족도가 높다고 한다. 이들의 염려하는 바는 단 두 가지, 비가 올 것인지 여부와 흰개미 떼의 습격뿐이다.

흰개미는 개미와 마찬가지로 엄청난 규모의 군체를 형성하고 사는 진사회성 곤충이다. 여왕 흰개미 혼자 끊임없이 알을 낳으며, 일개미 흰개미와 병정 흰개미들이 나머지 일을 도맡는다. 모푸족이 사는 지역은 나무와 낟알을 먹고 사는 흰개미들의 서식지다. 흰개미들의 입장에서 보면 모푸족 마을은 지상 낙원이다. 그런데 흰개미들이 에덴동산에 도착하면 마을 사람들에게는 악몽의 시간이 시작된다. 흰개미들은 주로 땅속에 집을 짓지만, 모푸족 마을에 다다른 흰개미들은 사람들이 사는 집의 벽에 구멍을 뚫는다. 흰개미의 습격은 재앙 그 자체로, 손으로 가볍게 건드리기만 해도 벽이 무너져 내린다. 그리고 지붕까지 기어 올라온 흰개미들이 지붕을 덮은 밀짚을 갉아먹으면 집은 붕괴된다. 게다가 마을 사람들이 전년에 수확하여 저정해 둔 수수까지 먹어 치우면 상황은 최악으로 치닫는다. 흰개미들은 인간이 먹을 식량뿐 아니라 파종용 씨앗까지 해치워서, 원주민들에게 흰개미 습격은 파산을 의미한다. 흰개미들의 마을 습격에 대항하는 방법은 단 한 가지뿐이다. 군대개미 '자그라바크(원주민들이 군대개미를 부르는 이름으로, 아프리카 카메룬 북부 만다라 스산에 사는 모푸족이 군대개미를 이용하여 흰개미 떼로 인한 피해에 대처한다는 내용의 다큐멘터리 영화 제목이기도 하다.—옮긴이)'를 데려오는 것이다.

모푸족 노인들은 '곤충 왕자' 자그라바크를 조심해서 다루어야 한다는 사실을 잘 안다. 군대개미는 마음 편한 이웃사촌이 아니며, 날카로운 큰턱에 물리면 대단히 아프다. 일단 군대개미 군체를 찾아내는 일부터 만만치가 않다. 이곳의 군대개미들은 땅속에 사는 종류여서 그들의 집을 발견하기란 매우 어렵다. 하지만 호기심 많은 어린아이들에게는 도전해 볼 만한 임무이다. 마을 노인들에게 군대개미 얘기를 들은 아이들은 군대개미를 찾아 나선다. 군대개미를 찾은 아이들이 마을 노인에게 도움을 요청하고, 나무 괭이를 이용하여 개미집을 부수고 나서 군체의 일부를 뚜껑이 있는 호리병에 담는다. 마을 사람들은 귀한 손님으로 데려온 군대개미들을 호리병에서 꺼낸다. 마을 노인은 황토 속에 있는 흰개미 집의 입구에 군대개미들을 풀어놓으면서 흰개미들만 잡아먹고 마을 주민들이나 염소들은 건드리지 말라고 부탁한다. 이제 기다리는 일만 남았다.

사람들이 밖에서 기다리는 동안 흰개미 집 내부의 굴마다 극적인 사태가 펼쳐진다. 후각으로 자신들이 어디에 와 있는지 판단한 군대개미들은 곧바로 생사를 건 전투에 돌입한다. 군대개미들은 강력한 큰턱을 이용하여 자기들보다 몸집이 훨씬 큰 흰개미 병정들의 다리와 더듬이를 물어뜯어 꼼짝 못 하게 만든다. 이어서 동료 군대개미들이 달라붙어 움직이지도 못하는 병정 흰개미들의 단단한 갑옷을 찢는다. 순식간에 바깥 방어망을 뚫은 군대개미들은 여왕 흰개미가 사는 방을 향해 돌진한다. 그러는 사이 집 안에서 부모 흰개미를 돌보던 일개미들은 위급한 사태에 처했음을 깨닫고 부모를 안전한 곳으로 옮기기 시작한다. 흰개미 일개미들은 밀고 당기기를 반복하면서 마침내 여왕 흰개미 부부를 안전한 방으로 옮긴다. 그리고 병정 흰개미들은 서로 머리를 맞대어 여왕 부부가 있는 방으로 가는 통로를 막는다. 하지만 병정 흰개미보다 몸집이 작은 군대개미들이 틈새를 파고들고, 전투는 새로운 국면으로 접어든다. 이 상황이 수일간 지속되기도 한다.

그러나 모푸족은 흰개미의 지하 제국에서 무슨 일이 벌어지는지 전혀 모르며 관심조차 없다. 그들에게 중요한 것은 자그라바크에게 도움을 청하면 2~3주 후에 흰개미들이 전부 사라지고 군대개미들도 함께 사라진다는 사실뿐이다. 마을은 위기 상황에서 벗어났다. 곤충 왕자 만세!

개미 농장의 탄생

141쪽: 잎꾼개미가 나뭇잎을 나르고 있다.

박사 논문을 쓰던 시절의 어느 날 아침, 나는 특이한 광경을 목격했다. 아침 일찍 개미 실험실에 와 보니 붉은빛 개미들이 긴 행렬을 이루고 복도를 지나갔다. 일개미들이 전부 반원형의 자그마한 고무 조각 하나를 큰턱에 물고서 유전학 실험실에서 개미집이 있는 인공 기후실로 향하고 있었다. 잎꾼개미들이 간밤에 개미집을 탈출해서 군체를 위한 새로운 물질 조달에 착수한 게 분명했다. 실험실에 화분이 없었기에 개미들은 나뭇잎과 비슷해 보이는 대체물을 찾아야 했을 것이다. 그런데 그들이 이파리 대신 선택한 대체물이 도대체 뭔지 알 길이 없었다. 실험실 출입문을 닫고 열심히 고무 조각을 나르는 일개미들을 살피는 도중, 그제야 뭔가를 부지런히 자르고 있는 일개미 자매 무리가 눈에 들어왔다. 이들은 실험실에서 쓰는 젤 건조기의 고무 매트를 열심히 조각내고 있었다. 한 무리의 일개미들이 젤 건조기 고무 매트를 잘라서 바닥에 떨어뜨리면 다른 일개미들이 큰턱으로 물고 가는 방식이었다. 이들이 숲속에서 진짜 나뭇잎을 절단하여 물고 가는 행동과 다를 바 없었다. 하지만 나는 이들의 행동을 얼른 멈추게 한 후 개미들을 붙잡아 인공 기후실에 다시 집어넣어야 했다. 다행히도 개미들이 실험용 도구에 큰 손상을 입히지는 않았다. 그날 이후 수년 동안 우리 연구진은 젤 건조기를 사용할 때마다 젤 건조기의 고무 매트에 생긴 구멍들을 땜질해야 했다. 그리고 개미들이 들어 있는 인공 개미집이 제대로 닫혔는지 밤마다 두세 번씩 확인했다.

개미 사회의 히피족

독일에서 실험실 도구를 열심히 절단하던 잎꾼개미들의 본래 서식지는 아메리카의 열대와 아열대 지역이다. 우리가 지금까지 파악한 47종의 잎꾼개미 서식지 가운데 가장 북쪽은 기후가 온난한 미국의 루이지애나주와 텍사스주이며, 가장 남쪽은 아르헨티나의 파타고니아 지방이다. 유럽의 야생에서는 찾아볼 수 없으나 여러 동물원에서 이 재미있는 개미들에게 관심을 갖고 군체를 키우고 있다. 나뭇잎을 큰턱에 물고 투명 플라스틱 파이프 속을 지나가는 잎꾼개미들의 모습에 동물원을 찾은 사람들은 눈이 휘둥그레진다. 대형 아웃도어 상품 회사들도 잎꾼개미들을 이용하여 고객을 끌어모은다. 침낭이나 비옷을 사러 온 손님들이 잎꾼개미들을 보면서 재밌어하기 때문이다. 그리고 군대개미와 더불어 잎꾼개미는 두말할 것도 없이 개미학자들이 열렬히 환호하는 관심 개미 종이다.

이들 두 부류의 개미에게는 공통점이 있다. 과거 원시 부족 사람들이 이들의 병정개미로 하여금 찢어진 상처 부위를 물게 하여 상처를 봉합했으며, 일부 지역에서는 이들이 요즘도 식탁에 오른다는 점이다. 잎꾼개미 여왕개미는 남아메리카에서 오르미가 쿨로나스Hormiga Culonas, 즉 엉덩이가 큰 개미라는 별명으로 통한다. 이들은 멕시코와 콜롬비아에서 불에 구워 먹는 별식이자 성욕 증가제로 알려져 있다. 일생에 단 하루 짝짓기 하는 곤충에게는 썩 어울리지 않는 명예인 셈이다. 여왕개미 요리의 맛은 어떠할까? 바삭바삭하고 약간 짜며 고소한 맛에 흙냄새가 조금 난다. 언젠가 남아메리카에서 온 박사 과정 학생이 머리와 다리와 더듬이가 떨어져 나간 검붉은색의 여왕개미를 맛보라고 가져온 일이 있다. 내 입맛에는 맞지 않았다. 어쩌면 머리와 사지가 다 찢겨 영영 새 군체를 만들 수 없게 된 잎꾼개미 여왕을 보고 있자니 마음이 무거웠기 때문인지도 모르겠다.

이런 몇 가지 공통점을 제외하면 군대개미와 잎꾼개미는 서로 극단적으로 다른 모습을 보인다. 군대개미는 일정한 거처가 없는 육식 곤충이며, 잎꾼개미는 채식주의를 고집하면서 큼지막한 집을 짓고 한곳에 정착하여 산다.

잎꾼개미는 정말 대단한 집을 가진 개미이다! 물론 수백만의 인구가 거주하는 대도시도 처음에는 작은 규모로 시작하지만 말이다.

거대 도시의 탄생

잎꾼개미 공주개미는 전통적인 방식으로 자기 군체를 일군다. 결혼 비행 동안 최소 다섯 마리의 수개미와 짝짓기를 하는 공주개미의 저정낭에는 약 3억 개의 정자가 들어 있다. 결혼 비행을 마친 잎꾼개미 공주개미는 스스로 날개를 떼어 내고 새로운 군체를 만들 적당한 장소를 찾아다닌다. 우거진 식물들이 거의 없는 탁 트인 땅이 가장 적합하다. 그래서 차들이 오가는 도로 가장자리에서 잎꾼개미 군체가 발견되곤 한다. 예비 엄마인 공주개미는 그런 장소에 약 30센티미터 깊이로 땅을 파서 여왕의 침소 하나를 마련한다. 공주개미는 다시 개미집 밖으로 나와 집 앞에 흙 한 줌을 쌓는다. 그러고는 생애 마지막으로 햇빛을 보고 나서 다시 땅속으로 들어간다. 공주개미가 그 이후로 밖에 나오는 일은 없다. 침실에서 해야 할 일이 산더미같이 쌓여 있기에 햇빛을 즐길 여유도 없다. 다음 세대를 이어 갈 일개미를 양성하기 위해 곧바로 알을 낳아야 하며, 또 다른 임무도 완수해야 한다. 군체의 운명을 좌우할 대단히 중요한 일, 바로 농사를 지어야 한다.

잎꾼개미 여왕개미는 친정집에서 버섯 균사체를 결혼 선물로 받아 입 안에 있는 특수 주머니에 넣어 가져온다. 이는 평범한 균사가 아니다. 잎꾼개미들이 사용하는 특별한 종류의 균사체다. 이 균사체가 죽으면 여왕개미는 군체 만드는 임무를 포기해야 한다. 잎꾼개미는 균사체 없이는 생존할 수 없기 때문이다. 그렇다. 균사가 없으면 여왕개미는 물론이고 일개미들도 삽시간에 굶어 죽는다. 그런 까닭에 여왕개미는 균사를 조심스레 땅에 내려놓고 액체 배설물로 거름을 준다. 좀 더럽기는 하지만 대단히 효과가 좋아 이들이 수백만 년 전부터 이용해 온 농작물 재배 방식이다. 이 과정을 마치고서야 여왕개미는 첫 번째 알을 낳는다.

여왕개미는 균사와 알들을 번갈아 가며 돌본다. 그리고 균사는 금방 무성하게 자란다. 하지만 쓸모없어진 날개 근육과 몸속에 축적된 지방에서 에너지를 얻는 여왕개미는 물론이고 여왕개미가 낳은 알들을 먹어 영양분을 얻는 애벌레들도 버섯은 건드리지 않는다. 이들은 새끼 일개미로 부화한 후에야 버섯을 먹을 수 있다. 그리고 그 대가로 일개미들은 농장 일에 투입된다. 일개미들은 봉인된 개미집 입구를 파헤치고 밖으로 나가 나뭇잎을 모으기 시작한다. 그리고 큰턱으로 자른 나뭇잎을 들고 버섯을 키우는 방으로 돌아온다. 나뭇잎들은 버섯 배양을 위한 기본 물질로 이용된다. 100마리의 여왕개미 가운데 이 단계까지 생존하는 개체는 두서너 마리 정도다. 그리고 이 시점부터 여왕개미는 하루하루 딸들과 시간을 보내면서 온전히 산란에 집중한다.

여왕개미는 이제 은둔 생활에서 벗어나 작은 가정을 일구었다. 하지만 여왕개미의 목표는 초유기체처럼 움직이는 거대한 개미 제국 건설이다.

1000개의 방과 300만의 거주자

새로운 군체가 형성된 첫해, 개미들은 살아남기 위해 치열한 생존 투쟁을 벌인다. 두 번째 해부터는 탄력이 붙어 번성하기 시작한다. 개체 수가 많아질 뿐만 아니라 일개미들의 몸집이 커지고 크기도 다양해진다. 첫 번째 세대는 대부분 크기가 작고 연약하지만 다음 세대 애벌레들은 위풍당당한 개미로 성장하며, 나중에는 네 종류의 일개미 계층이 형성된다. 그 가운데 크기가 가장 작은 일개미는 평생 집에 머물면서 버섯 농사를 짓는다. 이들은 왜소한 체구 덕분에 버섯 균사체 사이를 종종걸음으로 다닌다. 이들보다 몸집이 약간 더 큰 일개미와 중간 사이즈의 일개미는 개체 수가 가장 많다. 이들은 나뭇잎을 물어오고, 적군 개미들이 쳐들어오면 방어 임무에 투입되며, 기타 일상적인 업무를 전부 떠맡는다. 마지막으로 몸집이 가장 큰 개미인 병정개미가 있다. 이들을 양육하고 돌보는 데는 엄청난 자원이 투입되므로 10만 마리 이상의 개체가 있는 군체들만이 머리가 큰 이 거인들을 유지할 수 있다. 비용 부담이 지나치게 크지만 그만한 투자 가치는 있다. 대형 일개미들의 큰턱은 가죽을 절단하며, 여러 개미 연구자들이 경험을 통해 입증했듯이 인간의 피부도 거뜬히 뚫는다. 솔직히 말하자면 사람들이 개미에게 물리는 건 본인들 탓이다. 잎꾼개미들은 평화주의자로, 인간이 개미집을 파헤치지만 않으면 절대 물지 않는다.

군체가 커지면 한집에 사는 일개미들의 인구는 어마어마해진다. 독일의 슈투트가르트 기차역을 땅 밑으로 옮겨, 거기서 슈투트가르트 시민 전체가 함께 산다고 생각하면 비슷하겠다. 브라질의 과학자 루이즈 포티Luiz Forti는 거대 도시와 같은 잎꾼개미의 집을 대단히 획기적인 방법으로 연구했다. 포티는 잎꾼개미의 집에 액체 시멘트를 붓고 나서 굳은 시멘트를 들어냈다. 간단히 들리겠지만 실제로는 대단히 힘든 작업이었다. 첫 번째 난관은 건설 회사를 설득하여 6.3톤의 시멘트와 2000리터의 물을 허허벌판으로 가져오는 일이었다. 건설 회사를 설득한 연구자는 시멘트와 물을 섞어 액체 형태로 만들어서 개미집의 비좁은 통로로 흘려보냈다. 액상 시멘트를 개미집 맨 윗부분까지 부은 후에는 시멘트가 굳을 때까지 3주를 기다렸고, 그런 다음 삽으로 조심스레 파내는 작업을 시작했다. 작업자 가운데 한 사람이라도 서툴게 일을 해서 개미집의 일부라도 훼손하면 그간의 노고가 수포로 돌아갈 상황이었다. 그래서 개미 연구자들은 유적지를 발굴하는 고고학자들처럼 직접 손으로 하나하나 쓸어 내며 한때 번성했던 개미 제국의 모습을 드러냈다. 그렇게 엄청난 양의 땀을 흘린 결과, 그간의 노력과 비용이 헛되지 않았다. 개미 연구자들은 단순히 개미집 하나를 파낸 게 아니었음을 확인했다.

과학의 명령으로 액체 시멘트를 주입한 결과, 잎꾼개미 군체의 정확한 구성과 모습이 드러났다. 개미집의 가운데 부분은 50제곱미터 정도의 크기로, 주차장의 주차 면 약 여덟 개에 해당한다. 그다지 큰 공간은 아닌 듯 하지만, 잎꾼개미는 맨해튼의 조용한 지역에 수많은 시민을 살게 만든 미국인들과 동일한 건축 방식을 따랐다. 잎꾼개미들은 수직으로 집을 지으며, 땅속 8미터 깊이까지 통로와 방들이 이어진다. 둥지 하나에 1000~2000개의 방이 있으며, 최대 7864개의 방이 있는 개미집이 발견된 적도 있다. 방의 크기는 테니스공만 한 정도부터 축구공 크기까지 다양하다. 개미집을 발굴한 연구자들은 전체 방 가운데 약 3분의 1에서 개미들과 버섯 재배실을 발견했다. 나머지 방들은 쓰레기 하치장이었던 것으로 밝혀졌다.

입체적으로 만든 생활 공간은 잎꾼개미 개미집이 가진 매력의 일부분일 뿐이다. 다양한 모양의 통로들이 형성하는 인프라를 보면 놀라움을 금치 못한다. 예를 들어 버섯 재배실로 가는 통로는 약간 경사져 있어서 폭우가 쏟아져도 물이 들어오지 않는다. 하지만 이 정도로는 개미들과 버섯의 생명을 유지하기에 충분치 않다. 개미와 버섯은 호흡을 하는 동안 산소를 소비하고 일산화탄소를 배출한다. 성능 좋은 환기 시설이 없으면 땅속에 사는 거주자들은 하나도 남김없이 질식할 것이다. 그래서 잎꾼개미 집의 외곽은 수직으로 솟은 굴뚝들로 에워싸여 있어, 개미집의 가장 깊은 지점부터 지표면까지 활 모양으로 이어진 굴뚝을 통해 원활하게 환기가 이루어진다. 잎꾼개미의 지하 제국 내부에는 수 킬로미터에 이르는 지하 통로가 있는데, 이 통로들 가운데 일부는 출입구로 바로 이어지고 각 방들은 출입구에서 약 100미터의 거리를 두고 위치한다. 이러한 공간들을 전부 포함하면 이들의 거대한 집은 축구장 여러 개를 합친 크기라고 할 수 있다.

전체 구조가 대단히 복잡하고 독창적이어서 경험 많은 건축가가 설계했을 것이라는 추측이 절로 들지만, 잎꾼개미들은 설계도도 없이 복잡

한 컴퓨터 시뮬레이션도 하지 않고 집을 짓는다. 이들은 오직 작은 두뇌
와 더듬이에 있는 고감도의 센서, 그리고 수천만 년에 걸친 진화를 바탕
으로 건설한다.

보통 200만 내지 300만 마리의 잎꾼개미들이 거대 지하 도시에 거주
한다. 과학자들은 800만 마리의 아타속 섹스덴스 잎꾼개미*Atta sexdens*들
이 서식하는 개미집을 발견한 적도 있는데, 이들은 모두 버섯만 먹고 있
었다.

버섯의 문제점

버섯을 먹고 사는 잎꾼개미는 여러 채식주의자들이 직면하는 문제점과
동일한 문제를 갖는다. 섬유소를 소화시키지 못하는 문제다. 안타깝게
도 식물들은 대부분 섬유소로 구성되어 있다. 따라서 채식주의자들은
어떤 방법으로든 섬유소 소화 업무를 위임하지 못하면 굶주리며 살아야
만 한다. 이런 이유로 토끼, 소는 물론 우리 인간도 섬유소를 다른 물질
로 분해하여 흡수하는 미생물을 내장 속에 갖고 있다. 인간은 그런 미생
물들을 그냥 소화하기도 한다. 내장의 길이가 짧은 잎꾼개미들은 이런
문제를 해결하기 위해 여우갓버섯*Leucoagaricus*속의 버섯과 협력 방안을
마련했다. 잎꾼개미는 신선한 나뭇잎으로 만든 영양분을 버섯에게 규칙
적으로 제공하며, 버섯들이 촉촉하고 청결하게 유지되도록 한다. 이에
대한 보상으로 개미들은 끝부분이 둥글게 부풀어 오른 균사를 얻는다.
영양분이 많은 이 부분을 '공길리디아*Gongylidia*'라고 부른다. 특히 애벌레
들이 공길리디아에 함유된 단백질에 전적으로 의존한다. 그에 반해 일
개미들은 필요한 경우에는 나뭇잎의 수액도 섭취한다.

어쨌든 개미와 버섯이 그렇게 협력하기로 합의를 보았지만, 이를 실행하려면 개미들의 고된 노동이 있어야 한다. 우선 정찰병 개미를 바깥으로 내보내 개미집 근처에서 적당한 덤불이나 나무들을 찾아야 한다. 이때 정찰병들은 버섯에게 독이 되는 식물들을 제외하고 수액이 있는 나뭇잎이나 꽃잎들을 찾는다. 정찰병 개미들이 버섯을 키우는 데 당장 필요한 식물이 무엇인지를 어떻게 판단하는지는 과학자들도 여전히 풀지 못한 수수께끼다. 정찰병 개미들은 사실 버섯 재배에 직접 관여하지 않으며, 따라서 버섯이 어떤 식물에 어떤 반응을 보이는지도 알지 못한다. 그럼에도 불구하고 정찰병들은 버섯을 키우는 데 알맞은 비료 재료

잎꾼개미라는 이름은 나뭇잎을 큰턱으로 잘라 조각내는 습관에서 유래했다.

를 정확하게 선택하고 나서 집으로 되돌아오며, 이때 길에 냄새 흔적을 남긴다.

정찰병들이 집으로 돌아오면 이제는 일개미들이 나설 차례이다. 무리 지어 나온 일개미들은 버섯을 키울 재료가 있는 장소를 냄새 흔적으로 찾아 다른 동물들의 세계에서는 볼 수 없는 엄청나게 섬세한 임무를 시작한다. 일개미들은 나뭇잎을 잘라 낼 나무로 기어 올라가 튼튼한 큰턱을 이용하여 나뭇잎을 큰 조각으로 자른다. 이들이 나뭇잎을 자르는 방식은 가위보다는 톱을 사용하는 모습에 가깝다. 큰턱 한쪽으로 나뭇잎을 붙잡고 다른 쪽을 아래위로 움직여 나뭇잎을 자르는 방식이다. 이파리가 마음에 들면 일개미들은 배를 두드려 소리를 내서 다른 일개미들을 불러 모은다. 잎을 자르는 개미들은 자른 나뭇잎을 아래로 떨어뜨리고, 운송 업무를 맡은 개미들은 미리 와서 밑에서 대기한다.

다음으로 할 일은 이어달리기다. 이들은 나뭇잎을 물고 집을 향해 뛴다. 운송 담당 일개미들은 나무 조각 하나를 큰턱으로 물어 머리 위로 쳐들고서 운반한다. 인간에 비유하자면 300킬로그램짜리 통나무를 혼자서 짊어지고 가는 격이다. 이들은 세계 최고 수준의 마라톤 선수가 뛰는 속도로 깨끗하게 청소된 길을 따라 달린다. 장거리일 경우에는 도중에 동료 일개미에게 나뭇잎을 넘겨준다. 동료 일개미는 다음 구간을 뛰며, 마지막 주자가 나뭇잎을 집 앞에 내려놓는다. 개미집에 도착한 나뭇잎 조각은 몸집이 가장 작은 일개미들이 단계적으로 더더욱 작은 조각으로 자른다. 그리하여 마지막 단계에서 소형 개미들은 조그마한 조각들을 깨물어 부수어서 죽처럼 만들어 균사의 비료로 사용한다.

과학자들의 연구 결과 잎꾼개미들의 나뭇잎 수확 작업 공정은 총 스물아홉 단계로 이루어진다. 작업하는 동안 일개미들이 나뭇잎 수액을

잘라 낸 나뭇잎 조각은 운송 담당 일개미들이 집으로 나른다.

약간 섭취하기는 하지만, 이들이 나뭇잎을 먹고 살지 않으며 오직 버섯 농사에 쓰기 위해 나뭇잎을 실어 나른다는 점을 감안하면 시간과 노력이 많이 드는 고된 작업이다. 하지만 수백만 동포 개미들의 운명이 버섯에 달려 있다. 밤낮으로 버섯 농장을 돌보는 버섯 전문가들이 포진해 있는 것도 당연하다. 그리고 군체의 존속 책임을 두 어깨에 짊어진 이들은 몸집이 가장 작은 일개미 계층이다.

선진화를 이룩한 농사 기법

소형 일개미들의 몸이 작은 것은 결코 우연이 아니다. 이들은 크기가 작아야만 한다. 군체의 농사꾼들로서, 균사체의 깊숙한 구석까지 기어 들어갈 수 있어야 하기 때문이다. 균사체는 가느다란 섬유질이 뒤얽혀 있어 구멍들이 숭숭 뚫린 모습으로, 그 생김새가 자연산 해면 스펀지와도 비슷하다. 소형 일개미들은 그 구멍들 사이를 기어다니면서 균사의 상태를 점검하고, 깨물어 부순 나뭇잎 비료를 버섯에게 주고, 새 버섯을 경작할 토대를 마련한다. 그리고 거기에 자기들의 배설물을 섞는다. 농사꾼 개미들은 균사의 끝부분에 덩이진 공길리디아를 조금씩 뜯어내 애벌레와 자매 일개미들에게 나누어 준다. 양측에게 다 좋은 점이 있는 상부상조 관계다.

그러나 고약스러운 잡초들이 생기는 경우에는 제 아무리 최고 수준의 농사꾼이라도 마음 편하게 일하지 못한다. 버섯 농사꾼에게 최악의 적은 기생성 곰팡이균인 에스코봅시스*Escovopsis*로, 이들은 기회를 엿보다가 버섯 농사를 망쳐서 개미들에게 재앙을 가져다준다. 신생 잎꾼개미 군체 열다섯 개 가운데 하나는 버섯들이 에스코봅시스에 오염된다. 이들 기생성 곰팡이는 삽시간에 퍼져 불과 1~2년 후에는 버섯 경작지의 절반 이상이 오염되고, 최악의 경우에는 그 피해가 대단히 심각하여 군체 전체가 일개미들의 노고가 배어 있는 둥지를 떠나 처음부터 새로 시작해야 한다.

소형 일개미들은 이런 끔찍한 사태가 일어나지 않도록 개미집 내부를 수시로 순시하면서 낯선 균류의 포자나 섬유질이 있으면 곧바로 제거한다. 밖으로 돌아다니느라 각피에 여러 종류의 병원체를 묻혀 올 가능성이 있는 일개미들은 버섯 재배실에 접근하지 못한다. 그리고 죽은 개미들은 나뭇잎 자투리나 사멸한 균사체와 마찬가지로 쓰레기 처리장으로 보내진다. 쓰레기 수거 업무는 늙은 일개미들의 몫이다. 이들은 폐기물이 신속히 분해될 수 있도록 자주 뒤집어 놓는다. 우리 인간 사회와 마찬가지로 이렇게 중요한 일을 하는 늙은 개미들에게 고마움을 표시하는 개미들은 거의 없다. 자매 개미들은 쓰레기를 처리하는 언니 개미들을 회피하며, 언니들은 이제 개미집 내부를 자유롭게 돌아다니지도 못한다. 에스코봅시스 포자가 퍼지지 않도록 예방하기 위한 조치다. 하지만 이런 사전 조치만으로는 기생성 곰팡이가 버섯 재배 농지에 접근하지 못하도록 막는 데 충분하지 못하다. 그래서 잎꾼개미들은 다양한 묘책을 마련해 두며 특수 연합군도 준비시킨다.

잎꾼개미는 마치 화학 분야의 전문가인 양 버섯 농장에서 수시로

잎꾼개미들은 나뭇잎이 아니라 식물성 비료로 자라는 균사에게서 영양소를 얻는다. 크기가 작은 일개미들만이 균사들 사이의 작은 틈을 드나들 수 있다.

화학적 재능을 발휘한다. 에크로머멕스속 옥토스피노수스 잎꾼개미 *Acromyrmex octospinosus*의 소형 일개미는 뒷가슴에 있는 후늑막분비선에서 스무 가지 이상의 성분으로 구성된 분비물을 만들어 버섯들에게 골고루 분배한다. 분비물의 성분 가운데는 식물 성장 호르몬인 인돌아세트산이 있어 버섯들이 빨리, 무럭무럭 성장하게 한다. 또한 항생제와 항균제도 포함되어 있는데, 이는 개미 혼자서는 합성하지 못하는 물질이다. 항생제와 항균제를 만드는 존재는 잎꾼개미와 공생하는 박테리아다. 박테리아는 개미 종류에 따라 각기 다른 몸 부위에 붙어살면서 개미의 분비선에서 나오는 분비물을 먹고 산다. 따라서 잎꾼개미의 버섯 농장에서는 네 생물이 참여하는 싸움이 벌어진다. 동물의 세계에서는 보기 힘든 광경이다. 개미들은 버섯을 키우며 이 버섯은 다른 곰팡이균의 공격을 받는다. 그리고 개미들은 박테리아의 도움을 받아 공격자 곰팡이균과 싸운다. 이러한 전투는 약 5000만 년 전부터 행해지고 있다. 그 당시에 개미들이 처음으로 버섯 재배를 시작했으며 지금까지 발전해 왔다. 성공적인 결과로 인해 잎꾼개미와 버섯이 오늘날까지 생존할 수 있었을 것이다. 애초부터 기생성 곰팡이균은 물론 박테리아도 전투에 가담했으며, 전투에서 한쪽이 새로운 기술을 개발하면 상대방은 역공을 퍼부었다. 엄청난 수의 개체가 참여하는 공진화다.

겉은 번지르르하지만 속은 볼품없다

땅속 버섯 농사의 성공에는 잎꾼개미의 헌신적인 태도와 화학 물질, 그리고 연합군 무리가 있다. 그렇다면 땅 위 농부들의 농사는 어찌 되었을까?

한마디로 말해서, 망했다! 잎꾼개미들은 오렌지를 비롯한 과일나무,

카카오, 면화, 코코넛, 그리고 기타 여러 작물들을 키우는 농장을 초토화한다. 잎꾼개미 군체 하나가 오렌지나무 한 그루를 뼈대만 남기는 데 걸리는 시간은 고작 24시간이다. 이들은 그동안 황소 한 마리 분량의 녹색 나뭇잎을 해치운다. 브라질의 상파울루에서만 이런 식으로 매년 약 1억3000만 달러의 손실을 입는다. 그러나 이들을 멈출 방도는 거의 없는 실정이다. 한 가지 도움이 될 만한 방법이 있다면 개미집의 쓰레기통에서 나오는 쓰레기들을 모아서 농작물 주변에 뿌려 두는 것이다. 그렇게 하면 잎꾼개미들은 기생성 곰팡이가 다시 버섯 농장으로 들어올까 봐 한 달 동안 농작물에 접근하지 않는다. 하지만 이런 묘약은 온라인으로 주문할 수 있는 게 아니기에 이 방법을 이용하려면 우선 개미집의 쓰레기 처리장까지 땅을 파야 한다.

잎꾼개미 때문에 골머리를 앓는 이들은 농장주만이 아니다. 목축업자들도 잎꾼개미를 두려워한다. 남아메리카의 일부 지역에서는 잎꾼개미들이 버섯 재배를 위한 배지로 쓰기 위해 풀 줄기를 선택한다. 이들이 풀 줄기를 뜯는 동안 가축에게 갑자기 잡아먹히는 일이 없어야 하기 때문에 잎꾼개미의 등에는 날카로운 가시들이 돋아 있다. 살아 움직이는 선인장 가시 같은 잎꾼개미 가시에 찔리면 입술과 혀에 극심한 통증이 느껴진다. 그래서 소들은 잎꾼개미들이 있는 목초지에 가지 않는다.

농부들이 잎꾼개미를 달가워하지 않는 이유는 충분하다. 그러나 그토록 타협을 모르고 나뭇잎을 모으러 다니는 잎꾼개미는 자연에서 중요한 역할을 한다. 지하에 집을 짓고 사는 다른 개미들처럼 잎꾼개미도 통로를 통해 땅속에 공기가 들어오게 한다. 또한 나뭇잎과 버섯을 땅속으로 들여와 흙에 풍부한 영양소를 공급한다. 이런 영양분은 잎꾼개미가 없다면 지표면에서만 구할 수 있다. 따라서 밀림의 땅바닥은 개미들이 만든 비료로 인해 더욱 비옥해진다. 이렇게나 생태계에 공헌을 하는 유익한 곤충이니, 개미들이 하는 일을 사람이 방해해서는 안 된다.

작지만 충분한 방어 능력

잎꾼개미의 적은 농부만이 아니다. 개미귀신이나 아르마딜로, 도마뱀, 조류 등의 척추동물에게 잎꾼개미는 쉽게 잡아먹을 수 있는 간식거리다. 나뭇잎을 물고 행진하는 습관 때문에 잎꾼개미들은 천적들 눈에 쉽게 포착되며, 거주지의 위치도 쉽사리 들킨다. 개미귀신처럼 강력한 발톱을 가진 곤충들은 무덤처럼 생긴 개미들의 보금자리 위쪽을 손쉽게 파헤친다. 또는 허기진 포식자 개미귀신은 컨베이어벨트에 실려 이동하듯 쉴 새 없이 개미 도로를 지나가는 개미들을 잡아먹는다. 두 가지 경우 다 잎꾼개미에게는 반갑지 않은 일이다. 그래서 이들은 전사 개미들을 최전방에 파견하여 약탈자들의 공격을 막는다. 개미귀신이나 아르마딜로 같은 천적과의 전투에는 강력한 큰턱을 가진 병정개미들이 참전한다. 병정개미에게는 개미귀신이나 아르마딜로의 두꺼운 피부를 물어뜯는 능력이 있어서 적어도 천적들에게 상당한 불쾌감을 줄 수 있다. 이에 반해 몸집이 작은 침략자들, 예를 들어 다른 종의 개미들이 침략하는 경우에는 소형 일개미 무리가 나서서 대응한다. 특히 같은 개미종 군집 사이의 충돌에는 수많은 전사들이 동원되어 수일에 걸쳐 전투를 벌인다. 이런 경우에는 군대의 규모가 승패를 가른다.

그러나 어떤 개미종과 전투를 벌일 때는 잎꾼개미들도 뒤로 물러나야 한다. 아즈텍*Azteca*속 개미들은 특정 식물과 긴밀한 관계를 유지하면서 공생한다. 이들은 식물의 영양분을 먹고 살며, 먹이를 준 데 대한 보답으로 초식 동물들로부터 식물을 지켜 준다(「나뭇잎으로 지은 집」 장 참조). 아즈텍개미는 잎꾼개미에 비해 몸집이 작고 수적으로도 열세이기에 잎꾼개미와는 다른 전략으로 군체를 보호한다. 이들은 덫을 놓는다. 나뭇가지 속을 조금씩 갉아 터널처럼 빈 공간을 만들어 놓고 바깥으로 향하는 구멍을 뚫은 다음, 그 안에서 잠복하며 적군이 나타나기를 기다린다. 나뭇가지는 치즈처럼 쉽게 구멍이 뚫리지만 광산처럼 위험하기도 하다. 잎꾼개미가 나뭇가지 구멍으로 발을 내딛으면 안에서 매복하던 아즈텍개미가 잎꾼개미의 발을 물어 움직이지 못하게 제압한다. 잎꾼개미는 아즈텍개미로부터 벗어나려고 버둥거리다가 구멍 속으로 빠져 들어간다. 결국 잎꾼개미는 꼼짝없이 순식간에 아즈텍개미에게 희생된다. 아즈텍개미가 사는 나무에 갔다가 살아 돌아오는 잎꾼개미는 거의 없다. 함정 파기와 매복은 대단히 우수한 전법이어서 군대개미도 아즈텍개미가 사는 나무를 만나면 길을 돌아간다. 그리고 메뚜기처럼 몸집이 큰 곤충들도 함부로 다가가지 않는다.

그러나 바깥에서 일하는 잎꾼개미들을 위협하는 진짜 큰 위험은 공중에 있다. 프세우닥테온*Pseudacteon*속의 벼룩파리는 이파리를 나르는 잎꾼개미 일개미의 가슴 안에 알을 낳지만, 이파리를 나르는 일개미는 아무런 방어도 못 한다. 알에서 부화한 벼룩파리 유충은 잎꾼개미의 머릿속으로 들어가서 숙주의 조직을 다 먹어 치운다. 그렇게 약 2주가 지나면 개미의 머리가 거의 텅 비어 개미는 방향 감각을 잃고 이리저리 헤매며 돌아다닌다. 그리고 얼마 후에는 개미의 머리가 떨어진다. 그래서 벼룩파리에게 붙은 별명이 '개미참수파리'이다. 벼룩파리 유충은 몸에서 떨어져 나간 개미의 머릿속에서 번데기가 되어 성충으로 변태한다.

하지만 일이 늘 그렇게 되지는 않는다. 재앙을 가져올 사태를 미연에

기생성 곤충인 벼룩파리는 잎꾼개미 일개미의 몸에 알을 낳는다. 하지만 이파리 나르기에 바쁜 일개미는 속수무책이다. 그래서 몸집이 작은 일개미들이 이파리 위나 운반 담당 일개미의 등에 올라타서 벼룩파리를 쫓아낸다.

방지코자 방공 담당 일개미들이 수송 부대 일개미들과 동행하는 경우가 많다. 아주 작은 일개미들이 몸집이 큰 자매 개미들의 몸에 올라타거나 나뭇잎에 앉아서 벼룩파리의 공습을 물리치고, 공습이 벌어지는 동안 이파리에 묻어 있는 유해성 미생물들을 깨끗이 닦아 내는 것이다. 작은 일개미들은 개미참수파리의 공격을 어렵지 않게 방어하며, 몸집이 너무 작아서 벼룩파리의 유충을 키울 만한 요람이 되지도 못한다.

나뭇잎으로 지은 집

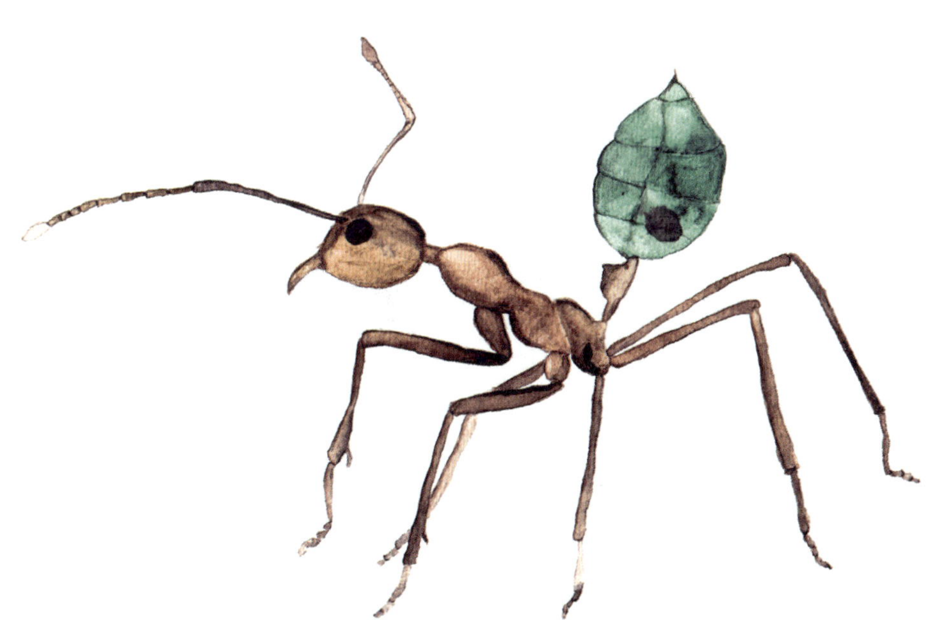

개미들의 농사 실력은 버섯 배양에 그치지 않는다. 특정 식물을 극진히 보살피는 일에 지독히 세심하고 깔끔을 떠는 곤충인 개미는 동물 세계에서 가장 성공한 농부들이다. 물론 인간을 제외하고 그렇다는 얘기다. 개미들은 넓은 숲 개간은 물론 단일 생태계를 만드는 일도 마다하지 않는다. 그리고 당연히 천연 비료 전문가들이기도 하다.

개미와 식물이 맺은 협정의 기본 내용은 간단하다. 식물은 개미에게 서식 장소를 제공하고 먹이를 준다. 그에 대한 보답으로 개미들은 자기들의 숙주를 위협하거나 먹이를 두고 경쟁하는 존재는 그게 무엇이든 물어뜯는다. 개미식물이라고 부르는 식물들은 상호간의 이익을 위해 협력하는데, 이를 과학 전문 용어로 상리 공생이라고 한다. 이는 대단히 매력적인 제안으로 보인다. 여러 식물군 가운데 100여 종의 식물과 수백 종의 개미가 그러한 관계를 맺어 공생한다.

생계형 음식물 절도

식충 식물인 네펜테스 비칼카라타 *Nepenthes bicalcarata*와 개미의 파트너십은 대단히 혼란스러운 공생 관계다. 얼핏 보면 개미들이 아무런 보상도 하지 않고 숙주를 철저히 이용하는 듯이 보이기 때문이다.

네펜테스에게는 질소가 부족한 토양에서 살아야 하는 문제가 있다. 식물들은 질소가 없으면 발육이 정지된다. 질소가 단백질과 DNA, 엽록소와 같은 기본 분자의 주요 구성 요소이기 때문이다. 필요는 발명의 어머니라는 말이 있듯이 네펜테스도 해결책을 찾았다. 그런데 이 방식이 대부분의 식물들과 꽤나 다르다. 네펜테스는 곤충을 잡아먹어서 질소를 약탈한다. 식물을 마음껏 먹어 질소를 얻은 곤충들은 이를 자기 몸속에 저장해 둔다. 걸어 다니는 질소 저장소이자, 식충 식물에게는 걸어 다니는 질소 보충제 같은 것이다. 이처럼 값진 건강 보조 식품을 확보하기 위해 네펜테스는 자신의 이파리 일부를 항아리 모양으로 변형시켰다. 그래서 이들을 '항아리풀'이라고 부르기도 한다. 항아리 안쪽은 미끌미끌한 벽이고 바닥에는 소화액이 고여 있다. 항아리 윗부분의 가장자리에서는 달콤한 꿀이 분비되는데, 이것으로 곤충을 유인한다. 곤충들은 그 단물을 먹다가 몰락의 길을 간다. 대단히 사악한 방법이지만 효과가 탁월해 항아리풀이 원하는 만큼의 질소가 충분히 공급된다. 포획물을 빼앗아 가는 동물이 없다면 말이다.

하지만 보르네오섬에서만 발견되는 네펜테스 비칼카라타에게는 그런 일이 일어난다. 네펜테스의 줄기는 속이 거의 비어 있어서 슈미치 왕개미 *Camponotus schmitzi*가 그 안에서 산다. 이 개미는 숙주와의 동거에 완전히 적응했다. 다리에 발톱사이반이라고 하는 접착력 강한 패드를 장착한 슈미치 왕개미는 미끌미끌한 항아리 안쪽 벽을 미끄러지지 않고 자유롭게 기어다닌다. 게다가 이들의 몸에는 지방성 알코올이 묻어 있어 윤활유 역할을 하면서 소화액 안팎을 자유롭게 드나든다. 슈미치 왕개미들은 이런 능력을 이용하여 뻔뻔스러운 절도 행각을 벌인다. 이들은 항아리 안으로 기어 들어가 소화액 속에 갇힌 살이 포동포동한 포획물을 골라서 가지고 나온다. 맛있는 먹이를 찾아 소화액 깊이 헤엄쳐 들어가 30초간 잠수를 해도 끄덕없다. 훔친 물건을 항아리 가장자리까지 불과 몇 센티미터 끌어내는 데는 시간이 꽤나 소요된다. 포획물을 들고 발을 디디기가 어렵기 때문일 것이다. 하지만 결국 이들은 포획물을 자기 둥지로 운반한다. 네펜테스에게는 아무런 이득이 없다. 그렇지 않은가?

하지만 겉보기와 달리 자세히 들여다보면 네펜테스가 마냥 불쌍한 희생자는 아니다. 오히려 그와 정반대다. 네펜테스는 기꺼이 슈미치 왕개미를 도와준다. 네펜테스 비칼카라타는 다른 네펜테스종에 비해 항아리 안쪽 벽이 미끄럽지 않아서, 슈미치 왕개미는 그 덕에 미끄러지지 않고 안으로 기어 들어왔다가 기어 나간다. 소화액도 다른 종의 소화액에 비해 개미에게 치명적이지 않다. 산성이 적고 효소의 농도도 낮아 개구리들도 첨벙 다이빙할 수 있다. 그것만으로는 충분치 않은지 네펜테스는 손님 전용 단물을 제공하고, 슈미치 왕개미에게는 죽음의 덫이 작용하지 않도록 한 뒤 개미들이 먹이를 훔쳐 갈 수 있도록 배려한다. 그렇다면 네펜테스는 그 대가로 무엇을 얻을까?

이는 개미들이 있는 상황과 없는 상황을 비교해 보면 알 수 있다. 슈미치 왕개미는 네펜테스에게 전적으로 의존하는 반면 네펜테스는 슈미치 왕개미 없이도 살 수 있다. 하지만 슈미치 왕개미가 없으면 네펜테스는 제대로 자라지 못한다. 우리는 개미들이 개입함으로써 네펜테스에게 이익을 주는 몇 가지 과정을 쉽게 간과한다. 예를 들어 덩치가 큰 먹잇 감이 마지막 순간에 항아리에서 벗어나면 질소마저 함께 나가는데, 이 럴 때 개미들이 큰 먹잇감을 날쌔게 붙잡아 이들의 탈주를 막는다. 게다 가 개미들은 파리와 모기의 유충을 잡는다. 개미들이 유충을 잡지 않는 다면 유충들은 항아리 안에서 소화액에 있는 질소를 흡수하면서 성장하 여 얼마 후 날개 달린 성충이 되어 항아리를 떠날 것이다. 개미들이 유 충을 잡아먹음으로써 질소가 바깥으로 나가지 않고 개미 몸에 남아, 네

슈미치 왕개미는 다른 개미종은 죽음을 면치 못하는 식충 식물 네펜테스의 항아리 모양 줄기 속을 내 집 드나들듯 나다니고, 심지어 네펜테스의 먹이를 훔쳐 간다.

펜테스로서는 전혀 질소를 잃지 않을 수 있다. 특이한 개미종인 슈미치 왕개미는 밖으로 나가는 일이 거의 없고 생애 대부분을 네펜테스의 텅 빈 줄기 속에 마련한 집에서 보낸다. 슈미치 왕개미는 여기서 먹잇감을 사냥하고 쓰레기를 보관하며 일을 하다가 여기서 죽는데, 이런 과정들을 통해 생기는 최종 결과물에는 질소 화합물이 포함되어 있다. 질소 화합물은 썩어서 분해되며 줄기 안에 있는 세포를 통해 네펜테스에게 흡수된다. 결국 개미들은 네펜테스의 질소를 조금도 훔쳐 가지 않는 셈이다. 개미들은 안전하지 못한 항아리 안에 있는 질소를 줄기 안으로 운반하는 역할을 한다. 네펜테스는 생성된 질소의 절반 내지 4분의 3을 이러한 간접적인 방법으로 흡수한다. 그리고 개미들은 네펜테스를 갉아먹는 바구미의 접근을 막으며 곰팡이 포자를 비롯한 기타 병원균을 제거한다. 이것이 진정한 협력 관계가 아니라면, 과연 무엇을 협력이라 부를 수 있겠는가.

숙식을 제공받는 농부들

그렇지만 개미와 식물의 공생 관계가 이토록 세련되게 이루어지는 경우는 드물다. 물론 다른 식물들도 개미가 가져다주는 질소의 가치를 안다. 트럼펫나무*Cecropia peltata*는 필요한 질소의 거의 대부분을 아즈텍개미의 폐기물에서 얻는다. 남아메리카 열대 우림 지역 밀림의 빈 공간을 채워 가듯 빠르게 자라나는 다수의 개미 나무들처럼, 트럼펫나무도 개미 군대를 활용해 병원균이나 약탈자들로부터 자신을 보호한다. 앞서 '작지만 충분한 방어 능력' 편에서 보았듯이 아즈텍개미는 잎꾼개미의 공격을 성공적으로 저지한다. 이에 대한 보답으로 트럼펫나무는 텅 빈 나무 안에 개미들이 안전하게 살 공간을 마련해 준다. 과학자들은 이를 '도마티움Domatium' 또는 '뮈르메코도마티움Myrmekodomatium'이라고 부른다. 다른 의미 없이 그저 '개미집'을 뜻할 뿐이지만, 훨씬 학구적으로 들린다. 아즈텍개미는 다른 데서도 괜찮은 거처를 찾을 수 있기에 개미 나무는 나뭇잎 줄기 아랫면에서 작은 공 모양의 음식을 추가로 제공한다. '뮐러체'라고 부르는 이 분비물은 단백질과 지방이 풍부하여 개미 애벌레에게 이상적인 영양식이다. 성충 아즈텍개미들은 몸에 붙어 기생하는 깍지벌레의 달콤한 분비물에서 필요한 영양분을 섭취하는 것으로 만족한다. 깍지벌레가 없는 군체에서만 일개미들이 뮐러체를 뜯어 먹는다.

아즈텍개미는 배고픈 잎꾼개미를 포함한 여러 포식 동물로부터 나무

개미들과 연합 전선을 구성한 식물들은 동맹군에게 '도마티움'이라고 불리는 빈 공간을 거처로 제공한다.

를 보호한다. 착생 식물들은 햇빛을 받기 위해 남다른 전략을 구사한다. 가능한 한 빠른 속도로 높이 자라나기보다는 처음부터 우듬지 인근 가지에 자리를 잡아 입주하는 것이다. 겨우살이 같은 기생 식물과 달리 착생 식물은 숙주 나무에서 영양소를 섭취하지 않고 수액을 훔치지도 않지만, 개미 나무에 큰 부담을 준다. 착생 식물은 나뭇잎에 그늘을 드리워 나무가 광합성에 필요한 햇빛을 충분히 받지 못하게 하는 데다, 착생 식물의 무게로 인해 나뭇가지들이 부러지는 일도 생긴다. 그런데 나무가 아즈텍개미 군체에게 숙소를 제공한다면 나무는 이러한 걱정을 할 필요가 없다. 아즈텍개미는 덩굴 식물을 물어뜯듯이 어린 착생 식물을 인정사정 없이 물어뜯는다.

이와 같은 장점이 있는 반면 개미와의 공동 생활이 개미 나무에게 불편을 끼치기도 한다. 이 몸집 작은 세입자들은 딱따구리를 불러들인다. 이들은 맛있는 개미나 개미 유충을 잡아먹기 위해 나무줄기나 나뭇가지에 사정없이 구멍을 낸다. 그럼에도 나무와 개미의 동맹은 서로에게 도움이 된다. 물론 양측 다 홀로 생존할 수 있지만, 기꺼이 서로 도우며 산다.

인생이 조금 버겁다면, 타인에게 그냥 의지하는 것도 방법이다.

단물에 중독된 개미

개미들은 농사일을 대단히 진지하게 받아들인다. 예를 들어 황소뿔아카시아개미*Pseudomyrmex ferruginea*는 자신들이 돌보고 있는 것에 무언가가 가까이 다가오면, 그것이 무엇이든 위협적인 존재로 간주하여 지체 없이 공격한다. 아무 생각 없이 다가가는 개미 연구자들의 냄새가 황소뿔아카시아나무에 있는 둥지까지 불어오면 비상 경보를 울리기에 충분하다. 황소뿔아카시아개미 병정개미는 밤과 낮을 가리지 않고 황소뿔아카시아나무의 가지를 순찰하고, 정찰병 개미들은 나무 주변을 돌아다니며 정찰한다. 황소뿔아카시아나무의 속이 텅 빈 가시 안에 서식하는 이들 군체의 수천 마리 일개미들은 재빠르게 밖으로 기어 나와 개미 연구자든 염소든 매미든 가리지 않고 공격한다. 이에 대한 보답으로 나무는 황소의 뿔처럼 생긴 17센티미터까지 자라는 턱잎 가시 속에 개미들의 거처를 마련해 준다. 또한 발견자 토머스 벨트Thomas Belt의 이름을 붙여 '벨트체'라고 불리는 영양가 만점의 조그만 덩어리를 먹거리로 제공하며, 이파리 끝 부분에서 단물을 분비하여 개미들에게 준다. 여기까지는 여느 관계와 다를 바 없다고 생각할 수도 있다. 하지만 그 생각은 완전히 틀렸다! 황소뿔아카시아나무가 공급하는 단물이 비밀리에 개미들을 나무에 의존하도록 만들기 때문이다.

아카시아나무가 개미들을 극진히 보살피는 듯 보이기는 한다. 일개미들은 우리가 흔히 설탕이라고 부르는 자당을 소화하지 못한다. 그리고 놀랍게도 다른 식물들이 분비하는 단물과 달리 개미들이 아카시아나무에서 취하는 달콤한 액체에는 자당 성분이 없다. 그러나 이처럼 우호적인 이웃 사랑 행위에 대한 찬사는 내 동료 마틴 하일Martin Heil이 이끄는 개미 연구팀이 황소뿔아카시아개미를 실험실에 데려와 새 일개미들이 세상에 나올 때까지만 지속되었다. 이 개미들은 분명 부화 이후 일반 설탕을 잘 소화해 냈다. 아카시아나무의 단물 맛을 보기 전까지는 말이다. 단물을 맛본 후로 새 일개미들의 소화 기관은 자당을 소화하지 못했다. 갑자기 설탕 소화를 담당하는 효소, 즉 자당 효소가 활성화되지 않은 것이다. 마틴 하일과 멕시코에서 온 개미 연구자들은 자당 효소가 파괴되었음을 밝혀냈다. 누가 그런 나쁜 짓을 했을까? 바로 아카시아나무다! 대단히 눈치 빠른 개미들의 파트너가 비열한 방법을 써서 자신이 없으면 개미들이 살 수 없도록 만들어 버린 것이다. 황소뿔아카시아나무는 분비 단물에 키틴 분해 효소를 은밀하게 섞어서 개미들의 자당 효소를 영구적으로 불능화한다. 황소뿔아카시아나무의 단물을 먹은 이후 개미는 거기에 중독된다. 다른 단물을 먹지 못하게 된 개미들은 죽는 날까지 황소뿔아카시아나무 단물에 의존하게 된다. 그런데 황소뿔아카시아나무가 이런 짓을 하는 이유는 도대체 뭘까?

세상 모든 관계가 그러하듯 여기에서도 질투심이 적지 않게 작용한

황소뿔아카시아나무에 사는 개미들은 숙주 나무를 지켜 주겠다는 계약을 맺는다. 개미 연구자가 나무 가까이 다가가기만 해도 개미 군체 전체가 비상 대기 상태에 돌입한다.

다. 아카시아나무는 자기가 개미들에게 무슨 짓을 했는지 당연히 모른다. 게다가 아주 나쁜 의도로 개미들의 자당 효소를 파괴하지도 않았다. 하지만 개미와 아카시아나무의 공진화 과정에서 아카시아나무는 강제로 자신의 보호자를 엮는 데 성공했다. 아카시아나무가 개미들을 붙잡아 둘 능력이 없던 시절, 그들은 다른 곤충들의 간식거리가 되는 수난을 당했으며 보다 빠르게 성장하는 다른 식물들이 아카시아나무를 뒤덮기도 했다. 따라서 아카시아나무는 항체를 만드는 데 많은 에너지와 자원을 쏟아부어야 했다. 반면에 단물 중독자 개미 군대는 비용 대비 효율이 대단히 높은 해결책이다. 아카시아나무가 살아 있어야 개미들도 생존할 수 있기 때문에 개미들은 늘 배수진을 친 듯이 싸우고, 필요한 상황이면 어떤 전투든 서슴없이 뛰어든다. 아카시아나무에서는 극소수의 생물만이 살아갈 수 있는데, 그중에는 아마도 지구상에서 유일한 채식주의자 거미가 포함된다.

깡충거미의 일종인 바기라 키플린지*Bagheera kiplingi*는 러디어드 키플링 Rudyard Kipling의 소설 『정글북』에 등장하는 흑표범 바기라의 이름을 딴 학명이다. 소설 속의 흑표범처럼 대단히 영리한 이 작은 깡충거미는 아카시아나무의 가지에서 대부분의 시간을 보낸다. 깡충거미가 사는 지점에는 단물이나 과실이 거의 없어서 개미들의 흥미를 끌지는 않는다. 아주 가끔 길을 잃은 정찰병 개미가 평화롭게 휴식을 취하고 있는 바기라 키플린지의 영역으로 들어간다. 바기라는 먹이를 먹을 때만 위험을 무릅쓰고 어린 나뭇가지로 향한다. 바기라는 가급적 개미를 피하며 신중을 기하기 위해 개미처럼 움직인다. 거미가 어린 나뭇가지로 가는 이유는 영양소 대부분을 섭취하는 벨트체가 거기 있기 때문이다. 물론 바기라도 때때로 단물을 빨아먹으며 간혹 개미나 개미 유충 또는 작은 파리도 잡아먹는다. 거의 채식만 하는 거미도 가끔은 육식을 참지 못한다.

한편 황소뿔아카시아개미들은 아카시아나무에 덩굴과 같은 착생 식물들이 들러붙지 못하게 하며, 작은 식물이라도 다른 식물이 아카시아나무 가까이에 오지 못하게 한다. 또한 개미들은 아카시아나무의 줄기 주변 50센티미터 이내의 어린 새싹들을 하나도 남김없이 물어뜯는다. 이 작은 세력권만 보더라도 개미들이 성가신 초목들을 얼마나 가차없이 응징할지 어렴풋이 알 수 있다.

정글 속 악마의 정원

숲의 정령 출라차키Chullachaki는 아마 외모가 아름답지는 않을 것이다. 이들은 왜소한 체구에 한쪽 발이 짧으며 발꿈치가 앞을 향하고 있다고 알려져 있다. 하지만 출라차키가 그런 자신의 모습을 신경 쓰지는 않을 것 같다. 케추아족 언어를 사용하는 아마존 원주민의 역사에서 출라차키는 그때그때 각양각색의 인간이나 동물의 모습으로 형상화된다. 출라차키는 인간 가족의 일원인 척하여 사람들을 속여서 정글 속으로 끌어들이거나 스스로 사냥감 행세를 해서 사냥꾼으로 하여금 길을 잘못 들게 하고, 어린아이를 유괴해 유괴한 아이를 출라차키로 키운다. 이들은 사람들 눈에 잘 띄지 않는 숲속 빈터에 살면서 숲의 금기를 깨는 사람은 그게 누구든 처벌하는 유령 또는 악마이다.

하지만 누구도 열혈 여성 개미학자의 숲속 출입을 막을 수는 없다.

「섬세한 내비게이션」 장에서 소개했던 동료 연구원 데버라 고든은 미국 애리조나주 사막의 뜨거운 태양열을 겁내지 않았듯, 아마존의 정령 전설에도 전혀 동요하지 않았다. 데버라는 숲의 정령 출라차키가 만들었다고 알려진 페루와 브라질의 열대 우림 속 수수께끼 같은 악마의 정원이 어떻게 생겨났는지를 알아내기 위해 무려 4년간 그 문제의 숲에서 살았다. 여러 종의 나무들과 관목, 덩굴 식물 그리고 우거진 덤불숲에 둘러싸인 정글 깊숙한 곳, 그 정원은 갑작스레 당신 앞에 모습을 드러낸다. 개간지처럼 탁 트인 그곳에는 오직 한 종류의 식물만이 존재한다. 그 식물은 대개 꼭두서닛과의 두로이아 히수타*Duroia hirsuta*이지만, 야모란과의 토코카*Tococa*속이나 클리데미아*Clidemia*속 식물일 때도 있다. 원주민들은 이러한 단일 수종 지대가 어떻게 생겨났는지 알지 못한다. 그저 인간이 만든 것이 아니라는 사실만을 알고 있을 뿐이다. 그들은 전설의 정령 출라차키가 정원을 만들었다고 믿는다. 하지만 사실은 개미가 만든 정원이다!

불개미아과 레몬개미*Myrmelachista schumanni*는 숙주 나무와 계약을 맺었다. 두로이아와 토코카, 그리고 클리데미아는 나뭇잎이 무성한 나뭇가지 또는 줄기에 레몬개미들을 위한 작은 집 '도마티움'을 제공한다. 그리고 그에 대한 대가로 온갖 굶주린 식충 생물들을 물리칠 사병 집단을 얻는다. 레몬개미들만으로 구성된 사병 집단은 안하무인으로 행동한다. 이들은 숙주 나무 주변을 배회하다가 반갑지 않은 식물 새싹을 만나면 다리 여섯 달린 숲의 악마로 변신한다. 그리고 식물 조직을 물어뜯어 구멍을 내고 개미산을 마구 뿌린다. 각 개미들이 배출하는 개미산의 양은 미미하여 어린 싹을 없애지는 못한다. 하지만 데버라 연구원이 입증했듯이 작은 악마는 혼자가 아니다. 이들에게는 최대 300만의 자매들이 있다. 이들이 뿌리는 엄청난 양의 개미산은 효과 좋은 농약이나 다름없다. 불과 수 시간 만에 새싹의 주요 물관에 있는 조직이 소멸하고 일주일 후에는 새싹이 죽는다. 악마의 정원에 발을 담그려는 식물들은 예외

없이 같은 절차를 밟는다. 레몬개미들은 아무리 아름답고 귀한 식물이
더라도 이들이 정원에 들어오기를 원치 않는다. 레몬개미의 보금자리로
삼기에 적당한 도마티움을 가졌더라도 마찬가지다. 악마의 정원사들은
낯선 식물이라면 가만두지 않는다. 그 정원에는 무조건 그들의 숙주 식
물만이 있어야 한다. 그런 이유로 농구장 두 개 크기의 장소에 수백 그
루의 두로이아나무만이 자라는 단일 생태계가 형성된다. 다양한 생물종
이 혼재하는 열대 우림 한복판에 존재하는 단일 생태계인 셈이다.

인간만이 원시림을 개간하여 단일 생태계를 만들지는 않는다. 정글 한가운데 단일 식물만이
사는 악마의 정원은 레몬개미들의 작품이다. 이들은 숙주 나무의 돌출 부분에 도마티움이라고
불리는 개미집을 짓는다(왼쪽 위).

　물론 이 정도 크기의 정원은 여러 세대에 걸쳐 내려온 프로젝트의 결과물이다. 하지만 레몬개미들에게는 어렵지 않은 일이다. 이들의 군체에는 최대 1만5000마리의 여왕개미가 있어 새끼들을 계속 낳는다. 따라서 이들 군체가 사멸하는 일은 없다. 데버라 고든의 조사 결과에 따르면 가장 면적이 넓은 정원은 무려 800년이 넘었다고 한다. 분명 개미와 나무가 맺은 성공적인 계약이다. 물론 악마와 거래하려면 반드시 대가를 지불해야 하지만 말이다.

　개미들이 조성한 악마의 정원은 사람이 만든 단일 재배지와 똑같은 저주에 시달린다. 단일 생태계는 배고픈 곤충들에게는 군침 도는 뷔페다. 정원 안은 정글보다 우거지지 않은 탓에 주변보다 밝아 지나가는 곤충들의 눈에 잘 띈다. 예를 들어 매미 한 마리가 밝은 빛에 이끌려 정원에 다가오면, 한가지 종의 먹이 식물들이 매미를 반긴다. 두로이아 이파리를 즐겨 먹는 곤충들에게는 지상 낙원이나 다름없다. 매미들은 악마가 그곳에 얼마나 공을 들였는지 따위는 전혀 알지 못한다. 개미들은 곤충들로부터 숙주 나무를 지키려고 전력을 다하지만, 100만 마리에 이르는 군체라도 동시에 출격할 수는 없다. 그래서 악마의 정원 내 두로이아 나무는 다른 열대 우림에 사는 두로이아보다 자주 곤충들에게 갉아먹힌다. 데버라가 추측했듯이, 아마도 개미들이 온 정글을 악마의 정원으로 둔갑시키지 못한 이유일 것이다.

　그렇다 하더라도 개미들과의 공생은 나무에게도 이로운 일임에 틀림없다. 이러한 나무들이 개미들이 지낼 수 있는 구멍을 끊임없이 만들어 내는 것을 보더라도 말이다. 만약 개미들이 나무에게 득보다는 해가 된다면, 우듬지에 자리한 개미 정원 같은 것은 볼 수 없었을 것이다.

꽃이 피는 쓰레기 더미

포식자 물어뜯기와 잡초 뽑기, 이는 식물과 공생하는 여러 개미종이 죽자 사자 매달리는 작업들이다. 그런데 우리 인간 세상과 마찬가지로 개미들 세상에서도 잡초가 무엇인지는 선택의 문제이다. 개미들은 나무나 관목의 높은 가지에 널리 자리를 차지한 착생 식물들과 협력 관계를 맺는다. 착생 식물로 만든 이른바 개미 정원은 아주 정교하고 꼼꼼하게 만든 텃밭인 동시에 여러 개미종이 공동으로 보금자리를 구성하는 구름 속의 작은 도시이기도 하다.

협력 관계는 흔히 착생 식물의 종자에서 시작된다. 예를 들어 새 한 마리가 나뭇가지에 남기는 파인애플이나 무화과, 또는 필로덴드론 *Philodendron*의 씨앗 등이다. 새의 소화관은 씨앗에 아무런 영향을 주지 않아 수일 내로 싹이 트며, 호흡뿌리를 이용하여 나뭇가지에 달라붙는다. 이때부터 안전하게 착생하지만 물이나 영양분이 부족하다. 호흡뿌리가 나무 아래 땅에 닿지 않기 때문이다. 착생 식물에게 행운이 따른다면 오래지 않아 구원의 손길이 온다. 구세주는 페모라투스왕개미 *Camponotus femoratus* 같은 개미의 모습으로 나타난다. 개미들에게 공기 중에 노출된 호흡뿌리 조직은 아늑한 보금자리를 만들 완벽한 구조물이다. 개미들은 재빨리 흙을 가져와 호흡뿌리 조직 사이를 메우거나 물어뜯은 나무 조각으로 만든 종이 반죽을 메워 보금자리를 만든다. 호흡뿌리들은 종이에 기반한 약한 개미집에 안전성을 주며 개미집을 나뭇가지에 고정시킨다. 그렇게 해서 일단 안전해지면 작은 사이즈의 개미집은 축구공 크기까지 커진다. 개미들이 가져온 흙은 개미집에 최소한의 습기를 안정적으로 제공한다. 게다가 균류들이 개미 정원에 고루 퍼져 개미집에 안전

나무에 공중 정원을 만들어 극진히
가꾸는 개미종도 있다.

성을 더한다. 그렇게 하여 폭풍우가 몰려와도 흔들리지 않는 개미집이 완성된다. 개미종마다 서로 다른 장소에 정원을 만들기 때문에 나뭇가지들이 우거진 우듬지는 각기 다양한 모습을 갖는다. 때로는 창가의 화단처럼 예쁜 꽃으로 장식되기도 한다.

일부 착생 식물은 공중 정원을 만든 개미들에게 영양분이 많은 유기농 재료로 보답한다. 개미들은 주로 개미집 근처에 사는 깍지벌레의 달콤한 분비물에서 영양분을 섭취하지만, 착생 식물들이 개미들을 위해 특별히 제공하는 단물도 마다하지 않는다. 일부 착생 식물들은 엘라이오솜Elaiosom이라는 작은 첨가물이 붙은 씨앗을 가지고 있다. 그런 씨앗을 발견한 개미가 씨앗을 얼른 물어 집으로 가져가면, 같은 군체의 일개미들이 단백질이 풍부한 엘라이오솜을 먹는다. 일개미들은 씨앗 자체에는 관심이 없어 먹지 않고 버리며, 버려진 씨앗은 곧 싹을 틔운다. 개미들은 그 묘목에 비료를 주고 물을 주기도 한다. 그리고 묘목들은 마침내 개미집의 벽을 뚫을 정도로 크게 자란다. 그렇게 함으로써 개미들은 정원을 계속해서 확장한다. 개미들이 새 나뭇가지와 뿌리 사이의 틈을 흙으로 채우기 때문이다. 개미 정원은 이렇게 여러 동물과 식물, 그리고 균류가 다양하게 주고 받는 과정을 통해 만들어진다. 이 과정에서 각 생물은 모두 공동체에 기여함과 동시에 자기 것을 얻는다. 좀 더 정확하게 표현하면 거의 대부분이 공동체에 기여하는 동시에 자기 것을 얻는다. 개미 정원에 토대를 제공하는 나무는 바보같이 빈손이 되기 때문이다. 하지만 우듬지 정원에 사는 개미들은 나뭇잎을 손상시키지는 않는다. 어떤 개미종들은 그런 측면에서 원예에 재능은 있지만 양심 없이 나뭇잎을 이용한다.

나무 위에 만든 도시

개미들이 전부 노랗거나 적갈색이거나 까맣지는 않다. 아프리카의 어느 마을을 흰개미의 공격에서 구해 주는 자그라바크 같은 붉은색 개미종도 있다. 그리고 초록색 개미도 있다. 그렇다. 진짜 초록 빛깔이다. 특히 푸른베짜기개미 *Oecophylla smaragdina*의 여왕개미는 배 부분이 신선한 완두콩처럼 밝은 초록빛이다. 푸른베짜기개미의 일개미는 여왕개미에는 미치지 못하지만 동아시아나 오스트레일리아 사람들이 '녹색개미'라고 부르기에 손색이 없다.

푸른베짜기개미는 단 두 종만 존재하는 베짜기개미 가운데 하나이다. 열대 아프리카에 서식하는 다른 종인 붉은베짜기개미 *Oecophylla longinoda*는 특이하게도 녹색이 아니라 연두색과 옅은 빨강의 중간 정도 빛깔을 띤다. 베짜기개밋과 개미는 약 2300만 년에서 5600만 년 전에 개체 수가 급격히 증가했다. 이들 가운데 일부는 유럽 지역에도 퍼져 나갔는데, 가끔 나무 수지가 이들의 머리에 떨어지면서 그 안에 갇히는 신세가 되었다. 세월이 흘러 나무 수지는 호박이 되었고, 우리 시대 사람들을 위해 그 안에 베짜기개미들을 보관해 두었다. 그런데 안타깝게도 호박에 갇힌 베짜기개미들이 그 이름에 걸맞은 개미집을 당시에도 만들었는지는 확인할 길이 없다. 게다가 베짜기개미 군체가 갇힌 큰 호박은 발견되지 않았다.

어쨌거나 요즘의 베짜기개미들은 베 짜는 솜씨를 유감없이 과시한다. 이들은 군체 규모가 대단히 크고 일개미의 수가 50만이 넘는 경우도 있기에 베를 짤 여력이 충분하다. 이들 모두 집이 필요하지만 베짜기개미는 공간이 넓은 구멍들이 흔치 않은 나무 꼭대기에 살기 때문에, 이들은 집들을 직접 직조하는 놀라운 방식을 고안해 냈다. 이른바 DIY 주택이다.

집을 지은 지 오래되어 파손되었거나 너무 협소한 경우, 또는 그냥 집을 바꾸고 싶을 때가 되면 큰 일개미들이 떼를 지어 몰려다니며 새 집터를 물색한다. 베짜기개미 일개미들은 땅에 집을 짓는 다른 개미들처럼 어둡고 외진 곳이나 컴컴한 구멍 속에 주거지를 마련하지 않는다. 이들은 서식지 내에 있는 나무 꼭대기를 돌아다니다가 적당한 장소를 찾으면 나무 이파리들을 힘껏 잡아당긴다. 그리고 이파리 하나가 아래로 휘면 다른 일개미들이 얼른 달려와 함께 힘을 낸다. 이들의 목적은 이파리 하나 또는 여러 개를 구부려 둥그런 공간을 만드는 것이다. 그런 공간을 만들려면 나뭇잎들을 구부린 후에 서로 이어 붙여야 하는 데, 이게 간단한 작업이 아니다. 처음에는 이파리들이 서로 멀리 떨어져 있어서 일개미들이 이파리들의 가장자리를 잇지 못한다. 이때 일개미들은 자기들의 몸을 이용하여 살아 있는 사슬을 만든다. 개미 하나가 이파리 가장자리를 물면 다른 개미가 그 개미의 허리를 잡고, 세 번째 개미가 두 번째 개미의 허리를 잡는 방식으로 사슬이 만들어진다. 그렇게 계속 작업을 이어 가다 보면 마지막 개미가 발톱을 이용해 다른 이파리의 가장자리를 움켜쥘 수 있는 순간이 온다. 그런 다음 개미들은 하나가 되어 힘을 내면서 사슬을 유지한다. 그런데 사슬 하나만으로는 부족하여 다른 일개미들이 바로 옆에 사슬 하나를 더 만든다. 그러면 결국 뻣뻣하던 나뭇잎도 휘어 개미들은 두 이파리의 끄트머리를 가까이 모을 수 있다. 이것으로 힘든 구간은 끝난 셈이다.

이제 '베를 짜는 일'이 남았다. 엄밀히 말하자면 붙이기 작업이다. 사슬을 만든 일개미들이 큰턱으로 나뭇잎을 영원히 붙들고 있을 순 없기 때문에, 집에서 대기하던 다른 일개미들이 마지막 애벌레 단계에 있는 애벌레 일부를 데리고 급히 달려온다. 이 단계에 있는 애벌레들의 몸에는 '실크샘'이 있어, 여기에서 대단히 견고한 실을 만들 수 있다. 이 실들은 원래 애벌레들이 고치를 짓는 데 사용하는 것으로, 애벌레는 고치 안에서 조용히 성충으로 변신한다. 그런데 베짜기개미들은 유충의 몸에서 나오는 실을 더욱 값어치 있게 사용하는 방법을 알아냈다. '베를 짜는' 일개미들은 유충들을 나뭇잎 가장자리에 대고 더듬이로 유충들의 머리를 도닥인다. 그러면 유충들이 명주실을 생산하기 시작한다. 이때 애벌레들은 꿈틀거리지도 않고 가만히 있는다. 마치 본인들이 대단히 정교하고 치밀한 공사에 투입되었다는 사실을 알고 있는 듯이 말이다. 일개

베짜기개미들은 공동 작업으로 보금자리를 만든다. 먼저 적당한 나뭇잎 하나를 끌어당겨 구부린다. 이때 일개미 여러 마리가 모여서 서로 몸을 연결하여 사슬을 만들어 이파리의 가장자리들을 연결한다. 그리고 다른 일개미들이 애벌레의 몸에서 나온 명주실을 사용하여 이파리의 가장자리들을 이어 붙인다. 베짜기개미 무리는 이런 방식으로 둥그런 모양의 나뭇잎 집 수십 개를 만든다.

미는 애벌레를 다른 이파리의 가장자리로 옮기고, 애벌레의 몸에서 나온 명주실이 두 이파리의 가장자리를 연결한다. 애벌레를 큰턱에 문 일개미는 이파리 사이를 오가면서 애벌레의 머리를 도닥여 명주실을 더 많이 뽑아낼 타이밍을 알려 준다. 애벌레들은 마치 날실을 좌우로 이동시키는 옛날 방직기의 북처럼 활약한다.

수 시간 내지 하루가 지나 마침내 나뭇잎들이 연결되면 제법 안정감 있는 빈 공간이 조성된다. 베짜기개미들이 명주실을 이용하여 집 내부에 칸막이벽들을 설치하면 새집이 완성된다. 고치를 만들 명주를 다 써버린 유충들은 군체 내에서 귀빈 대접을 받으며 벌거벗은 채로 번데기가 된다. 군체는 이타적인 희생정신을 발휘한 이들을 그대로 방치하지 않는다. 나뭇잎을 이어서 만든 개미집이 번데기들에게 제공하는 보호와 배려는 성공적인 변태를 하기에 부족함이 없다. 그런데 이들에게는 새끼들을 돌볼 작은 일개미들이 부족하다. 작은 개미들은 혼자 힘으로 집 밖으로 나가지 못한다. 이들은 기껏해야 문 밖으로 몇 발자국 내딛고서 진딧물을 빨아먹을 뿐이다. 군체가 이동할 때는 큰 개미들이 작은 개미들을 업어서 새집으로 데려간다.

새로 지은 둥지가 군체의 유일한 보금자리는 아니다. 성숙한 군체들은 십여 개의 둥지가 있으며, 심지어 백여 개의 둥지를 가진 군체도 있다. 둥지들의 크기는 약 50센티미터에 달하며 여러 나무에 흩어져 있다. 군체 서식지의 변두리에는 주로 늙은 일개미들이 산다. 이들은 다른 베짜기개미 무리가 침범하지 않도록 변방을 지키는 임무를 맡는다. 베짜기개미들이 가장 싫어하는 것이 바로 동일 개미종 무리이기 때문이다. 따라서 개미들은 항문에서 나온 갈색 배설물로 조심스레 자신들의 영역을 표시한다. 또한 각 영역 사이에는 비무장 지대가 있어서 서로 그곳을 침범하지 않는다. 하지만 이따금 서로 마주치기도 하는데, 그때는 서로 큰턱을 크게 벌리고 배를 위로 들어 올려 위협을 가하며 필요하다면 싸움을 피하지 않는다.

동남아시아 사람들은 서기 304년 경부터 자기들의 목적을 이루는 데 베짜기개미의 공격성을 이용했다. 지금 남아 있는 가장 오랜 기록이 그 당시의 것인데, 과일나무를 키우던 농부들이 과수원에 베짜기개미를 풀어 해충을 근절했다고 한다. 깨물고 씹는 일을 즐기는 베짜기개미들은 지금도 해충으로부터 나무를 보호하는 일에 투입된다. 그래서 추수 기간이면 농부들은 개미들에게 과일 한입 주기를 마다하지 않는다. 게다가 이들은 농부들에게 추가 수입을 안겨 주기도 한다. 아시아의 일부 지역에서는 여왕개미 애벌레들이 별미로 알려져 질 좋은 소고기보다 두 배나 비싼 가격을 받는다. 일개미 유충은 그다지 가치가 없어 '크로토'란 이름의 고급 새모이로 팔린다. 베짜기개미는 또한 인도나 중국에서는 사람들이 좋아하는 전통 약재로, 최음제와 류머티즘 치료제로 이용된다. 오스트레일리아에 가면 레몬 대신 베짜기개미를 섞은 칵테일의 일종인 카이피리냐 맛을 볼 수 있다.

가축 농사꾼들

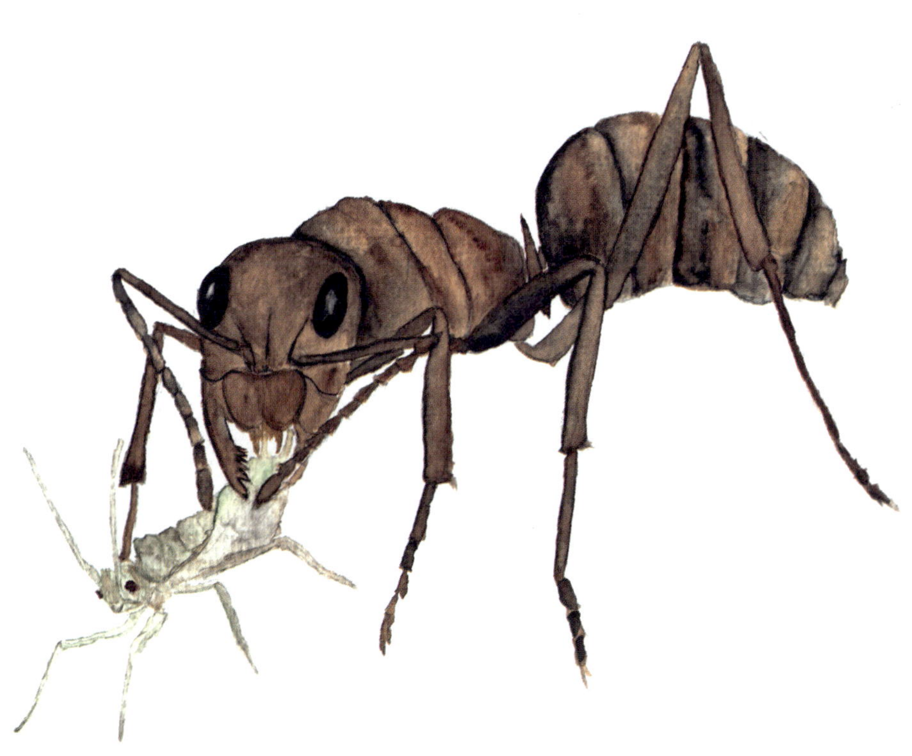

187쪽: 개미 한 마리가 진딧물을 빨아 단물을 얻고 있다.

인류사에서 가장 의미 있는 혁명은 프랑스에서 일어나지 않았다. 이는 증기 기관도 아니고, 전기도 아니며, 심지어 인터넷도 아니다. 그렇다. 가장 중요한 변혁은 대단히 기본적인 부분에서 일어났다. 요즘 세상에서는 그런 변혁이 일어나지 않는다. 바로 유목 생활을 하는 사냥꾼들과 수렵인들이 사라지고 한곳에 정착하면서 가축을 키우는 농부들이 나타난 변혁이다. 우리 선조들은 사냥에 성공해야 음식을 먹을 수 있었다. 그러나 이후 가축 덕분에 지속적인 식량 조달이 가능해지면서 많은 음식을 먹어 배를 채울 수 있게 되었다. 세월이 흐르면서 작은 부락이나 마을, 도시가 생겼다. 사람들은 그런 곳에 정착해 살면서 양이나 염소, 소, 돼지를 주식으로 하였다. 이는 사람들의 번영과 부를 보증하는 것이었다. 지역에 따라 다르지만 1만 년에서 1만5000년 전의 어느 시기에 신석기 혁명이 일어났다. 하지만 개미들은 우리 인간보다 수백만 년 앞서 목축과 농사를 시작했다.

신선한 나무줄기의 선물

한곳에 정착한 군체는 충분한 식량을 확보하는 방법을 습득해야 한다. 혼자 사냥에 나서 봤자 군체의 수많은 입을 부양하기에는 턱없이 부족하다. 넓은 서식지가 순식간에 텅 빈 황무지가 될 수도 있다. 수많은 자매 개미에게는 끊임없이 먹거리를 제공하는 풍요의 뿔이 필요하다. 다르게 표현하자면, 농사만이 현대 개미 군체의 생존을 보장할 수 있다.

개미들에게 유용한 전형적인 가축은 다리가 여섯 개이며 나무에 앉아 수액을 먹고 사는 동물이다. 생물학 용어로 반시류 *Hemiptera*라고 부르는 곤충으로 일명 '노린재'라고도 불린다. 어느 쪽 이름도 그다지 멋지지는 않다. 인간에게는 진딧물이나 매미, 빈대 등과 함께 유해 곤충인 탓에, 사람이 사는 집의 앞마당에서는 반시류를 거의 볼 수 없다. 하지만 개미들이 보기에는 태양 아래 가장 값어치 있는 생물이자 가장 사랑스러운 생물이다. 개미들에게 단물을 제공하기 때문이다.

단물은 원래 진딧물들이 주둥이를 이용해서 나무에서 추출한다. 나뭇잎이나 나무줄기의 물관이 내부 압력을 받는 과정에서 수액이 진딧물의 입으로 들어가며, 따라서 수액을 빨아들일 필요도 없다. 그 정도면 진딧물의 당분 욕구는 금방 충족된다. 수액 자체가 광합성 작용이 활발한 이파리에서 직접 오기 때문이다. 식물은 광합성을 통해 수분과 이산화탄소를 당분으로 변환시킨다. 우리가 마시는 탄산음료와 마찬가지로 나무 수액에 함유된 필수 아미노산과 단백질의 농도는 대단히 낮다. 따라서 진딧물들이 균형 잡힌 양분을 섭취하려면 엄청난 양의 수액을 마셔야 하며, 이때 소중한 영양소들을 걸러 낸다. 진딧물은 시간당 자기 몸무게 이상의 수액을 마신다! 그리고 수액을 너무 많이 마신 진딧물은 먹은 수액을 다시 버려야 한다. 진딧물들은 배가 터지지 않도록 잉여 단물을 복부로 배출한다. 진딧물들은 가능한 한 단물을 멀리 내던져 끈적끈적한 수액이 몸에 달라붙지 않게 하는데, 이때 가끔 끈적끈적한 수액이 나무 바로 아래 주차해 둔 자동차의 앞 유리나 페인트 도장 부분에 묻는 사례가 발생한다. 수액은 밤새 마르면서 하얀 작은 알갱이가 되는데, 중동 지역에서는 이것이 별미로 통한다. 모세의 기적을 다룬 성경의 출애굽기에는 이 수액이 40년간 사막을 떠돈 이스라엘 민족에게 하느님이 내린 식용 물질 '만나'라고 언급된다. 유럽인들도 토스트에 단물을 발라 먹는다. 진딧물의 소화관을 통해 나온 단물은 꿀벌의 꿀 주머니에서 정

진딧물이 가장 좋아하는 간식은 식물의 수액에 들어 있는 아미노산이다. 진딧물은 과다하게 섭취한 단물을 다시 배출하여 개미에게 양분을 공급한다.

제 과정을 거친 후 산림 벌꿀, 감로꿀 등의 이름으로 사람들의 아침 식사 테이블에 오른다. 남의 위장을 두 번이나 거쳤지만 맛은 여전히 훌륭하다.

단물이 훌륭한 에너지원이라는 사실을 개미들이 알았다 해도 그다지 놀랍지는 않다. 아마 처음에는 단물 방울을 우연히 발견했을 것이다. 그러다가 진딧물에게 다가가서 마침내 공생 관계를 맺었다. 양측 모두에게 이득이 되는 관계가 설정된 것이다. 개미들은 언제든 충분한 수의 진딧물이 있도록 돌보고 다른 놈들이 진딧물들을 귀찮게 하지 않도록 살핀다. 예를 들어 진딧물에게 가까이 다가가 진딧물의 몸 안에 알을 낳는 생물들이 있다. 맵시벌이 그런 짓을 하는 것으로 알려졌는데, 이들이 개미들에게 잡히면 사정없이 물어뜯겨서 쫓겨난다.

개미들이 다리 여섯 달린 단물 제공자를 위해 해 주는 일은 이게 전부가 아니다.

육지와 물에서

우리 집 정원에는 연못이 하나 있다. 그다지 멋진 연못은 아니지만 잔잔한 수면에 수련이 떠 있고 수련 위로 개미들이 돌아다닌다. 거기가 개미들의 집은 아니다. 이들의 보금자리는 정원의 땅 어딘가에 있을 것이다. 그런데 일개미들은 매일같이 하얀 수련 꽃 위를 돌아다닌다. 개미들은 수영을 잘하지 못하며, 잠수도 못한다. 이들의 각피는 방수가 되며 몸에 난 털이 얇은 공기층을 잡아 맞춤형 구명조끼 기능을 하기 때문이다. 따라서 수영 기술이 부족한 개미들은 물속에서 특정한 방향으로 움직이기가 대단히 힘들다. 그런데도 개미들은 연못가에 늘어진 수양버들 가지에서 수련 잎을 향해 과감하게 도약하며, 거기에서 다른 수련 잎을 향해 계속 기어간다. 개미들은 수련 잎에서 미끄러져 연못에 빠지기 일쑤이고, 그럴 때면 물 밖으로 나오느라 무척 애를 먹는다. 우리 집 정원의 개미들이 분명 재미 삼아 그런 고생을 하지는 않을 것이다. 무언가 이들의 수고에 대한 매력적인 보상이 있을 것이다. 그게 대체 무얼까?

정답은 크기가 대단히 작고 까만색이며 수련 잎을 열심히 먹는 생물이다. 때때로 진딧물들은 날개를 만들어 새로운 숙주 식물에게 날아간다. 새끼를 밴 암컷 진딧물들 가운데 최소 한 마리는 우리 집 연못에 수련이 있다는 정보를 얻었음에 틀림없다. 그리고 개미들은 다가가기 쉽지 않은 연못에 진딧물 무리가 와 있다는 소문을 들었을 것이다. 우리 집 정원의 다른 곳에는 진딧물들이 있을 만한 장소가 없다는 듯 개미들은 수련 군락에서 가축을 사육하기로 결정한다. 일개미들은 수련 잎에서 다른 수련 잎으로 열심히 돌아다니면서 자기들의 수상 방목장에서 진딧물을 이용해 영양분을 섭취한다. 일개미들은 더듬이로 진딧물의 배를 두드려 진딧물이 분비하는 단물을 빨아먹는다. 정말 힘겹게 얻는 한 방울의 감로다.

팀플레이에 적응하라

자그마한 연못을 매일매일 오가는 개미들의 모습에서 이들이 진딧물의 분비물을 얼마나 탐닉하는지 눈으로 확인할 수 있다. 또한 진딧물들이 대단히 어려운 조건에서도 개미들의 보호를 받을 수 있음을 알게 된다. 여러 진딧물종은 자신들을 돌보는 양치기들과 너무나 긴밀한 관계를 유지하다 보니 몸의 구조도 개미들과의 공생에 맞게 적응했다. 예를 들어 이들은 개미들과 공생하지 않는 진딧물종에 비해 자기 방어에 에너지를 적게 쓴다. 개미의 보호를 받는 진딧물종은 몸의 밀랍 층이 다른 종보다 얇으며, 방어 무기도 엉덩이에 난 작은 뿔 두 개에서 독극 물질을 분비하는 것으로 충분하다. 진딧물이 감로를 분비하는 방식 역시 개미와의 공생 관계에 맞춰 진화했다. 아무도 관심 갖지 않는 곳에 분비물을 버리느니 항문 위쪽의 뻣뻣한 털을 사용하여 분비물을 붙잡고 있다가 개미들에게 제공하는 것이다. 예상과 달리 개미들이 금방 나타나지 않으면 진딧물은 분비물을 다시 몸 안에 집어넣어 감로 담당 일개미가 올 때까지 저장해 둔다.

개미 목동에게 가장 잘 적응한 진딧물은 인도네시아 자바섬에 서식하는 힙페오콕쿠스*Hippeococcus*속의 가루깍지벌레다. 이들의 긴 다리에는 빨판 비슷하게 생긴 집게발이 달려 있다. 가루깍지벌레가 나무줄기에 태평하게 앉아 있는 모습을 보면 그런 다리가 필요한 이유를 알 수 없을 것이다. 이들은 누군가에게 위협을 받는 상황에 처하면 가장 가까이에 있는 개미의 등에 신속하게 기어올라 긴 집게발을 이용하여 단단히 달라붙는다. 그렇게 하기에는 몸이 너무 작거나 도망갈 기회를 놓친 가루깍지벌레는 큰턱을 가진 개미들이 움켜쥐고서 위험 지역에서 신속하게 벗어나게 해 준다. 단물 공급을 위해서라면 개미들은 말 노릇도 마다하지 않는다.

개미집 입양아들

개미의 몸 구조가 목동 역할에 적합한 편은 아니지만, 일부 개미종은 일평생을 가축 돌보는 일에 매달린다. 어떤 개미들은 오직 감로만 먹고 살

194

아 사냥을 거의 하지 않는다. 예외적으로 군체가 너무 비대해지거나 군체 내에 단백질이 갑자기 부족해지면 진딧물 일부를 잡아먹는 경우도 있다. 감로와 진딧물 스테이크 선택 여부는 계절에 따라 달라지며, 개미 종에 따라 다르기도 하다. 따라서 진딧물에게는 영양가 좋은 감로로 양치기들을 만족시켜야 한다는 분명한 동기가 부여된다. 이들은 다른 생각은 하지 않는다.

깍지개미*Acropyga*속 일부 개미종의 여왕개미들은 결혼 비행 시에 혼수품으로 새끼를 밴 깍지벌레를 데려온다. 그 덕에 깍지개미들은 새 군체를 만들기 시작하면서 곧바로 단물을 확보할 수 있다. 이는 개미들이 새끼들에게 줄 먹거리가 준비되어 있음을 의미한다. 깍지개미들은 필요하다고 판단되면 개미집 안에서 가축을 키우기도 한다. 진딧물이 얼어 죽을 위험이 있는 겨울에는 개미들이 진딧물을 따뜻한 방으로 데려온다. 미국의 옥수수밭에 서식하는 네오니게르 털개미*Lasius neoniger*는 추운 계절 동안 진딧물의 알을 여왕개미의 알과 함께 돌본다. 그리고 부득이한 사정으로 군체가 이주해야 하는 경우에는 마치 날달걀을 옮기듯이 조심스레 진딧물의 알을 운반한다. 네오니게르 털개미들은 날씨가 따뜻해지는 봄이 오면 곧바로 새 세대 진딧물들을 새로 돋아난 싹이나 어린 나뭇가지, 또는 나무뿌리로 데려가 풀어놓고 기른다.

1년 내내 무더운 열대 지방의 개미들도 열심히 가축을 사육한다. 그래서 말레이시아에 서식하는 가루깍지벌레*Malaicoccus khooi*는 혼자서 새끼들을 키우는 능력을 완전히 잃었다. 이들에게는 무조건 쿠스피다투스 시베리아개미*Dolichoderus cuspidatus*의 도움이 필요하다. 가루깍지벌레는 이들의 야영지에 알을 낳으며, 알은 수양 가족의 보호를 받으며 성장한다. 10만여 마리의 개미들이 5000마리의 가루깍지벌레를 입양한다.

개미들은 먹성이 이만저만이 아닌 가루깍지벌레 유아들을 데리고 신선한 방목지를 찾아 하루 종일 돌아다닌다. 개미집과 먹이가 있는 곳 사이의 거리는 약 20미터에 이른다. 그리고 언젠가 거기에 식물의 즙이 충분하지 않은 날이 오면 군체 전체가 지체 없이 새로운 방목지로 이동한다. 시베리아개미와 이들의 관련 종들은 인산이 지구에 나타나기 이선부터 이미 유목 생활을 하고 있었다.

행복한 순간은 끝이 있게 마련이다

식물의 양분을 흡수하여 먹고 사는 곤충과 개미 사이의 관계는 지극히 행복하기만 할까? 그런 경우도 가끔 있겠지만, 때때로 다리를 쭉 뻗다 보면 자신을 둘러싼 황금 철창이 보이게 마련이다.

우리 집 앞마당이나 공원에서 흔히 보는 고동털개미는 진딧물과에 속하는 잠두진딧물*Aphis fabae*에게는 가정에 충실한 보호자다. 고동털개미는 무당벌레나 풀잠자리, 꽃등에 유충 등의 포식자로부터 잠두진딧물을 보호해 줄 뿐만 아니라 끈적끈적한 단물을 제거해 주기도 한다. 따라서 잠두진딧물들은 마냥 행복해야 하겠지만 이들의 관계가 왠지 완벽한 파트너십으로 보이진 않는다. 이들의 움직임을 자세히 들여다보면 근처에 고동털개미들이 없는 경우 진딧물들이 보다 민첩하게 움직인다. 그러다가 양치기 일개미들이 오면 갑자기 움직임이 느려짐을 확인할 수 있다.

영국의 개미 연구팀은 이런 장면이 단지 우연히 발생한 사례인지 여부를 조사했다. 과학자들이 늘 그러듯이 영국 연구팀도 일정한 조건을 정해 두고 실험을 했다. 연구팀은 잠두진딧물을 일반 나뭇잎이 아닌 실험실에서 쓰는 미세 여과지 위에 올려놓고 기어가게 했다. 그리고 진딧물들의 모습을 지켜보았다. 개미들이 감시하지 않을 때, 잠두진딧물은 깨끗한 여과지 위에서 초당 0.5밀리미터를 움직였다. 이에 반해 개미들의 감시를 받을 때는 초당 0.35밀리미터를 움직인 것으로 나타났다. 잠두진딧물을 제지할 목적으로 고동털개미를 잠두진딧물 바로 옆으로 데려갈 필요도 없었다. 고동털개미를 실험용 여과지 위에 미리 앉아 있게 하는 것으로 충분했다. 잠두잠딧물을 방해하는 데는 개미의 냄새만으로도 충분해 보였다.

영국 연구팀의 실험 결과는 고동털개미들이 진딧물들을 한데로 모으기 위해 취하는 다른 조치들과 정확히 일치했다. 개미들은 진딧물의 날개 성장을 억제하는 화학 물질을 내뿜는다. 그렇게 해도 진딧물에게 날개가 생기면 날개를 물어뜯는다. 개미들은 가축을 사랑하지만, 자기들의 가축이어야 더 사랑한다. 그리고 가축들이 가축답게 굴도록 감시한다.

하지만 이 관계는 언제든 뒤집힐 수도 있다!

억압당하는 자에서 억압하는 주체로

개미들에게 개인적인 감정은 없다. 복수를 하는 것이 아니며 이해타산적인 행동은 더더욱 아니다. 대자연 속에서 굶주린 생명체는 먹을 수 있는 것과 그렇지 못한 것을 구분하는 법을 배우며, 가까운 곳에 있는 먹잇감을 뜯어 먹는다. 새끼들을 낳아 세상에 내보내야 하는 경쟁 세계에서는 새 먹잇감을 발견하는 놈이 조금이라도 유리하다. 이런 경쟁은 우리 인간들이 깜짝 놀라 고개를 흔드는 행동을 낳는다. 빈대면충*Paracletus cimiciformis* 역시 바로 그러한 행동을 개발한 생물이다.

빈대면충은 본래 서식지인 지중해에시 피스타치오나무의 가지에 서식한다. 하지만 독일에서는 풀밭에 앉아 사는 것에 만족해야 한다. 그리고 주름개미*Tetramorium caespitum*들은 풀밭에서 빈대면충을 공들여 기른다. 주름개미와는 아홉 가지 이상이 다른 빈대면충의 생애 주기로 인해 이들의 공생은 복잡한 양상이 되었다. 빈대면충은 날개가 달린 경우도 있으며 날개가 없는 변종도 있다. 무성 생식을 하기도 하며 짝짓기를 하기도 한다. 그래서 두 가지 종류의 애벌레가 있다. 이들은 유전적으로 동일하지만 성장 과정에서 다른 유전자들이 활성화되며, 따라서 서로 다른 종으로 보인다. 크기가 작고 초록색을 띤 애벌레는 반려동물처럼 고분고분 숙주 식물의 수액을 빨아 먹고서 단물을 내놓는다. 그에 반해 이들의 쌍둥이 격인 갈색 애벌레는 몸이 납작하며 추운 겨울을 잘 견뎌낸다. 이들은 몸에서 페로몬을 분비하여 개미 유충 같은 냄새를 풍긴다. 그러면 주름개미는 길을 잃은 빈대면충 새끼들을 얼른 안전한 곳으로 대비시키려고 개미집으로 데려간다. 그리고 아직 알에서 부화하지 않은 개미 자매들이 있는 육아실의 바로 옆방에 이들을 밀어 넣는다. 이렇게 하여 작은 트로이 목마는 목적을 달성한다.

갈색 유충들은 배에서 꼬르륵 소리가 나면 주변에서 영양가 높은 수액을 찾는다. 그런데 개미 육아실에는 식물이 없기 때문에 이들은 빨대 모양 주둥이로 개미 애벌레들의 몸을 찔러 혈림프를 마신다. 이들이 개미 애벌레들을 죽이지는 않지만, 혈림프가 몸에서 빠져나간 것이 개미 애벌레에게 이롭지도 않다. 따라서 개미들 입장에서는 얼른 봄이 와서 개미 유충들은 물론 빈대면충 유충들도 개미집의 위쪽에 있는 따듯한 방으로 옮겨지는 편이 좋을 것이다. 거기에서 빈대면충 유충들은 풀뿌리에 다가가 필요한 양분을 얻는다. 그렇게 양분을 받은 유충들은 토실토실한 성충 진딧물로 변신하여 식물을 먹으면서 산다.

진딧물은 개미와 그럭저럭 사이좋게 공생하는 유일한 동물은 아니다. 그렇다고 대단히 잔인한 기생 동물도 아니지만 말이다.

애벌레들의 방

나비 애벌레가 야생에서 살아남기란 그리 만만하지 않다. 이들은 천적들의 배 속에 들어가지 않는 동시에 단기간에 가능한 한 많이 먹어야 한다. 어떻게든 날개 달린 나비가 되기 위해 애벌레들은 다양한 방어 전략을 개발했다. 이들은 복부를 이용하여 무서운 얼굴 모습을 만들어 내고, 긴 털들이 있는 두툼한 옷을 입기도 한다. 긴 털에는 독성이 있어서 나비 애벌레를 삼키는 실수를 저지르는 멍청이 천적은 그 고통을 절대 잊지 못한다. 또는 나비 애벌레들은 개미들을 개인 경호원으로 고용한다.

부전나비종 가운데 4분의 3이 개미를 보디가드로 이용한다. 암컷 부전나비는 알을 낳을 때가 되면 개미 군체 인근에서 자라는 적당한 식용 식물을 찾는다. 예를 들어 플레베유스 이다스 부전나비*Plebejus idas*의 경우 고동털개미 서식지 내에 있는 유럽가시금작화 덤불을 찾는다. 뤼산드라 코리돈 부전나비*Lysandra coridon*는 유럽산 콩과의 관목과 주름개미 또는 홍개미를 좋아한다. 나비들은 식물을 고를 때 대단히 까다로운 편이다. 어떤 개미종인가는 나비들의 관점에서 덜 중요하다.

알에서 나온 작은 유충들이 개미들에게 발견되면 이들의 안전은 확보된다. 부드러운 흙으로 작은 집을 만들어 주는 개미종도 있다. 개미들은 아침마다 거기로 야행성 가축을 데려온다. 그렇게 함으로써 유충들은 낮 시간에 천적들의 눈에 띄지 않을 수 있다. 이 방법은 꽤 효과가 있다. 연구진이 개미들로 하여금 나비 유충들을 보호하지 못하도록 한 실험에

진딧물은 개미와 파트너십을 맺는다. 진딧물뿐 아니라 부전나비 유충들도 단물을 내주는 대신 개미들의 보호를 받는다.

서 나비의 유충은 4분의 1도 살아남지 못했다. 심지어 유충 전부가 천적에게 잡아먹히기도 했다. 적절한 보수만 지급한다면, 개미 경호원은 믿음직한 보디가드가 되어 준다.

그런데 이 문제에서 나비 유충들에게 어려움이 생긴다. 진딧물과 달리 나비 유충은 식물의 단물을 먹지 않는다. 이들은 식물 조직을 먹는다. 즉 나비 유충들은 개미들이 대가로 받는 단물을 자동으로 생산하지 못한다. 그 대신 나비 유충들은 단물 생산이 목적인 분비샘에서 개미들에게 줄 단물을 합성해 등에 있는 작은 틈을 통해 분비한다. 이러한 차이는 개미에게는 별문제가 되지 않지만 나비 유충들에게는 그렇지 않다. 단물 생산은 에너지와 원료가 많이 소모되는 작업으로, 유충들의 성장에 지장을 준다. 이 나비 유충들은 개미들 없이 자란 유충들보다 몸집이 작다. 개미들의 보호를 받고 자란 성충 나비들도 마찬가지로 자력으로 자란 종만큼 크지 않다. 동물의 세계에서도 생명의 안전은 값비싼 대가를 지불해야 하며, 때로는 그 대가가 끔찍하게 커지기도 한다.

적진의 한가운데서

개미 군체 내부에는 다른 어느 곳보다 안전한 장소가 한 군데 있다. 육아실은 곤충 세계에서 철옹성같이 안전한 곳이다. 일개미들이 이곳 육아실로 데려온 덕분에 천적들에게 잡아먹히지 않은 곤충 유충들은 안전감을 느끼면서 편안하게 쉴 수 있다. 우리 개미 연구자들은 진딧물들이 자신들을 돌보는 목동의 육아실에서 겨울을 나는 모습을 관찰했다. 알콘 부전나비 *Maculinea alcon* 같은 일부 부전나비들도 개미 애벌레로 위장하고 육아실로 들어와 진짜 개미 애벌레들보다 극진한 보호를 받는다. 하지만 아리온 부전나비 *Phengaris arion* 에게는 이것만으로는 부족하다. 봄철이 오면 허기진 늑대와도 같은 아리온 부전나비는 양의 탈을 벗는다. 애지중지 보호 받으며 개미집에서 자란 이들은 자신들을 지켜 준 개미들의 새끼들을 은밀하게 공격하여 갈기갈기 찢어서 만찬을 즐긴다. 여기서 의문이 생긴다. 상황이 이렇다면 진짜 가축은 개미 유충일까, 아니면 부전나비 유충일까? 결국 개미들은 부전나비와의 상호 관계에서 아무것도 얻는 것이 없다. 부전나비는 개미들이 자기들을 위해 일하도록 만들었으며, 유충을 잡아먹기까지 했다. 감사의 마음 같은 것은 전혀 찾아볼 수 없다.

개미 육아실 안에서 좋은 시간을 보냈건 어쨌건, 부전나비 유충들은 마지막 순간에 모두 동일한 문제에 직면한다. 개미들에게 요술을 부려 정체를 감췄던 이들의 속임수는 애벌레일 때만 가능하다. 성충이 된 부전나비들은 개미들에게 맛 좋은 먹잇감이다. 부전나비 애벌레들은 적들의 영역 중심부에서 번데기로 변태하는 동안 잠시 개미들의 관심 밖으로 벗어나며 사형 집행을 유예 받는다. 하지만 이제 곧 긴장감 넘치는 스파이 스릴러물을 연출해야 하는 순간이 다가온다. 가면을 벗은 특수 요원이 자기 은신처로 돌아가야 하는 순간이다. 개미들이 활력이 떨어져 있는 이른 아침에 번데기를 벗고 나온 부전나비는 개미집에서 밖으로 살금살금 빠져나온다. 이때 발각되지 않으면 곧바로 풀밭에 가서 춤을 출 수 있다. 짝을 만나 짝짓기를 하고 새끼들을 낳아 개미들에게 육아를 맡기면 된다. 그러나 만약 개미들 눈에 띄는 경우에는 수개월에 걸쳐 즐긴 환대의 대가를 치러야만 한다.

자연은 스릴러물광임에 틀림없다.

비밀스러운 식객들

집에 찾아드는 곤충류와 함께 사는 일은 쉽지 않다. 초대하지도 않았는데 불쑥 나타나는 놈들이 있다. 진드기, 좀벌레, 집거미 등 집 안에서 흔히 발견되는 벌레들을 떠올려 보자. 개미도 다르지 않다. 스스로 개미집으로 들어오는 겨울 손님들이나 기생성 나비인 부전나비 애벌레 외에도 수많은 손님이 개미집 안에서 은밀히 기어다니는 모습이 발견된다. 그러나 개미들은 그들에게 관심이 없으며, 심지어 그들이 개미집 안에 있다는 사실조차 모른다.

사람이 사는 집이건 개미둥지건 더부살이의 장점은 대단히 크다. 집 안에 들어가면 습기가 없고 따듯하며 포근한 데다 안정감이 있다. 게다가 음식 걱정도 없다. 악의는 없겠지만 아텔루라 포르미카리아 좀벌레 *Atelura formicaria*들은 '식객'에 속한다. 이들은 숙주가 먹다 남긴 음식에 전적으로 의지해서 산다. 이들은 배가 몹시 고플 때면 일개미들이 동료들과 나누어 먹는 음식을 아주 조금만 도둑질한다. 물론 그와 같은 생계형 음식물 절도 행위에는 위험이 따른다. 개미들에게 체포되는 절도범은 금방 잡아먹히기 때문이다. 다만 좀벌레에 어울리게 아텔루라*Atelura*속 좀벌레는 대단히 민첩하여 최후의 순간에 재빨리 달아난다.

잡아먹는 놈과 잡아먹히지 않는 놈

개미들에게 빌붙어 사는 손님 곤충은 스릴 있는 체험을 즐기지 않는다. 그래서 가능한 한 집주인에게 들키지 않으려고 안간힘을 쓴다. 예컨대 이들은 개미들이 거의 사용하지 않는 구석방에 들어앉아 지낸다. 또는 개미들의 강력한 큰턱에 물리지 않도록 두툼한 갑옷으로 자신들을 보호한다. 넉점박이잎벌레*Clytra laeviuscula*는 대단히 추잡한 전략을 구사한다. 이들은 자기 알들을 개미집 입구 가까운 곳에 모아 놓고 거기에 대변을 본다. 그러면 어떤 이유인지는 모르지만 개미들이 그 알들을 모아서 집 안으로 들인다. 알에서 부화한 넉점박이잎벌레 유충은 단단하게 굳은 배설물 케이스 안에서 산다. 그런 상태로 있으면 힘들이지 않고 개미들의 공격을 피할 수 있으며, 개미들이 버린 쓰레기를 먹거나 개미 유충을 잡아먹을 수도 있다. 넉점박이잎벌레는 번데기로 변태하였다가 성충이 되어 바깥세상으로 나갈 때까지 무려 2년 이상 개미집에 살면서 맹위를 떨친다.

사자 우리처럼 위험한 곳에서 기꺼이 기거하는 생물들이 있다. 사진 속 딱정벌레 같은 개미집 손님들은 개미들과 함께 산다. 그곳은 딱정벌레에게 안전하며 먹잇감도 충분하다.

그러나 개미집에서 살아남는 가장 효과 좋은 방법은 향수를 이용하여 개미들을 유혹하는 것이다. 반날개 *Lomechusa pubicollis* 가 이 분야에서 단연 고수이다. 반날개는 개미집으로 들어가기 위해 더듬이로 유럽불개미 일개미들 가운데 하나의 몸을 다독인다. 일개미가 반응을 보이면 반날개는 자신의 엉덩이를 일개미를 향해 쳐든다. 이때 반날개 엉덩이의 분비샘에서 진정 효과가 있는 분비물이 나오며, 그로 인해 개미는 공격을 못한다. 그리고 그때부터 반날개는 개미에게 잡아먹힐 걱정을 할 필요 없이 자신만의 기술을 펼친다. 반날개는 개미를 향해 복부 옆쪽에 있는 두 개의 분비샘을 연다. 베르트 횔도블러가 '입양샘'이라고 명명한 분비샘이다. 그 냄새를 맡은 일개미는 즉시 반날개를 개미 애벌레로 착각해 얼른 육아실로 데려간다. 그리고 은혜를 모르는 사기꾼 반날개들은 개미 집 안에서 개미 알과 애벌레를 잡아먹는다.

요령만 잘 터득하면 호전적인 개미 무리 속에서 사는 일은 그리 어렵지 않다. 3000여 종이 넘는 톡토기, 딱정벌레, 거미, 쥐며느리, 파리, 그리고 기타 환형동물들이 그 방법을 터득했다. 이들 가운데 많은 수가 꽃무지 유충처럼 개미집 주변을 어슬렁거리기만 한다. 아예 개미집 안에서 살거나 일개미의 몸에 붙어서 사는 동물들도 있다. 군대개미 병정개미의 다리 끝에 붙어서 사는 마크로켈레스*Macrocheles*속 진드기처럼 일부 진드기들은 특정 장소를 각별히 선호한다. 이들과 친척 관계인 키르코퀼리바*Circocylliba*속 진드기는 먹이가 있는 곳, 즉 숙주 개미의 큰턱에 달라붙어 산다.

우리 인간처럼 개미 역시 반려동물들에게 둘러싸여 이들과 더불어 산다. 이들은 숙주에게서 벗어나고 싶어 하지 않으며 벗어날 능력도 없다. 하지만 개미에게 얹혀사는 최악의 동물은 다름 아닌 개미다.

식객 개미와 노예 사육 개미

207쪽: 노예 사육 개미는 숙주의 번데기를 약탈한다.

개미들의 노예 약탈 장면을 처음 본 날을 결코 잊지 못할 것이다. 나는 학위 논문을 쓸 당시에는 평범한 개미들, 즉 기생을 하지 않는 개미들로 연구를 진행했다. 그래서 박사 학위를 받은 후에 연구원 자격으로 미국에서 노예 개미 연구 기회를 얻었을 때 대단히 기뻤다. 개미들의 노예 약탈 행위라니…… 흥미진진하지 않은가! 나는 특정 지역에 사는 노예 사육 개미들과 이들의 숙주들이 서로 적응했는지 여부를 연구하고 싶었다. 그래서 여러 지역에서 개미 군체를 가져와 연구소에서 이들이 서로 만났을 때의 행동을 관찰했다. 노예 사육 개미들이 같은 지역에서 온 숙주 개미들과 잘 지내면서 숙주의 새끼들을 노예로 삼을 수 있을까? 또는 같은 지역의 적군 개미들에게 적응한 숙주 개미들이 적들의 약탈 공격을 효과적으로 막아 낼까?

연구 대상으로 삼은 개미는 큰 개미종이 아닌, 도토리 열매 하나에 군체 하나가 다 들어가는 작은 개미종이었다. 아주 작은 개미를 선택함으로써 이들의 노예 약탈 장면을 처음부터 끝까지 연구소에서 직접 관찰할 수 있는 장점이 있었다. 나는 노예 사육 개미와 숙주 개미들을 경기장에 내려놓고 기다리면 되었다. 주변을 쭉 둘러본 노예 사육 개미들이 숙주의 집을 발견하고 일개미들을 불러 모아 공격조를 편성하는 모습과, 숙주 개미의 집을 공격하여 새끼들을 훔쳐 집으로 옮기는 과정을 관찰할 예정이었다. 그다음에 할 일은 노예 사육 개미들이 납치한 숙주 개미 애벌레의 마릿수 계산이었다. 희생자들이 스스로를 지킬 능력이 있는지, 또한 사상자가 발생했는지 여부도 관찰 대상이었다. 그게 나의 계획이었다. 나는 그간 공부했던 개미에 관한 모든 자료를 바탕으로 내 계획이 맞아떨어질 것이라고 확신했다. 식은 죽 먹기 같은 느낌이었다. 잘못될 게 없었다. 하지만 나는 사소해 보이는 부분을 간과하고 말았다…….

날씨가 포근해진 5월에 첫 실험을 시작하면서 나는 자신감에 차 있었다. 실험 대상으로 삼은 노예 사육 개미는 뉴욕 북쪽 지역의 숲에서 구해 온 아메리카누스 호리가슴개미 *Temnothorax americanus*종이었다. 그리고 같은 지역의 큰집호리가슴개미 군체를 함께 데려와 숙주 역할을 맡길 계획이었다. 나는 연필과 노트를 들고 개미들 옆에 앉아 그들의 행동을 작은 것 하나도 놓치지 않고 상세히 기록할 준비를 했다. 개미들은 언제든 행동을 개시할 것이었다. 15분이 지나자 이제 곧 개미들의 행동을 볼 수 있겠다는 확신이 들었다. 30분이 지나고, 한 시간이 흘렀다. 오전 시간이 다 지나고 오후가 지났다. 나는 저녁까지 의자에 웅크리고 앉아 있었지만, 아무 일도 생기지 않았다! 노예 사육 개미는 온종일 개미집에 들어앉아 밖으로 나오지 않았으며 더듬이조차 밖으로 내밀지 않았다. 숙주 개미 군체의 먹이 담당 일개미들만 먹이를 구하러 다닐 뿐이었다. 실망한 나는 숙소로 돌아와 뭐가 잘못됐는지 생각해 보았다.

그런데 이튿날 아침에 다시 가 보니 딴 세상이 되어 있었다. 얼핏 봐도 간밤에 기습 공격이 있었음을 알 수 있었다. 하지만 내가 예상했던 결과가 아니었다. 믿기지 않을 정도였다. 밤사이에 숙주 개미 군체의 일개미들이 밖을 나와 노예 사육 개미의 집을 급습해 그들의 유충을 훔쳐 갔다. 도대체 무슨 일이 있었을까?

자세히 살펴보니 내 실험에 오류가 있었다. 나는 시간 계산을 완전히 잘못했다. 노예 사육 개미는 1년 가운데 대부분이 비활동 기간이다. 이들에게는 기습 기간이 정해져 있어서 이때만 다른 개미종의 군체에서 도둑질을 한다. 그런데 이들의 기습 기간은 한여름이 되어야 시작된다. 이때는 숙주 개미들의 유충이 성장하여 부화를 앞둔 시기이다. 이들은 봄에 부화하지 않는다. 흥분한 나머지 내가 실험을 너무 일찍 시작해 동작이 굼뜬 노예 사육 개미들에게 허를 찔린 것이다. 게다가 나는 숙주 개미들이 역습을 하리라고는 예상도 못 했다. 숙주 개미들에게는 분명 그런 행동을 감행할 타고난 기질이 있었다. 노예 사육 개미와 숙주 개미는 친척 관계이기 때문이다. 다만 노예 사육 개미들의 진화 단계가 한발 앞서 있을 뿐이다.

7월 말에 이르러서야 두 개미 무리 간의 상호 작용이 정상화되었다. 노예 사육 개미들이 갑자기 안절부절못하고 집에서 나와 돌아다니면서 경기장을 부지런히 탐색하더니 다시 들어갔다. 이들은 금방 숙주 개미 군체를 발견했으며, 예상했던 대로 숙주 개미집을 공략했다. 나는 관찰한 내용을 노트에 꼼꼼히 적었다. 하지만 나는 실험 초기에 차질을 빚는 과정에서 많은 것을 배웠다. 이 같은 의외성이 과학을 흥미롭게 만든다.

그리고 개미들이 상대를 착취하는 방법은 노예제뿐만이 아니다.

양심도 없는 조직적 범죄의 현장

개미들이 이웃 개미들을 공격하는 이유는 주로 먹이 때문이다. 먹잇감이 충분하면 많은 수의 새끼들을 키울 수 있으며, 그 군체는 생존 경쟁에서 우위를 차지한다. 일부 개미종은 먹이가 부족하거나 먹이를 구하기 어려워지면 한결 손쉬운 방안을 찾는다. 바로 약탈이다. 이들은 다른 군체의 일개미들이 뼈 빠지게 일해서 구한 먹이를 강도질한다. 베르트 횔도블러 교수는 미국 애리조나주의 사막에서 꿀단지 개미를 관찰했다. 꿀단지 개미는 서너 마리가 무리를 이루어 잠복해 기다리다가 수확개미들을 급습한다. 노획한 흰개미를 집으로 옮기다가 기습당한 수확개미들도 무방비 상태는 아니며 역습을 가하지만, 상대방을 깨물려면 노획한 흰개미를 내려놓아야 한다. 그러면 다리가 긴 꿀단지 개미들이 흰개미를 얼른 낚아채서 달아난다. 형법에서 명백한 약탈 습격 행위로 규정한 이 행동을 생물학에서는 '도벽 기생' 또는 '절취 기생'이라고 칭한다. 결국 수확개미는 흰개미를 잃었기에 집 앞에서 뒤돌아서서 다시 먹이 사냥에 나서야 한다.

비록 도적을 만나 먹이를 빼앗겼지만 열마디개미 *Solenopsis fugax*에게 군체 전체가 기습당하지 않은 것을 다행으로 여겨야 한다. 열마디개미는 독일의 가정집에도 출몰하는 개미로 이들의 일개미는 1.5밀리미터 내지 3밀리미터의 아주 작은 크기지만, 외견상의 단점이 먹이 약탈전에서는 장점으로 작용한다. 열마디개미들은 마치 은행 금고가 있는 장소를 향해 굴을 파는 은행 강도처럼 장차 희생자가 될 개미들의 집 근처에 자기네 둥지를 만든다. 그리고 거기에서 굴을 파기 시작하는데, 폭이 아주 좁아서 다른 개미종의 일개미들은 들어가지도 못한다. 열마디개미들

은 굴을 통해 희생자 개미들의 집으로 들어가 결국 육아실까지 접근한
다. 몸집이 작은 이 도둑들은 배고플 때마다 무리를 지어 건너가서 허기
를 채울 음식물을 몰래 가져온다. 이들은 어쩔 수 없이 먹이를 기증해야
하는 개미들의 알이나 애벌레, 그리고 번데기를 노린다. 제집에서 당당
하게 거주하는 개미들이 열마디개미의 습격을 알아차려 문제가 발생하
면 도둑들은 독샘에 있는 방어 물질을 뿌린다. 이는 후추 스프레이를 뿌
리는 것과 유사한 효과를 내어, 숙주 개미들이 결국 자기 새끼들을 받아
들이지 않도록 만든다. 도둑 개미들은 훔친 먹잇감을 잘게 잘라서 자기
네 집으로 끌고 간다. 작고 누런 침략자이자 유아 살해범인 열마디개미
들이 무조건 범죄 행위를 통해서만 먹이를 구하는 것은 아니다. 열마디
개미들은 땅속에 서식하는 진드기를 가축으로 사육해 진드기의 배설물
을 먹기도 한다. 하지만 희생을 당한 개미들이 용병을 고용하지만 않는
다면 열마디개미로서는 악랄한 방법으로 먹이를 구하는 편이 한결 손쉽
다. 만약 용병이 온다면 교활하기 그지없는 도적 일당도 위험해진다.

7인의 사무라이

양심이라곤 찾아볼 수 없는 도적 떼가 나타나 마을을 습격하여 식량을
훔쳐 가는 일이 거듭되었다. 도적 무리에게 시달리던 농부들은 결국 전
투 경험이 풍부한 역전의 용사들에게 도움을 요청한다. 노련한 칼잡이
들이 마을에 들어와 마을 주민들에게 식사를 제공받으며 편안하게 지내
다가 도적 떼가 나타나자 도적들을 상대로 싸움을 시작한다. 1954년에
나온 일본 영화 『7인의 사무라이』의 내용이다. 이 영화를 리메이크하
여 1960년 할리우드에서는 『황야의 7인』을 제작했다. 영화에서는 율

브리너를 포함한 7인의 총잡이가 도적들과 싸운다. 그런데 세리코뮈르메스*Sericomyrmex*속 개미들에게 이런 내용의 영화는 이미 수십만 년 전에 상영되었다.

세리코뮈르메스속의 작은 개미들은 철저한 농부들이다. 유명한 개미 종인 잎꾼개미처럼 이들도 나뭇잎을 개미집 안으로 들여와 거기에서 버섯을 키워 먹이로 삼는다. 이들의 삶은 약탈성 개미인 남프토게뉴스 하르트마니*Gnamptogenys hartmani*의 습격에 대한 공포만 없다면 평온하고 조화롭게 흘러갈 수 있다. 남프토게뉴스 하르트마니개미는 어디선가 갑자기 나타나 자기들의 길을 가로막는 세리코뮈르메스 일개미들을 몰살하고 애벌레들에게 달려든다. 하지만 이들은 버섯 농장에는 눈길도 주지 않는다. 이들 도적 떼는 순식간에 군체 하나를 파괴하고 유유히 떠난다.

그러나 농부 개미들이 또 다른 개미종과 함께 산다면 사정이 달라진다. 메갈로뮈르멕스 쉼메토쿠스개미*Megalomyrmex symmetochus*는 세리코뮈르메스속 개미의 식객으로 염치없이 붙어살면서 이들에게 먹이를 얻어먹는다. 메갈로뮈르멕스 여왕개미와 일개미들은 버섯 농사 일에는 손가락 하나 움직이지 않으면서 버섯 조직을 실컷 먹으며, 때로는 농부 개미들의 애벌레를 잡아먹기도 한다. 버섯 재배 개미들에게는 재앙이나 다름없는 일이지만 세리코뮈르메스속 개미들은 식객들을 함부로 내치지 못한다. 이들이 숙주 공주개미들의 날개를 물어뜯어 공주개미들이 결혼 비행을 떠나 새 보금자리를 찾는 일을 방해할 가능성이 있기 때문이다. 만약 개미들이 비탄의 한숨을 내쉴 수 있다면, 아마 이들 힘없는 농부 개미들일 것이다.

하지만 남프토게뉴스개미들이 집 앞에 나타나면 농부 개미들은 그간의 불편함을 보상 받는다. 농부 개미들은 둥지 깊숙한 곳으로 도망쳐 몸

214

을 숨기기에 바쁘지만, 그간 빈둥거리기만 하던 메갈로뮈르멕스개미들은 영웅적인 모습의 사무라이로 변신하여 적과 싸운다. 사무라이 개미들은 치명적인 독을 뿌리는데, 이 독은 침략자 개미들뿐 아니라 자기 진영 전사들에게도 해를 끼친다. 하지만 사무라이들을 데려온 효과는 분명하다. 이 개미들을 실험실에서 풀어놓고 관찰해 보면 침략자 개미 한 마리를 제압하는 데 농부 개미는 여덟 마리가 필요하지만 사무라이 개미는 딱 둘만으로 가능하다. 따라서 용병들이 전투에 나서 주는 경우 세리코뮈르메스속 개미 측 손실은 경미한데 반해, 용병들의 지원을 받지 못한 개미 군체는 일개미 3분의 2가량을 전투에서 잃는다. 용병들에게 두들겨 맞아 혼쭐이 나면서 병사들을 크게 잃은 침략자 개미들을 퇴각할 수밖에 없다. 이들은 언제든 사무라이들이 숨어 있지 않은 군체를 목표 삼아 다시 침략을 감행하겠지만, 그런 군체는 찾기 힘들다. 버섯 농사를 짓는 개미 군체 다섯 가운데 넷은 사무라이 무리에게 숙식을 제공하기 때문이다. 만일의 사태에 대비해서 말이다.

주거 공동체의 즐거움

공동 작업을 하는 경우, 모두 자발적으로 일하도록 만드는 것이 가장 이상적인 형태일 터이다. 근면 성실하다는 평판에 어울리지 않게, 사실 개미들 상당수는 대단히 게으르다. 예를 들어 북아메리카에 서식하는 작은 크기의 미누티시무스 호리가슴개미 *Temnothorax minutissimus*는 늘 일하기 싫어하는 개미로, 일개미 계급이 아예 존재하지 않는다. 이들에게는 여왕개미와 수개미만 있어 개미 연구자들은 이들을 공생성 개미로 분류한다. 그런 생활 방식이 가능하려면 공생 개미에게는 당연하게도 발붙일 장소를 제공할 누군가가 필요하다. 또한 충분한 양의 먹이를 주고, 청소를 해 주고, 새끼들을 돌봐 줄 누군가가 필요하다. 즉 이들에게는 다른 개미들이 노동을 대신해 주는 주거 공동체가 필요하다.

이럴 경우 사랑하는 친척들과 함께 사는 것보다 더 자연스런 방법이 있을까? 봄이 오면 지난해에 수개미들과 짝짓기를 한 공주개미들은 집을 나온다. 쿠르비스피노수스 호리가슴개미 *Temnothorax curvispinosus*의 집에 새로운 거처를 찾는 게 이들의 목적이다. 공주개미는 낯선 숙주 개미의 집에 기어 들어갈 때 머리를 물어뜯기거나 내쫓기지 않기 위해 숙주 개미의 화학 물질을 모방한다. 이 방법이 통하면 숙주 개미의 군체는 공주개미들을 받아들여 여왕개미 중 하나로 인정한다. 심지어 쿠르비스피노수스 일개미들이 미누티시무스 호리가슴개미의 새끼들을 정성스레 돌보기까지 해서 과학적으로 사고하는 개미학자들의 궁금증을 유발한다. 숙주 개미들이 이처럼 명백한 사회적 기생을 참고 견디는 이유가 무엇일까?

그건 아마도 사기꾼 개미들의 위장술이 뛰어나기 때문일 것이다. 숙주 개미들은 낯선 개미들을 집 안에 들인다는 사실을 전혀 눈치채지 못하는 것으로 추측된다. 게다가 숙주 개미들에게는 이들의 정체를 확인할 방법이 거의 없다. 개미의 크기나 생김새로 판단하는 방법이 있겠으나 상대방의 몸 냄새에 이상이 없으니 받아들일 수밖에 없는 것이다. 기생 개미가 숙주와 친척 관계인 경우 외양은 크게 문제가 되지 않는다. 이는 사회적 기생성 개미들에게 흔히 있는 일이다. 냄새는 모방하기 쉽지 않지만 기생성 개미들은 진화를 거치면서 숙주 개미의 냄새를 본뜨는 방법을 알아냈을 것이다. 또는 본인들의 타고난 냄새를 없애고 숙주 개미들의 냄새가 배어 있는 개미집 안을 몰래 돌아다니면서 군체의 냄

크기가 작은 미누티시무스 호리가슴개미(아래쪽, 여왕개미)를 비롯한 공생성 개미종들에게는 일개미가 없다. 따라서 새끼들 육아도 숙주 개미인 쿠르비스피노수스 호리가슴개미(위쪽, 여왕개미)에게 맡긴다.

새를 취했을 것이다. 이들은 게으름에 통달했기에 냄새 제거제 선택도 근면 성실한 개미들에게 맡길 듯하다.

남의 둥지에 서식하는 개미들은 게으름에 대한 대가를 권리 박탈이라는 형태로 치른다. 이들은 자기 집이 없으며 영토도 없어 숙주 개미에게 전적으로 의존해서 산다. 하지만 이들도 우리가 다음 주제에서 다룰 '최후의 승자 개미' 정도는 아니다.

개미들이 떨어지지 않으려 할 때

특이한 개미종을 관찰하기 위해 매번 지구의 절반을 날아갈 필요는 없다. 모기들이 들끓는 정글을 돌아다니면서 사투를 벌이지 않아도 되며, 사람 손가락 크기의 거머리에게 피를 빨리는 시련을 당하지 않아도 된다. 가까운 곳에서도 충분하다. 예를 들어 알프스산 서쪽으로 가면 된다. 알프스산맥의 프랑스와 스위스 영토는 1949년에야 발견된 희귀종 개미들의 서식지다. 그밖에 이들의 존재가 확인된 지역은 피레네산맥과 스페인 북부, 그리고 카자흐스탄의 일부 지역이다. 지금까지 총 20여 개의 군체 정도만 발견된 슈나이데리 주름개미 *Tetramorium schneideri*는 가장 희귀한 개미종 중 하나다.

룩셈부르크의 자연과학자 로베르트 슈툼퍼는 알프스에서 찾아낸 개미종 가운데 세 종류를 발견했다. 젊은 시절 룩셈부르크 국가대표 축구팀 골키퍼로 활약했던 그는 개미학자들이 땅 밑에서만 일하는 게 아니라 지상에서도 활동할 수 있음을 증명한 사람이다. 그는 동료 학자들과 함께 해발 고도 2000미터의 론 계곡 상류에서 주름개미 *Tetramorium caespitum* 개미집 수백 개를 찾아냈다. 그전에는 기생성 개미인 슈나이데리 주름개미 군체 세 개를 찾아낸 바 있었다. 그가 찾아낸 주름개미 군체 가운데 하나는 큰 바위 하나를 들어 올리다가 우연히 발견한 것이다. 바위가 경사면 아래로 구르다가 충격으로 인해 오래전에 생긴 균열 부분이 깨지면서 두 조각이 났는데, 로베르트 슈툼퍼와 동료들은 깨진 바위 면에 숙주 개미와 기생 개미들이 떼를 지어 있는 모습을 보고 깜짝 놀랐다. 이들은 발견한 개미 샘플을 한가득 모아 연구실로 옮겼다. 우리가 지금 알고 있는 슈나이데리 주름개미에 대한 정보 중 상당수는 이 당시의 연구에서 얻은 것이다.

앞에서 설명한 미누티시무스 호리가슴개미처럼 슈나이데리 주름개미도 일상생활에 필요한 힘든 일을 하지 않는다. 따라서 이들에게도 일개미 계층이 존재하지 않는다. 이들은 숙주 개미들을 이용해 먹는 능력만으로 산다. 이들의 공주개미들은 개체 수가 극히 적은 수개미들과 집 안에서 짝짓기를 하는 것으로 알려져 있다. 짝짓기를 마친 후에도 대부분의 공주개미들은 본가의 안락함을 즐기며 눌어붙어 살며, 일부 공주들만 집을 나와 새 숙주 군체를 찾는다. 공주개미들은 대단히 까다롭다. 공주개미들이 숙주로 받아들이는 개미는 주름개미, 또는 그와 거의 비슷한 종인 임푸룸 주름개미 *Tetramorium impurum*뿐이다. 최근 연구에 따르면 이 경우에도 숙주 개미 두 종과 기생 개미는 계통학상으로 유사하다. 즉 이들은 같은 조상을 두었으며, 최근에 이르러서야 서로 다른 종이 되었다. 하지만 계통학상의 유사성만으로 주름개미와 임푸룸 주름개미가 슈나이데리 주름개미 여왕개미를 받아들인다고 보기는 어렵다. 스위스와 프랑스에 서식하는 주름개미들은 기생 개미들이 등짝에 오르거나 개미집 안으로 들어올 수 있도록 허용한다. 그에 반해 로베르트 슈툼퍼의 실험실 연구 결과 룩셈부르크에서 데려온 주름개미 군체는 슈나이데리 주름개미 여왕개미들을 냉대하거나 물어 죽였다.

숙주의 집으로 들어가는 데 성공한 슈나이데리 주름개미 여왕개미는 권력 장악에 나선다. 주름개미 여왕의 소망은 숙주 군체의 여왕 가운데 하나가 되는 일이다. 주름개미 여왕개미는 숙주 여왕개미의 등에 올라타고는 큼지막한 발을 이용해 숙주 여왕개미의 가슴이나 복부를 움켜잡는다. 이제부터는 영양가 좋은 먹이를 많이 먹고 크게 성장하여 착실하게 알을 낳으면 된다. 그리고 숙주 일개미들로 하여금 자신을 확실히 받아들이고 보살피도록 해야 한다. 이를 위해 주름개미 여왕개미는 일개미들이 거부할 수 없는 매력적인 분비물을 만들어 분비하며, 일개미들은 기분 좋게 그것을 마신다. 일개미들은 슈나이데리 주름개미 여왕개미의 몸을 닦아 주며 맛있는 음식을 공급하는 것으로 보답한다. 기생 개미들은 이렇게 숙주 일개미들에게 의존한다. 사신의 여위고 약한 큰턱으로는 자기 몸을 닦을 수도 없고 단단한 물질을 씹을 수도 없기 때문이다. 슈나이데리 주름개미는 다른 신체 부분도 퇴화되었다. 키틴질의 각피는 얇고 희미하며 독침은 초라하게 약해졌고 독샘은 퇴화되었다. 스푼 모양으로 생긴 복부는 숙주 개미의 몸에 밀착시키기에 적합하다. 머리는 개미의 신경계를 감당하기에는 너무 작다. 따라서 슈나이데리 주름개미는 숙주 개미의 도움이 없으면 곤경에 빠져 금방 멸종될 것이다. 새끼들 양육도 숙주 개미들의 몫이기 때문이다. 그 외에도 숙주 개미들은 할 일이 아주 많다. 완전히 자란 기생 여왕개미들이 배가 터질 듯 많은 알을 난소에 생산하여 평균 30초에 하나씩 낳기 때문이다. 기생 여왕개미는 진화가 허용한 범위 내에서 할 수 있은 일은 뭐든지 함으로써 자신의 이름을 살아 있는 전설로 만든다. 슈나이데리*Schneideri*의 옛 그리스어 속명은 텔루토뮈르멕스Teleutomyrmex로 '최후의 개미'라는 뜻이다.

그런데 숙주 여왕개미의 등에 올라탄 기생 여왕개미는 혼자가 아니다. 슈나이데리 주름개미는 같은 종의 개미들과 숙주 개미를 공유한다. 즉 숙주 여왕개미 하나의 등에 여러 마리가 죽치고 앉아 있다. 로베르트 슈툼퍼의 조사에 의하면 최대 여덟 마리의 슈나이데리 주름개미가 숙주 여왕개미의 몸에 눌러 앉아 있었다. 기생 개미들이 숙주 여왕개미를 직접 죽이는 경우는 없지만, 몸에 달라붙은 기생 개미들의 무게 때문에 가엾은 숙주 여왕은 몸을 제대로 가누지 못하고 비틀비틀 걷는다. 그런 여왕개미는 동족 일개미들에게 여기저기 끌려다니다가 다리를 한두 개 잃고, 종국에는 죽는다. 끈질기고 힘이 센 개미에게도 한계 상황은 오게 마련이다.

우리 개미학자들이 아는 한 개미 세계에서 가장 기생에 적합한 몸 구조와 철저한 기생성을 가진 개미는 슈나이데리 주름개미다. 하지만 이들이 다른 개미들을 귀찮게 하는 최악의 개미는 아니다. 이들보다 훨씬 잔인한 개미들도 있다.

잔인한 노예사냥

찰스 다윈은 일명 '아마존개미'라고도 불리는 폴뤼에르구스 루페셴스 *Polyergus rufescens* 노예 사육 개미를 관찰하면서 스스로의 눈을 의심했다. 그는 『종의 기원』에서 이렇게 설명했다. "이 개미종은 완전히 노예 개미에게 의존해서 산다. (……) 곤충학자 위버가 서른 마리의 폴뤼에르구스 루페셴스 노예 사육 개미를 노예 개미들과 분리해 놓고 이들이 가장 좋아하는 먹이를 주었다. 그리고 노예 사육 개미들을 일하게 만들기 위해 애벌레와 번데기를 함께 넣었다. 그러나 노예 사육 개미들은 혼자서 먹이도 먹지 못하였고 상당수가 굶어 죽었다. 이번에는 위버가 노예 개미 한 마리를 넣어 주자 노예 개미는 일하기 시작하여 살아 있는 노예 사육 개미들에게 먹이를 주어 목숨을 구했다. 노예 개미는 방을 몇 개 만들더니 애벌레와 번데기를 돌보았다."

다윈의 설명은 기생성 개미들에게서 전형적으로 나타나는 무능함을 보여 준다. 그러나 폴뤼에르구스 루페셴스 노예 사육 개미와 다른 노예 사육 개미종 사이에는 두 가지 큰 차이점이 있다. 보통 기생성 개미들과 달리 이들에게는 일개미가 있다. 비록 이 일개미들이 일상적인 가정 살림을 거의 돌보지 않지만 말이다. 또한 이들은 숙주의 집에 들어가서 함께 사는 대신 다른 군체를 습격해 노예 개미들을 얻는다. 인간의 관점에서 볼 때 이러한 삶은 분명 부끄럽기 짝이 없는 방식이다. 그러나 50종 이상의 개미들의 관점에서 볼 때, 이는 편안한 삶을 살 수 있는 매우 매력적인 방식이다. 어찌나 매력적인지, 개미들은 진화 과정에서 최소 아홉 번 노예 소유 방법을 개발했다.

꿀단지 전쟁

개미들은 어떤 기회가 생기면 도둑질을 하기도 하지만, 노예사냥을 하기도 한다. 꿀단지 개미에게서 이러한 사례를 찾아볼 수 있다. '꿀단지 개미'란 단일 개미종이 아닌, 잉여 먹이가 발생할 때 같은 방법으로 먹이를 비축하는 여러 개미종을 일컫는다. 특수 보관소가 몸 안에 있는 개미들은 그곳 모이 주머니에 단물을 모아 둔다. 그러다 보니 이들의 복부는 공 모양으로 크게 부풀어 오른다. 이들은 살아 있는 단물 저장 탱크로써 개미집 안의 음식물 저장 창고에서 머리를 천장에 붙이고 대롱대롱 매달려 있다가, 필요할 때마다 영양분이 풍부한 단물을 몇 방울씩 짜낸다. 단물 저장 개미는 음식이 가득한 냉동고 기능을 하는 개미로 군체 생존에 대단히 중요한 역할을 한다.

뮈르메코시스투스*Myrmecocystus*속 꿀단지 개미에게는 특징이 하나 더 있어 다른 개미들과 구분된다. 이들은 군체 둘이 너무 가까이 위치해 서식지의 경계가 맞닿는 경우, 의례적인 시범 경기를 통해 충돌 상황을 해결한다. 양측에서 선수들을 경기장에 내보내면, 선수 개미들은 몸을 크게 보이거나 강한 인상을 주기 위해 안간힘을 쓴다. 이미 긴 다리를 더욱 돋보이기 위해 발돋움하고, 머리와 배를 높이 쳐들고, 나뭇가지와 모래알 위로 기어오르기도 한다. 한편 다른 선수들은 경기장을 이리저리 뛰어다니면서 누가 더 우월해 보이는지 가늠해 본다. 결과가 무승부로 끝나면 양측은 평화로운 분위기에서 물러난다. 이러한 과정이 며칠간 되풀이된다. 경기의 끝은 또 다른 경기의 시작일 뿐이다.

하지만 어느 한 군체가 다른 군체에 비해 우세하다는 판단이 내려질 경우 경기의 분위기는 심각해진다. 상대적으로 우세한 진영은 자기 입

꿀단지 개미의 특수 하위 계급은 군체 전부를 먹일 식량을 배 안에 저장한다. 그러다 보니 복부가 공처럼 부풀어 오른다. 이 '꿀단지'들은 다른 군체의 습격을 받을 경우 도둑들이 탐내는 포획물이 된다.

지를 확고히 할 기회를 놓치지 않으며, 아직 선수들을 많이 모을 수 없는 신생 군체는 녹초가 되도록 죽기 살기로 싸운다. 강한 편 개미들은 상대방의 개미집 안으로 쳐들어가 여왕개미는 물론 맞서 싸우려는 일개미들을 모조리 죽이고는 알과 유충, 번데기, 그리고 단물 저장 일개미늘을 덥석 붙어 자기들 집으로 데려간다. 잡혀 가는 도중에 생명을 잃은 꿀단지 개미는 잡아먹혀 복부에 든 단물은 승자 진영 꿀단지 개미들의 몸에 들어간다. 싸움에서 이긴 개미들은 살아남은 개미들과 그들의 새끼들을 자기 군체의 성원으로 받아 준다. 꿀단지 개미들은 혼자 힘으로 달아날 수도 없으며 잡혀 와서 부화된 어린 일개미들은 달아날 이유가 없다. 어린 일개미들은 승자들의 군체를 자기 군체라고 여기며 그곳 일개미들을 자매라고 여긴다. 그리고 곧바로 승자 개미집의 냄새를 받아들여 일개미로서 자기들의 나이에 마땅히 해야 할 일을 수행한다. 이들이 군체의 정식 구성원이 아니라고 주장하는 자는 없을 것이다.

누가 이들의 유전자를 확인하려 들지만 않는다면 말이다. 승리한 측의 일개미들도 패배자 일개미들과 똑같은 냄새를 풍기며 뼈 빠지게 일한다. 하지만 이들은 자매지간이 아니며 여왕개미도 친엄마가 아니다. 일개미들이 자기 새끼를 낳기를 포기하고 여동생들을 키워 자기들의 유전자가 간접적으로 전해지도록 한다는 협정은 밖에서 강제로 데려온 일개미들에게는 적용되지 않는다. 이들의 혈통은 이들이 죽으면 곧바로 끊기는 셈이다. 따라서 이들은 중노동에 대한 보상을 전혀 받지 못한다.

이들은 노예니까.

트로이 목마 여왕개미

같은 종의 개미들을 노예로 삼는 것은 예외적인 경우로, 노예 사육 개미들은 보통 다른 종의 일개미, 특히 친척 관계인 개미종을 강제로 납치해 데려온다.

노예를 이용한 살림살이는 일반적으로 최근에 짝짓기 한 공주개미가 자기만의 군체를 가지려 할 때 시작된다. 물론 노예 개미들을 데려오는 게 대단히 힘든 일은 아니지만, 분명히 위험 부담은 있다. 따라서 자신의 권좌를 찾는 공주개미들은 적당한 숙주 개미종의 집으로 쳐들어간다. 대단히 위험한 행동이다. 쳐들어간 군체의 일개미들에게 공주개미의 계획이 탄로 나면 순식간에 만사가 끝나 버린다. 노예 사육 공주개미에게 운이 따른다면 목숨은 건지지만 심각한 부상을 입을 것이다. 더듬이 하나, 또는 다리 하나를 잃거나 때로는 신체 여러 부분이 없어지는 대재앙을 맞기도 한다. 미국 뉴욕에서 대단히 운이 나쁜 공주개미를 본 적이 있다. 공주개미의 오른쪽 앞다리에는 숙주 개미인 큰집호리가슴개미 일개미의 머리가 붙어 있었다. 자기 군체를 적대적으로 인수하려고 침략한 공주개미를 막고자 싸우던 방어군 일개미의 머리였을 것이다. 싸우는 과정에서 노예 사육 공주개미는 일개미에게 크게 성이 났을 터이고, 일개미는 큰턱 근육으로 발버둥을 쳤음에 틀림없다. 그 결과 공주개미는 절름발이로 살아야 했다. 이와 유사한 시나리오가 우리 인간에게 일어난다면 생각만 해도 정말 끔찍하다.

일개미들과 몸싸움이 일어나지 않도록 노예 사육 공주개미는 세심하게 위장한 후 침입을 감행한다. 가장 선호하는 방법은 자신의 냄새를 풍기지 않고 '유령 개미'로 변장하는 것이다. 이때 노예 사육 공주개미는 자기 각피의 방향 물질을 없애거나 아주 약한 방향 물질만을 갖는다. 그러면 냄새로 상대방을 판단하는 일개미들은 공주개미의 존재를 어렴풋이 알아채긴 하지만 침입자로 인식하지는 않는다. 공주개미들은 일단 일정 기간 동안 개미집 주변에서 머물면서 군체의 냄새가 자기 몸에 배게 한다. 여왕개미의 방으로 곧장 들어가 여왕을 암살하는 경우도 있다. 노예 사육 개미인 라보욱시 호리가슴개미 *Temnothorax ravouxi*의 공격이 시작되면 목숨을 건 전투는 수일에서 수 주일까지 지속된다. 그 기간에 공격자는 여왕개미를 목 졸라 죽일 듯이 공격한다. 그런데 개미들은 기도로 숨을 쉬는 게 아니라 몸 여러 곳에 기공이라고 불리는 작은 숨구멍이 있어 여기로 숨을 쉰다. 따라서 여왕개미는 질식사하는 대신 중추 신경 다발의 손상으로 인해 천천히 죽음에 이르는 것으로 추정된다. 놀라운 사실은 여왕개미의 딸들인 일개미들이 엄마가 살해를 당하는데도 별다른 관심을 두지 않는다는 점이다. 어느 딸도 여왕개미를 도우러 오지 않는다. 딸들이 이토록 모친에게 무관심한 이유는 아직 밝혀지지 않았다. 죽음을 앞둔 여왕개미가 노예 사육 여왕개미의 방해로 인해 일개미들에게 도움을 요청하는 신호 물질을 분비하지 못하는 것으로 추정할 뿐이다. 그게 아니면 노예 사육 여왕개미가 위험 상황 해제를 의미하는 페로몬을 뿌려 도움 요청 신호에 혼선을 줄 가능성도 있다.

어쨌거나 너무 늦었다. 정통성을 가진 여왕개미는 죽음을 맞이하고 새로 들어온 폭군이 군체를 장악한다. 일개미들은 별 저항 없이 새 주인을 받아들인다. 일개미들은 새 여왕에게 음식을 가져다 바치며 새 여왕의 새끼들도 신경 써서 먹여 키운다. 이제 개미집은 집안일은 물론 먹이 사냥도 못하는, 새로 부화한 노예 사육 일개미들의 보금자리가 된다. 가사 노동이나 먹잇감 구하기는 숙주 일개미들의 몫이다.

이제 노예 개미를 보유한 개미 군체가 세워졌다. 이웃에 사는 개미들에게는 기나긴 공포 정치의 시작을 의미한다.

노예사냥꾼들

노예 사육 개미 일개미들은 사실 일개미라고 할 수 없다. 이들에게는 보금자리 만들기, 육아, 먹잇감 조달 등 일상적인 임무에 대한 본능이 결여되어 있다. 노예처럼 일하는 개미들과는 타고난 기질이 다른 데다 몸 구조도 다르게 생겼다. 이들은 다른 일개미들에 비해 몸집이 크고 머리는 넙적하며 큰턱의 근육이 강력하다. 입은 일반 개미들과는 다르게 칼 모양으로 생겨서 윗니 두 개는 선사 시대 호랑이인 검치호의 이빨, 또는 철사 끊는 펜치처럼 날카롭게 휘어 있다. 간단히 말해서 노예 사육 개미 일개미들은 적의 각피를 뚫고 다리와 촉수를 잘라 내는 특기를 가진 중무장 전사처럼 보인다. 이들은 자기 군체 내에 노예 숫자가 줄어들면 타고난 특기를 발휘한다.

외부 전문 인력을 강압적으로 모집하는 첫 단계는 정찰병 개미 파견이다. 이들은 습격하기에 적당한 목표물을 찾아낸다. 예전에는 정찰병 개미들이 취약한 구석이 있는 개미 군체를 물색한다고 추측했다. 저항할 능력이 없어서 노예 사육 개미들에게 위험 부담이 적을 것이라고 생각했기 때문이다. 그런데 최근 연구에 의하면 사실은 그와 정반대이다. 노예 사육 개미들은 어차피 약탈 과정에서 죽음을 맞이할 위험성을 피할 수 없기에 많은 수의 노예를 확보할 가능성이 높은 큰 군체를 선택하여, 가능한 한 적게 전투를 치루는 방식을 선호하는 것으로 드러났다. 얻는 것도 별로 없는 공격을 여러 차례 벌이는 방식은 선호하지 않는 것이다. 적당한 상대를 발견한 정찰병들은 집을 향해 뛰어가면서 냄새 흔적을 남긴다. 이렇게 해서 목표물로 선정된 군체의 운명이 결정된다.

나는 미국 애리조나주의 치리카와산에서 처음으로 노예사냥 현장을 목격했다. 원래 그날은 치리카와산에서 다른 개미종을 채집할 계획이었다. 그런데 함께 간 동료 연구원이 브레비셉스 노예 사육 개미*Polyergus breviceps*에게 각별한 관심이 있었기에 그녀를 따라 산꼭대기까지 올라갔다. 그리고 마침내 목적지를 향해 진군하는 너비 약 20센티미터, 길이 30~40미터 정도의 노예 사육 개미 행렬을 직접 확인하는 행운을 얻었다. 우리는 개미들을 끝까지 따라가 기어이 불개미*Formica* 속 개미의 집에 도달했다. 붉은색 노예 사육 개미들이 떼를 지어 숙주 개미의 집으로 돌진하는 모습은 불지옥이나 다름없었다. 개미집 바깥에 있는 우리 눈에는 소규모 전투로 보였지만, 숙주 개미들은 적의 공격을 제대로 방어하지 못하는 듯했다. 알과 애벌레들을 구해서 신속하게 숨기느라 정신이 없을 것이라는 느낌도 들었다. 노예 사육 개미들의 공격은 수 시간 지속되었고, 이윽고 이들이 후퇴하는 모습이 보였다. 노예 사육 개미들은 포획한 번데기나 유충들을 큰턱에 물고 나왔다. 이들이 부화하면 노예 일개미가 될 것이다.

노예 사육 개미의 일종인 서브인테그라 불개미*Formica subintegra*는 호전적이지는 않지만 교묘하기 이를 데 없으며 절대 친절하지도 않다. 이들은 몸소 싸우지 않고 뒤푸르샘에서 이른바 '허위 과장 선전 화학 물질'을 내뿜어 혼란을 일으킨다. 이 화학 물질은 방어군의 경보 페로몬과 냄새가 비슷하여 방어군끼리 싸우게 만든다. '닌자개미'로 알려진 필라겐스 호리가슴개미*Temnothorax pilagens*의 경우 그런 분비물이 방어군을 달래고 회유하는 작용도 한다. 선전 화학 물질을 뿌리면 기습을 당한 개미들은 방어할 생각을 못 할 뿐 아니라 공격자들이 새끼들을 데려가도록 돕기도 하고, 새 여왕개미를 위해 봉사하기도 한다.

강압적인 방법의 공격이든 화학 물질에 의한 기만적인 공격이든, 기습을 당한 후의 피해를 복구하는 데는 시간이 필요하다. 습격당한 후 군체가 절멸하는 경우도 가끔 있지만, 노예사냥꾼들은 피해자들을 말살하지는 않는다. 이듬해에 또 오고 싶기 때문이다.

허드렛일을 하고 싶지 않으면 대신 일해 줄 적임자를 찾아야 한다. 큰집호리가슴개미보다 몸집이 약간 더 큰 노예 사육 개미 아메리카누스 호리가슴개미들이 큰집호리가슴개미 군체에게 역공당하고 있다.

그렇지만 필요한 만큼의 노예를 확보하기 위해서는 어느 한 숙주 개미 군체만으로는 부족하다. 노예 사육 개미 군체 내에서 납치당한 일개미들은 단연코 가장 큰 그룹을 구성하고, 노예 사육 개미의 집에서는 일개미를 생산하지 않는다. 노예 사육 개미 군체에서는 약 80~90퍼센트가 노예 개미이다. 개미학자들이 여름철에 33일 동안 무려 마흔한 번의 노예사냥 습격을 목격한 사례도 있다. 이때 한 군체에서만 4만여 개의 번데기와 유충이 강제로 끌려갔다. 속이 빈 도토리 속에 군체 하나가 있는 아메리카누스 호리가슴개미의 경우 노예 사육 개미 다섯 마리당 서른 마리의 노예 일개미가 있었고, 대상 영역 안에 있는 숙주 개미 군체 가운데 3분의 1이 매년 약탈자들에게 공격당했다. 이는 사실상 어느 한 군체도 정상적으로 성장하지 못하고 개미집의 밀도가 정상 수치의 절반으로 줄어들었음을 의미한다. 노예 사육 개미들이 권력을 휘두르는 곳에서는 서식지 전체의 균형이 깨진다.

그러나 이들도 이웃에 사는 다른 개미들처럼 예전에는 지극히 정상적인 개미였다.

유전자가 문제다

근면 성실한 개미들이 어쩌다 게으른 노예사냥꾼이 되었을까? 개미들에게는 타인의 권리를 빼앗고 강제로 일하게 만드는 인간들이 가진 동기가 없다. 개미들은 물욕이나 이윤 추구, 권력 욕구 따위로 움직이지 않는다. 그냥 노예사냥을 해야 하기에 노예사냥꾼이 되었을 뿐이다. 이게 다 유전자 때문이다.

개미들은 원래 부지런했으며 자기들만의 군체를 만들었다. 개미집 짓는 일을 비롯하여 육아, 그리고 적군 방어에 이르기까지 개미들의 행동을 하나하나 조종하는 유전자가 있었다. 그런데 유전자들 가운데 하나가 결여된 어느 개미에게 문제가 생겼다. 개미는 어찌 해야 할지 방법을 알지 못했다. 하지만 다행히도 집단생활을 했기에 이 개미가 못 하는 일은 다른 개미가 대신 해 주었다. 여왕개미만 정상이면 아무 문제도 되지 않았다. 그러나 여왕의 유전자에 문제가 생기면 후손 모두, 즉 군체 전체의 유전자에 문제가 생긴다. 예를 들어 어느 개미종의 작은 분파는 세대가 바뀌면서 애벌레에게 먹이 주는 방법을 잊었고, 결국 그 분파는 절멸했다.

다른 개미의 둥지에 들어가 살면서 알을 낳아 거기에 있는 일개미들에게 육아를 맡기는 습관을 가진 여왕개미만 없었다면 기생 개미는 생기지 않았을 것이다. 우리는 앞선 「개미 군체의 탄생」 장에서 사회적 기생 개미인 불개미의 사례를 살펴본 바 있다. 불개미의 여왕개미들은 새로운 군체를 만드는 힘든 일은 하지 않고 완성된 개미집은 물론 일개미들을 약탈한다. 그러나 쿠데타에 성공하려면 이들의 유전자 프로그램에도 몇 가지 변화가 생겨야 했다. 먼저 여왕개미는 다른 개미의 집 안으로 침투할 방법을 찾아내야 한다. 여왕은 또한 자신의 냄새를 없애거나 어떤 수단을 쓰든 침입할 군체의 냄새를 풍길 방법을 찾아야 한다. 그렇게 해야 집 안으로 들어가는 도중에 경비병 개미들에게 물려 산산조각 나는 일이 없을 테니까. 방어군 개미들의 공격 강도가 약하거나 적당하기만 해도 해 볼 만하다. 그러나 조건은 여기서 끝나지 않는다.

기생성과 같은 복잡한 행동 방식 계발은 결코 하루아침에 이루어지지 않는다. 대부분의 계발 시도는 좌절을 맛본다. 필요한 변화를 받아들이지 못하거나 방향을 잘못 잡기 때문이다. 하지만 엄청난 수의 개미 군체가 오랜 세월에 걸쳐 기생 개미로 진화했다. 때때로 다양한 변화가 결합하여 여왕개미와 군체 전체가 난관을 극복하고 살아가기에 충분한 한 가지 생활 방식을 만든다. 예를 들어 새로운 유형의 여왕개미와 수개미들이 여느 해보다 생식 능력이 일찍 성숙해 본래 성질을 가진 원종 개미들과 짝짓기를 하지 않을 경우, 새로운 개미종이 탄생한다. 대부분의 경우 형태는 원종을 닮았지만 행동 방식이 많이 달라질 수 있다. 이 단계에서 많은 기생성 개미들이 발생하여 가까운 친척 개미들 집에 숙박한다. 특히 이들이 여러 숙주들을 착취하는 경우, 동족 관계 개미종을 약탈하여 노예로 삼는 진짜 노예 사육 개미종이 발생하는 출발점이 될 수 있다. 이들은 일개미들을 사사로이 소유하지 않으며 주로 어느 한 개미종을 숙주로 삼아 의지하는 기생 개미가 된다.

그러나 여전히 유전자가 핵심 사항이다. 그래서 우리 개미 연구자들은 실험실에서 근면 성실한 개미를 약탈성 노예 사육 개미로 만드는 사소한 변화들이 무엇일지 연구했다. 연구 결과 숙주 개미들과 달리 노예 사육 개미는 미각과 후각을 담당하는 유전자의 3분의 1 이상을 잃었다는 사실이 드러났다. 노예 사육 개미는 스스로 먹이를 찾아 나서지 않고 음식을 얻어먹으면서 양육되기 때문에 미각과 후각이 대단히 제한된 상태로 알에서 부화되는 것이다.

하지만 우리는 서로 다른 개미종의 유전자 서열 글자만 비교하지는 않았다. 때로는 유전자의 다름이 아니라 활동성이 문제가 되기도 한다. 예를 들어 육아 행동을 결정하는 유전자를 차단하면, 본래는 해야 할 일이 무엇인지 알고 있던 개미가 애벌레를 어떻게 다루어야 할지 전혀 알지 못했다. 노예 사육 개미는 다른 유전자들이 훨씬 활성화되어 있다. 예를 들어 노예 사육 개미들은 비행 시에 통증 민감도를 통제하는 무통

유전자가 숙주 개미들보다 네 배 더 강하게 활성화되어 있다. 어떤 유전자들은 페로몬 생산에 관여하며, 또 어떤 유전자들은 노예사냥꾼으로서의 삶에 중요한 역할을 하는 기능들에 역할을 한다. 어떤 기능인지는 우리 개미 연구자들이 아직 밝혀내지 못했지만 말이다. 어떤 경우에서든 노예 사육 개미들은 숙주 개미들보다 유전적 다양성이 훨씬 높다. 이는 호리가슴개미속의 여러 종들이 노예사냥법을 네다섯 번가량 독립적으로 찾아냈다는 점에서 충분히 예측할 수 있다. 이들은 심지어 매번 각기 다른 방법으로 노예를 찾았다. 이에 더해 어떤 유전자들은 특정한 시기에만 활성화되거나 비활성화된다. 즉 노예사냥 시기가 정해져 있어서 여기에 관여하는 유전자가 노예 사육 개미로 하여금 반드시 노예들을 데려오게 만든다. 이때는 이른바 시계 유전자가 관여한다. 생물의 생체 리듬을 조절하는 유전자이다. 흥미로운 것은 노예사냥 시즌에는 휴식기에 비해 활성화되는 유전자가 많지 않다는 점이다. 노예사냥 시즌이 아닐 때의 노예 사육 개미의 유전자 활동도는 노예가 될 개미들의 유전자 활동도와 비슷하다. 스스로 살림을 꾸려 가는 것을 방해하는 비활성화 유전자를 제외한 경우이다. 마치 지킬 박사가 하이드로 변신하듯 노예 사육 개미들은 주기적으로 변신한다.

노예 사육 개미들만이 유전자의 도움으로 새로운 환경에 적응하는 것은 아니다. 노예가 될 개미들도 진화를 거치면서 자기 방어 방법을 터득했다.

희생자 개미들의 처절한 복수

누군가에게 희생된다는 것은 분명 유쾌한 일이 아니다. 하지만 희생자가 되고 나면 본인도 모르고 있던 힘이 발휘될 수도 있다. 숙주 개미들에게는 예기치 않은 유전적 변화가 일어난다. 예를 들어 여왕개미가 알을 적게 수정함으로써 수개미를 많이 낳는다. 이건 정상적인 환경에서는 대단히 바보 같은 짓이다. 수개미들은 군체 확장에 아무 도움도 안되며 소중한 식량만 탕진하기 때문이다. 따라서 수개미가 너무 많은 군체는 빨리 소멸한다.

그러나 노예 사육 개미들이 행패를 부리는 지역에서는 다른 규칙이 적용된다. 약탈자 무리에 대항하여 싸움을 하는 것은 별로 도움이 되지 않기에 이들을 피해 가능한 한 멀리 달아나는 게 상책이다. 즉 하늘을 날아서 도망가야 좋다. 그런데 하늘을 나는 건 여왕개미만 할 수 있는 일이다. 아니다. 정확히 말하자면 수개미도 날개가 있다. 노예 사육 개미 서식 지역에 사는 개미 군체들에게 날개 달린 수개미들의 존재는 행운이라 할 수 있다. 수개미들이 안전하게 정착할 만한 장소로 군체의 유전 형질을 나를 수 있기 때문이다. 그러면 군체가 노예 사육 개미들의 습격에 붕괴되더라도 이들의 유전자는 보존된다. 별 볼일 없던 유전적 형질이 대단한 장점으로 바뀌는 순간이다. 또는 우리 과학자들이 하는 말로, 이들은 노예 사육 개미의 위협이 있는 환경에서 사냥꾼들에게 대항하는 수단을 갖게끔 진화했다.

그리고 자연은 개미들에게 몇 가지 아이디어를 제시했다.

다수의 수개미들 외에 결혼 비행에 나서는 공주개미들도 흉악한 이웃들에게서 달아날 좋은 기회를 얻는다. 군체들은 생식이 가능한 날개 달린 개미들로 인해 규모가 작아지는 대신 이동성이 좋아진다. 집에 남겨진 개미들은 탈출을 꾀한다. 침략자 무리들에 대항하여 싸워 봤자 무의미하기에 일부 개미종의 일개미들은 아예 맞서 싸울 시도조차 하지 않는다. 대신에 이들은 위급한 사태가 닥치면 가능한 한 많은 수의 애벌레와 번데기를 잽싸게 입에 물고 멀리 도망친다. 다수의 개미집을 보유한 군체의 경우 이런 전략으로 여러 개의 개미집 가운데 하나만 잃거나 애벌레와 번데기 일부만 빼앗기는 결과를 낳기도 한다.

숙주 개미들을 수성 의지가 강한 방어군으로 만드는 전략도 있다. 숙주 개미들은 여왕개미 개체 수를 줄임으로써 개미집의 냄새 확산을 제한한다. 각 여왕개미들이 발산하는 냄새가 군체 냄새를 만들기 때문이다. 그리고 이 냄새로 인해 다른 개미 군체와 분명하게 구분된다. 숙주 군체들을 공격하는 노예 사육 개미들이 특정 화학 코드를 선택하여 희생자가 될 개미들을 속이는 이유이기도 하다. 침략자들은 목표물을 향해 접근할 때 보통 일개미들에 비해 방어력이 탁월한 일개미들을 만난다. 예를 들어 노예 사육 개미인 아메리카누스 호리가슴개미가 사냥 시즌이 왔음을 선포할 즈음이면 큰집호리가슴개미의 공격성이 한층 높아진다. 이때가 되면 일개미들은 성격이 바뀌어 동시에 떼를 지어 약탈자들에게 달려들어 집단 방위에 나섬으로써 침략자들에게 심각한 피해를 입힌다. 조작된 방향 물질에 면역성이 있는 숙주 개미들이 대거 투입되면 이들의 감각을 마비시키는 흑색선전 페르몬도 소용없다.

그러나 가장 드라마틱한 방어 조치는 노예들의 반란이라고 할 수 있다. 반란은 진압하기에 이미 너무 늦은 상황에서, 노예주들이 전혀 예측도 못 했을 때 일어난다.

다리 여섯 달린 스파르타쿠스

반란은 노예 사육 개미의 관점에서 만사가 잘 풀린 듯이 보일 때 시작된다. 노예 사육 개미에게는 고분고분 말을 잘 듣고 열심히 일하는 노예 개미들이 충분히 있다. 노예들은 주인의 자식들도 극진히 돌본다. 때를 놓치지 않고 알을 깨끗하게 닦고 애벌레들이 번데기가 될 때까지 먹이를 준다. 이들이 얼마 후 신세대 노예 사육 개미로 부화할 것이다. 하지만 그 단계는 결코 오지 않는다.

노예 개미들은 청천벽력으로 반항을 시작하여 번데기들을 살육한다. 노예 개미들은 방어 능력이 없는 번데기들을 물어 죽이고 조각조각 내서 육아실 밖으로 내던져 버린다. 이 과정에서 번데기 중 3분의 2가 순식간에 죽음을 맞이한다. 노예 사육 개미로서는 예상치 못했던 심각한 피해이다. 이들에게는 방어 수단이 전혀 없었다.

개미 연구자로써 노예 개미들의 유혈 반란은 두 가지 점에서 흥미로웠다. 군체가 이미 멸망한 마당에 번데기들을 물어 죽이는 게 노예 개미들에게 무슨 도움이 될까? 그리고 애벌레들이 번데기 단계에 이를 때까지 기다리는 이유는 뭘까?

어쩌면 이러한 두 가지 의문은 우리가 일개미 세계를 헤아려 보면 해답을 얻을 수 있다. 일개미는 주로 냄새로 사물을 판단한다. 그런데 개미의 알과 애벌레에서는 특별한 냄새가 나지 않는다. 그렇기 때문에 일개미는 자기 군체 새끼들을 기른다고 착각하며 산다. 이에 반해 번데기들은 혼합 방향 물질을 분비한다. 그 물질을 통해 노예 개미들은 자신들이 다른 종의 개미들을 돌보고 있다는 사실을 뒤늦게 깨닫는 것이다. 그리하여 노예 개미들의 천적 방어 프로그램이 작동해 번데기들에게 치명적인 결과를 초래한다.

이러한 반란 행위는 이미 노예가 된 일개미 개인에게는 어떠한 직접적인 이득도 되지 않는다. 하지만 이는 노예사냥에 나서는 개미들의 숫자를 줄여 노예 사육 개미 군체의 힘을 약화시킴으로써 간접적 이익을 준다. 노예 개미 군체가 완전히 파괴되지만 않는다면 자매 일개미들에게 소중한 시간 여유를 주어 전열을 정비할 수 있다. 게다가 인근에 먼저 만들어져 정착한 자매 개미 군체들은 한동안 습격당하지 않는다. 다음 세대 노예 사육 개미들이 죽음으로써 노예 개미들의 자매와 조카, 사촌들이 생존할 가능성이 높아지는 것이다. 생존을 위한 투쟁에서는 이처럼 작은 승리가 중대한 결과를 낳을 수 있다.

노예 사육 개미들의 약탈 행위가 벌어지는 곳에서는 노예 사육 개미와 노예 개미 간의 진화 경쟁이 일어나게 마련이다. 양측 모두 평범한 개미 군체들에 비해 대단히 높은 유전적 다양성을 보인다. 이전에는 나타날 기회가 없었던 여러 가지 변화가 일어나 장점으로 작용하기 때문이다. 각 개체는 그런 장점을 이용하여 독자적인 전략을 발전시킨다. 하지만 우리 과학자들이 자세히 관찰한 결과, 일반적으로 압력을 받는 군체는 다양한 기능을 수행하는 개체를 보다 많이 배출하고 전문가들의 수는 적어진다. 상황이 여의치 않아 필요하다면 새끼들을 돌보는 유모에게도 대담하게 도움을 청해야 한다.

노예라고 할 수 없는 노예들

지금까지 노예 사육 개미와 노예 개미의 관계에 대해 관찰해 본 결과, 우리가 본 노예 개미들의 모습이 엄밀하게 말해 진짜 노예의 모습이 아니라고는 말할 수 없다. 이들은 노예라는 개념에 거의 일치하고, 강제 징발과 노동력 착취 등 노예 제도의 여러 가지 특징에 부합한다. 하지만 결정적인 하나가 부족하다. 인간 사회의 노예 제도에서는 동족 간에 신분적 예속 관계가 형성된다. 이러한 관점에서 꿀단지 개미처럼 동일 종 내에서 노예 제도가 형성되는 경우는 진짜 노예라고 볼 수 있다. 하지만 호리가슴개미나 노예 사육 개미의 약탈 행위는 인간의 가축 사육과 유사하다. 인간은 야생 소를 잡아 우리에 가두고 소의 젖인 우유를 마신다. 말들은 요즘도 인간을 위해 뼈 빠지게 일하고, 돼지는 인산의 식탁에 오른다. 이와 유사하게 노예 사육 개미들도 다른 개미종의 군체를 노동력으로 이용하며, 이때 대단히 잔인한 방법이 동원된다.

개미 연구자들은 이를 두고 노예와 노예 사육이라고 말하지만, 개미들은 우리가 뭐라고 말하든 아무 관심도 없다. 개미들의 관심사는 오직 생존을 위한 투쟁에서 맞닥뜨리게 될 장애물을 극복할 유전자 확보뿐이다.

의사 개미들

239쪽: 선충은 개미를 중간 숙주로 이용한다. 숙주로 이용할 조류를 유혹하기 위해 선충들은 개미들의 신진대사 프로그램을 다시 짠다. 그러면 개미의 복부는 붉은색을 띠어 마치 잘 익은 산딸기 열매처럼 보인다.

이제 기분이 좀 우울해지는 내용을 소개할 차례이다. 이번 장에서는 개미들의 질병에 대해 다룬다. 구역질 나고 식욕이 떨어지는 얘기들이다. 우리는 외부의 힘에 통제되어 몸이 썩어 가면서 기어다니는 진짜 좀비를 만날 것이다. 하지만 희망 가득한 해피엔딩을 기대해도 좋다. 최악의 경우에도 희생자들은 스스로를 방어하도록 진화하기 때문이다. 개미 군체 내의 진료소로 들어가 보자.

종기, 부스럼, 그리고 발진

개미가 질병에 걸렸는지 확인하기는 쉽지 않다. 개미들은 사소한 일에 안달복달하지 않으며, 다리나 더듬이 하나가 떨어져도 아무 일 없다는 듯이 걸어 다닌다. 다른 개미 군체와의 전투가 끝난 후에는 자기 다리를 물어뜯은 적군 일개미의 머리를 다리에 붙인 채 한참 동안 끌고 돌아다니는 개미들도 있다. 만약 곤충도 코감기나 위장병에 걸릴 수 있다면,

그런 하찮은 질병 때문에 해야 할 일을 멈추는 개미는 없을 것이다. 물론 개미들이 이겨 내기 힘든 세균들도 있다. 하지만 그런 경우에는 자매 일개미들이 개미집 안에 있는 쓰레기장에서 사체를 처리하여 집단 감염을 차단한다. 그들은 바이러스에 감염된 개미들이 방 안에 있다는 사실을 개미학자들이 알아보기도 전에 신속하게 처리한다.

우리 개미 연구자들은 피후견인들의 모양이나 색깔에 이상이 생겼을 때에야 비로소 뭔가 잘못되었음을 알아챈다. 예를 들어 개미 군체가 진드기들로 인해 피해를 입는 경우다. 거미강에 속하는 진드기는 숙주들보다 분명 몸집이 작다. 하지만 십여 마리의 진드기들이 달라붙어 있는 개미는 마치 우박을 동반한 폭풍이 지나간 듯, 무언가에 흠씬 두들겨 맞은 모습이다. 그뿐 아니라 움직임도 둔화되어 결국 굶어 죽는다. 이에 반해 몸 안의 이상으로 인해 생기는 종기와 부스럼은 곰팡이 감염의 징후다. 이 단계에 이른 개미들은 금방 죽는다. 심한 경우 곰팡이균이 몸 전체에 퍼지거나 입과 관절에 피어올라 개미의 모습이 마치 봉제 인형처럼 보인다.

선충류가 개미집에 들어오면 정말 끔찍해진다. 개미의 복부에 기어들어가 복부 안이 꽉 찰 때까지 크게 자라는 선충류도 있다. 취미로 개미를 사육하는 사람들은 이런 모습을 보며 개미들이 살쪘다고 재미있어한다. 사실 7센티미터 크기까지 자란 선충은 고작 7밀리미터 길이인 개미 복부 안에서 심한 육체적 압박을 받고 있다. 하지만 선충류는 다양하게 비열한 잔꾀를 부려 개미를 희생양으로 삼아 살아간다.

가짜 과일

누구나 자기 입맛대로 먹고 사는 법이다. 개미가 좋아하는 음식이 우리 인간의 입맛에도 맞을 이유는 없다. 예를 들어 새똥이 그렇다. 우리 인간은 재킷이나 자동차 또는 기념비에 새똥이 묻으면 화를 내지만, 개미들은 미네랄과 영양소가 풍부한 먹이가 공짜로 떨어졌다며 환호한다. 개미들은 새똥을 부지런히 모아 개미집에 가져가서 애벌레에게 먹인다. 그렇게 드라마가 시작된다.

중남부 아프리카에 서식하는 새의 배설물에는 뮈르메코네마 네오트로피쿰 선충*Myrmeconema neotropicum*의 알이 들어 있다. 새똥을 먹고 자란 개미 애벌레가 부화하면 어린 선충들도 개미의 배 안에서 자란다. 선충이 기생하기에 딱 좋은 조건이다. 개미의 보호를 받는 안정된 환경에서 선충들은 짝짓기를 하고 알을 낳는다. 이제 한 가지 문제만 더 해결하면 된다. 개미의 몸 안이 편하기는 하지만 이들의 짧은 여섯 다리는 그리 멀리 돌아다니지 못한다. 선충들이 보다 넓은 곳으로 나아가 새 숙주를 찾으려면 이들의 알이 하늘을 나는 택시인 조류의 배 속에 다시 들어갈 방법을 찾아야 한다. 그런데 문제는 선충의 숙주인 조류가 먹잇감으로 개미가 아닌 울긋불긋한 산딸기를 좋아한다는 점이다.

선충들이 이 문제를 해결하는 방법은 믿을 수 없을 정도로 간단하다. 선충들은 까만색 개미를 산딸기처럼 붉은빛으로 보이게 만든다. 선충들은 화학 신호 물질들을 분비하여 개미들의 신진대사를 방해해 배가 부풀어 오르게 만드는데, 이때 붉은빛이 난다. 또한 활발하던 개미의 활동에 화학 신호 물질이 제동을 걸어 개미의 움직임이 둔해진다. 그리고 기생 선충은 마치 비상사태가 일어나기라도 한 듯 개미로 하여금 하늘을 향해 배를 들어 올리게 한다. 새들의 눈에는 이러한 모습들이 진짜 산딸기와 구별되지 않는다. 새들이 주둥이로 개미를 쪼아서 먹으면 선충의 목표가 달성되면서 개미는 죽는다. 선충의 알들은 조류의 위장과 창자에 들어가도 전혀 손상되지 않는다. 아무 상처도 입지 않은 알들은 새의 배설물에 섞여 바깥으로 나가기를 기다리면 된다. 약간의 행운이 따른다면 다음 세대 개미 애벌레의 목구멍으로 들어가 맛 좋은 먹이가 되면서, 하나의 순환이 마무리되고 또 하나의 순환이 시작된다.

살아 있는 개미의 몸을 마음대로 바꾼다……? 조그마한 선충들이 아주 쉽게 개미의 몸을 바꿀 수 있다는 사실을 프랑켄슈타인 박사가 안다면 질투심이 날 것이다. 심지어 촌충에게도 그런 능력이 있음을 안다면 아주 놀라 자빠질지도 모른다.

삶에 지치고 장수하는 개미

촌충의 생존 전략은 선충의 수단과 상당히 유사하다. 촌충의 알들도 조류의 배설물에 섞여 개미의 애벌레 속으로 들어가며, 개미의 창자벽을 뚫고 배 속에 자리 잡는다. 몸집이 작은 도토리개미의 경우 색깔 변화를 살핌으로써 아노모태니아 브레비스 촌충*Anomotaenia brevis* 감염 여부를 식별할 수 있다. 촌충에 감염되지 않은 정상 도토리개미는 담갈색이지만 촌충에 감염된 도토리개미의 몸은 옅은 황색을 띤다. 나는 뷔르츠부르크대학교 박사 과정 당시 기생충이 개미들과의 상호 작용으로 얻는 것이 무엇인지 연구하고 싶었다. 그런데 당시 뷔르츠부르크 지역의 도토리개미 군체에는 촌충이 드물었다. 마인츠대학교로 옮겨 왔을 때 도토리개미 군체 세 개 중 하나에 노란색 개미들이 있는 모습을 보고 어찌나

촌충에 감염된 개미 애벌레가 일개미가 되면 몸 색깔이 노래진다. 그렇지만 촌충에 감염된 개미가 그렇지 않은 개미보다 오래 산다.

반가웠는지! 도토리개미들에게는 안타까운 일이지만, 우리 연구팀은 마인츠에서 촌충에 관한 많은 증거 자료를 확보할 수 있었다. 촌충은 촌충에 감염된 개미의 몸과 생활을 철저하게 파괴했을 뿐 아니라 촌충에 감염되지 않은 개미들도 마음대로 조종했다. 촌충들로 인해 도토리개미들의 수명은 늘기도 하고 줄기도 한다.

우리 연구진은 도토리개미를 집중 연구하기로 했다. 채집하기 수월할 뿐 아니라 실험실에 군체 하나를 온전히 가져다 놓을 수 있기 때문이었

다. 기생충 감염에 대한 도토리개미 군체의 반응 관찰에 필요한 일이었
다. 그래서 우린 숲으로 가서 많은 도토리개미들을 모아 촌충에 감염된
도토리개미 군체들이 있는지 조사했다. 그렇게 충분한 수의 도토리개미
를 대상으로 연구한 결과 놀라운 사실이 밝혀졌다.

　도토리개미들은 어느 일개미가 촌충에 감염되었고 어느 일개미는 그
렇지 않은지 잘 파악하고 있었다. 이들은 냄새로 판단한다. 촌충에 감염
된 일개미는 각피에 있는 화학 물질이 기생충에 반응하여 변함으로써
냄새가 달라지기 때문이다. 하지만 일개미들은 촌충에 감염된 자매 개
미를 밖으로 내쫓지 않고, 도리어 정반대로 행동한다. 일개미들은 병든
개미에게 먹이를 충분히 주고 몸도 닦아 주는 등 극진히 돌본다. 그렇
다. 일개미들은 감염된 개미들을 여왕개미보다 더 정성스레 보살핀다.
그렇게 하여 두 가지 결과가 나타난다. 병든 개미들이 굶지 않으며 추가
적인 곰팡이 감염도 피할 수 있다. 그렇지만 군체 내의 다른 개미들이
먹을 먹거리가 부족해지며 아픈 개미들을 돌보느라 노동 시간도 빼앗긴
다. 수십 마리의 개미들만 있는 소형 군체의 경우 작은 손실이 눈에 보
이는 결과를 가져온다. 촌충이 전혀 없는 군체와 비교할 때, 촌충에 감
염된 개체들이 있는 개미집에 사는 건강한 일개미와 여왕개미의 수명이
더 짧았다.

　촌충에 감염된 일개미들과 그렇지 않은 일개미의 차이는 훨씬 뚜렷
하다. 배 속에 촌충이 있는 일개미들이 건강한 동료 개미들보다 열 배나
더 오래 산다. 이들의 기대 수명은 20년 이상 사는 도토리개미 여왕개미
의 수명과 견줄 만하다. 게다가 촌충에 감염된 일개미들은 난소가 발달
하여 군체에 여왕개미가 없는 경우에는 알을 낳는다. 그렇다면 개미들
에게 촌충은 젊음을 되찾는 청춘의 샘이자 생식 능력을 주는 묘약일까?

촌충들은 어떻게 그런 기적을 일으킬 수 있을까?

촌충의 모든 것

늘 그렇듯이 이 경우에도 해답은 유전자에 있다. 촌충에 감염된 일개미와 그렇지 않은 일개미의 뇌 유전자의 활동을 비교해 보면 약 400가지 차이점이 나타나는데, 이 가운데 상당수가 운동 기관 통제와 관련된다. 기생충들은 개미 뇌의 유전자들을 비활성시킴으로써 근육 발달과 기능을 억제한다. 그렇게 되면 개미들은 움직이지 못하여 위험한 상황에 직면해도 도망가지 못한다. 그리하여 개미들은 딱따구리 같은 약탈자에게 손쉬운 먹이가 된다. 촌충들이 원하는 바가 바로 이것이다.

다른 유전자들은 촌충에 감염된 일개미의 수명을 늘리는 데 기여한다. 몸에 기생충이 있는 개미는 단백질 합성을 위한 유전자와 산화 스트레스에 대항하는 유전자들이 크게 활성화된다. 아마도 이 유전자들은 개미의 복부 안에 있는 촌충이 만들어 내는 단백질로 인해 영향을 받는 것으로 추측된다. 이것이 개미의 긴 수명과 어떤 관계가 있는지는 밝혀지지 않았다. 다만 이 모든 것이 촌충들을 위해 이루어지는 것임은 분명하다. 촌충에 감염된 개미가 오래 살수록 딱따구리에게 잡아먹히는 기회도 많아지면서 촌충의 생애 주기가 완성된다.

하지만 촌충은 중간 숙주의 유전자 활성화에 손대는 것만으로는 만족하지 못한다. 촌충은 군체 내 건강한 개미들의 유전자 활성화까지 조작한다. 촌충은 신경 전달 물질인 타키키닌Tachykinin의 균형 유지를 방해한다. 타키키닌은 동물들이 공격적인 행동을 보이는 데 관여하는 물질로, 촌충에 감염된 일개미들이 있는 군체 내의 개미들은 촌충이 전혀 없는 군체의 일개미들보다 적군 개미들이 침입했을 때 약한 공격성을 보인다. 현재 평화롭게 살고 있는 개미 군체로서는 다소 불행한 사태이다. 도토리개미종 군체들 간에는 좋은 서식지를 차지하기 위한 경쟁이 치열하기 때문이다. 너무 유순하여 쉽게 굴복하는 개미는 아늑하게 살던 집을 떠나야만 한다. 그에 반해 촌충은 유순한 개미들을 훨씬 좋아한다. 군체가 자기 보금자리의 냄새에 집착하지 않고 다른 냄새를 풍기는 같은 종 개미들도 받아들여야 다른 냄새가 나는 숙주 일개미가 군체 안에서 살 수 있기 때문이다. 공격성이 원래 강한 군체는 십중팔구 병든 일개미를 물어 죽일 것이다.

결론적으로 말하면, 개미의 몸 안에 보금자리를 마련한 촌충은 해당 개미뿐 아니라 군체 전체를 재프로그래밍한다. 전제적 권력을 가진 군주인 촌충은 숙주 개미의 유전자를 조작하여 딱따구리의 몸 안에 들어갈 수 있는 일은 뭐든지 다 하게 만든다. 개미 군체야 어찌 되든 상관없다. 정말이지 역겹고 심술궂은 녀석이 아닐 수 없다.

그런데 이보다 더 심한 심술덩어리 녀석이 있다!

죽음으로 내몰리다

개미 연구자로 일하다 보면 때에 따라 사람들의 행동에서도 흥미로운 통찰을 얻는다. 예를 들어 파티에 참석해서 내 직업에 대해 질문을 받을 때를 생각해 보면, 나는 집이나 앞마당에 바글거리는 개미들을 해결할 방법을 조언해 주고 많은 돈을 벌 수 있을 것만 같다. 그 방법에 대해서는 「세계 패권자가 되는 길」 장에서 몇 가지 팁을 주겠다. 하지만 그런 건 나의 관심 분야가 아니다. 나는 주로 노예 사육 개미들의 공격에 관한 얘기와 기생충들이 개미들에게 이래라저래라 지시하여 자유 의지가 전혀 없는 좀비로 만드는 얘기를 들려준다. 그러면 다들 재미있어하면서 내 얘기에 귀를 기울인다. 다들 엉망이 된 피크닉이나 독이 든 살충용 먹이 이야기 따위는 잊고 좀비가 된 개미에 대해 더 많이 알고 싶어 한다.

열대 우림에 서식하는 레오나르디 왕개미 *Camponotus leonardi*는 여러 종류의 좀비 개미들 가운데 가장 많이 연구된 사례다. 레오나르디 왕개미는 나무 꼭대기에 집을 만든다. 나무의 위쪽은 천적 가운데 하나인 오피오코르디셉스 곰팡이 *Ophiocordyceps unilateralis*로부터 안전하기 때문이다. 그럼에도 불구하고 레오나르디 왕개미가 균 포자에 걸리는 경우 균사가 개미의 몸 안으로 들어와 통제권을 장악한다. 균사는 개미를 통제하기 위해 개미의 뇌를 공격하는 대신 곧바로 근육 세포로 다가간다. 사나흘 지나면 균사가 넓게 퍼져 개미의 행동을 통제할 수 있을 정도가 된다. 균사는 메신저 물질을 이용해 근육 세포에 명령을 내리며, 개미는 이에 대해 불가항력이다.

그렇게 하여 곰팡이는 일개미가 나무 위의 집에서 아래로 천천히 기어 내려가게 만든다. 나무 아래는 위쪽보다 따뜻하고 축축하다. 90퍼센트가 넘는 습도와 섭씨 20~30도의 온도는 곰팡이가 번성하기에 가장 적합한 조건이다. 곰팡이는 땅바닥에서 약 20센티미터 위 지점에서 개미를 멈춰 세우고 나무줄기 옆으로 돌아가게 한다. 이런 명령을 내리는 목적은 나무줄기 북쪽 면에 있는 나뭇잎 때문이다. 곰팡이의 통제를 받는 레오나르디 왕개미는 나무줄기 북쪽 면에서 이파리의 주맥을 입으로 꽉 문다. 이렇게 개미는 첫 번째 임무를 달성하였고, 이제 죽을 것이다.

개미의 사체는 곰팡이를 위한 비료로 쓰인다. 곰팡이는 성장하여 약

1주가 지나면 개미 머리의 단단한 각피를 뚫고 나와 개미 몸 두 배 길이의 줄기를 만든다. 2~3주 뒤에는 줄기의 끝에 균 포자가 생기며, 균 포자는 땅바닥으로 내려온다. 균 포자는 땅바닥에서 약간 높은 출발점에서 시작하여 약 1제곱미터의 면적을 뒤덮는다. 땅바닥에서 시작하는 것보다 훨씬 넓은 면적을 뒤덮는 것이다. 균 포자는 거기에서 다른 개미를 기다린다. 머리에 달라붙어 명령을 내릴 개미이다. 곰팡이가 많은 개미들을 공격하여 그 결과 여러 좀비 개미들이 나뭇잎에 매달려 있는 개미 무덤이 생기는 나무도 적지 않다.

오피오코르디셉스 곰팡이의 이런 전략은 잘 먹히는 듯하다. 이들은 최소 4800만 년 전부터 이런 방법으로 개미들을 운송 수단이자 영양 공급원으로 이용해 왔다. 독일 본대학교의 고생물학자 토르스텐 바플러 Torsten Wappler는 메셀 지역의 나뭇잎 화석에서 나뭇잎이 개미에게 물린 자국을 발견했다. 개미들의 흔적과 정확히 일치하는 작은 구멍들이 이 파리의 잎맥 주변에 있었다.

파트타임 좀비들

좀비가 향하는 곳이 언제나 축축하고 따뜻한 조건을 갖춘 나뭇잎만은 아니다. 판도라 뮈르메코파가 *Pandora myrmecophaga*라는 이름의 곰팡이는 희생자가 될 개미로 하여금 풀 줄기에 기어올라 풀을 물어뜯게 한다. 높은 곳에 올라 균 포자를 널리 퍼뜨리기 위해서다.

이에 반해 간디스토마의 일종인 란셋흡충 *Dicrocoelium dendriticum*은 다른 목표를 세운다. 복잡한 생애 주기를 가진 란셋흡충에게 개미는 중간 숙주일 뿐이다. 란셋흡충은 토끼, 노루, 사슴 등 주로 채식성 포유류에게

250

기생한다. 양이나 염소, 소, 말에도 기생한다. 개나 돼지, 설치류, 때로는 조류에 기생하며 심지어 사람의 몸에도 기생한다. 달팽이에게 잡아먹힌 란셋흡충의 알은 달팽이 배설물에 섞여 들판에 나온다. 란셋흡충은 거기서 모양을 바꿔, 끈적끈적한 아주 작은 공 모양의 물질에 감싸여 다시 한번 여정을 시작한다. 작은 공 모양 물질은 개미들이 좋아하는 먹잇감으로, 개미는 이 단계에서 란셋흡충에 의해 좀비가 된다. 란셋흡충에게 지배당한 개미들은 지속적으로 허브, 꽃, 또는 풀잎에 기어오르라는 압력을 받는다. 그러면 배고픈 초식 동물이 식물 상부에 올라앉은 란셋흡충에 감염된 개미를 식물과 함께 먹게 된다.

그런데 때로는 소도 오지 않고 토끼도 나타나지 않는다. 이런 경우 개미들은 초식 동물에게 잡아먹히기를 기다리며 따가운 햇빛 아래서 시간을 허비하는 셈이다. 그래서 란셋흡충은 좀비 만들기 전략을 확대했다. 온도가 섭씨 15도 이하로 내려가는 저녁부터 다음 날 아침까지의 시간에 개미는 큰턱으로 이파리나 나무 풀 줄기를 물어 매달린다. 이 시간에 잡아먹히지 않고 오전이 되어 온도가 오르면 개미는 큰턱에서 힘을 빼고 아무 일 없었다는 듯이 일상생활을 보낸다. 전망 좋은 높은 곳에서 밤을 보낸 개미는 집으로 돌아와 개미 군체 내 일개미의 일상적인 역할을 수행한다. 그러나 이는 해가 저물고 온도가 내려가기 전까지만 허락된 역할이다. 날이 어두워지면 좀비는 다시 밖으로 나와 초식 동물들의 저녁 식사로 제공되기를 기다린다.

예방 주사를 맞을 것인가, 장렬한 죽음을 맞을 것인가

곰팡이와 벌레들로 인한 불행한 운명을 맞는 데는 개미에게도 약간의

개미들을 좀비로 만든 곰팡이의 모습. 곰팡이는 개미의 근육 주위에서 자라며, 개미로 하여금 균 포자를 방출하기에 적당한 장소를 물색하도록 만든다.

책임이 있다. 개미들은 온도와 습도가 일정하게 유지되어 온갖 종류의 미생물이 가득한 둥지에 모여 산다. 그리고 개미들은 늘 바이러스나 박테리아, 곰팡이가 잔뜩 묻은 살아 있는 먹이나 사체 주변을 돌아다닌다. 게다가 군체 내 개미들이 유전적으로 너무 유사해서 일개미 한 마리를 감염시킨 병원체는 동일한 방식으로 다른 개미들을 전부 감염시킬 수 있다. 군체가 전부 병들어도 이상할 게 전혀 없는 상황이다.

하지만 그런 일은 발생하지 않는다.

개미들은 일개미 한 마리가 곰팡이에 감염되어도 군체 내 개미 전부가 몰살되지 않도록 정교한 방어 시스템을 개발했다. 이는 인간의 면역 체계와 대단히 유사하여 사회적 면역 체계라고 알려져 있다.

첫 단계는 병원균이 몸 안으로 들어오지 못하도록 막는 것이다. 인간의 경우 피부가 그 역할을 하며, 개미는 개미집 입구를 지키고 선 일개미들이 한다. 이들은 먹이 사냥에서 돌아오는 일개미들의 몸을 깨끗이 닦아 주고 위험성이 있는 세균과 균 포자를 거의 다 털어 낸다. 이 경우 경비원 개미들도 불가피하게 온갖 병원균과 접촉하지만, 접촉 시에 달라붙는 병균은 질병을 유발하지 못하는 소량에 불과하다. 그렇지만 개미의 몸이 병균을 방어하기에는 충분한 양이어서, 더 강한 병원균을 만나도 개미의 몸이 거기에 맞게 반응하여 가벼운 증세만 나타나거나 전혀 감염되지 않는다. 이런 청소 작업은 단순한 형태의 예방법이라 할 수 있다. 인간이 이른바 인두법 Variolation 이라고 하는 방식으로 천연두를 예방했던 방법과 유사하다. 사람들은 예전에 천연두 고름을 가루로 만들어 코로 들이마시거나 소량의 천연두 고름을 피부에 발랐다. 약한 감염을 일으켜서 면역 체계가 바이러스의 공격에 대비하도록 하는 방식이다. 물론 그렇게 예방 조치를 받은 사람은 천연두를 일시적으로 피할 수는 있었으나 결국 병에 걸려 사망하는 경우도 많았다. 이런 이유로 좀 더 안전한 백신이 나타나자 인두법은 중단되었다.

개미들의 경우에도 몸을 닦는 것만으로는 충분하지 못하여 병에 걸리는 일이 흔하다. 하지만 증세가 나타나기 전에 개미의 몸이 뭔가 잘못되었음을 미리 알고 군체의 동료 개미들에게 경고 신호를 보낸다. 촌충에 감염된 경우와 마찬가지로 병균에 감염된 개미 각피의 탄화수소 구성이 바뀜으로써 감염된 일개미와 마주치는 자매 일개미들이 눈치채는 것이다. 게다가 감염된 개미는 페로몬을 분비하여 멀리 떨어져 있는 개미들에게도 감염 사실을 알린다. 물론 이는 아직 개미학자들의 추측일 뿐이다. 감염된 개미는 조심스럽게 행동하며 특히 육아실 근처에는 얼씬도 하지 않는다. 알과 애벌레가 감염되는 일은 그야말로 최악의 사태이기 때문이다. 따라서 감염된 개미가 보낸 화학 물질 신호에 반응하여 군체 내의 소셜 네트워크가 바뀐다. 특히 여왕개미는 일부 선택된 개미들에 한정하여 접촉한다.

하지만 돌봄 담당 개미들이 병에 걸린 일개미의 몸을 다시 닦아 주며, 우리가 다음 주제에서 자세히 살펴볼 갖가지 약물 처방으로 보살핀다. 그렇게 함으로써 개미집 내부에 사회적 예방 조치가 이루어져 많은 개미들이 감염의 위험을 피한다. 그런 조치들이 아무런 도움이 안 되는 경우 군체는 최악의 참사를 비켜 갈 조치를 취할 수밖에 없다. 병든 자매 개미들이 집을 나와야 한다.

꿀벌의 경우 이와 같은 사태가 벌어지면 일벌들이 감염된 자매 일벌들을 강제로 내쫓는 비극이 벌어진다. 개미의 경우에는 이 과정이 조용하고 은밀하게 이루어진다. 흔히 병든 일개미가 스스로 집을 떠난다. 일정한 시점에 이르면 병든 일개미는 자매 일개미들과 접촉을 피하고 몸을 움츠린다. 다른 일개미들과 함께 음식을 먹지 않으며 서로 돌보는 일을 중단하고, 종국에는 개미집에서 나온다. 밖으로 나온 개미는 먹이 사냥 일개미들이 관심을 두지 않는 장소나 아무도 방해하는 자가 없는 장소를 물색해 거기에서 죽음을 맞는다. 병든 일개미들이 집에서 곰팡이나 다른 병원균으로 인해 죽지 않고 대부분 스스로 집을 나와서 죽는다는 사실은 과학자들의 실험을 통해 증명되었다. 죽음에 임박한 실험실 개미들도 지체 없이 자유의사로 집을 나갔다. 개미 연구자들이 핀셋을 이용하여 이들을 집으로 데려다 놓아도 개미들은 또다시 집을 나왔다. 개미들은 자신의 목숨보다 군체의 안녕을 중요하게 여긴다. 할리우드에서 블록버스터급 시리즈물을 만들 만한 소재가 아닐 수 없다.

하지만 늘 숭고한 자살 행위로 막을 내릴 필요는 없다. 병원균의 악의적인 공격에 효과 있는 약물을 제공하는 약국이 있다. 개미들은 약물을 이용하여 곰팡이나 여러 기생충으로부터 자신을 지킨다.

개미들의 약상자

스코틀랜드의 의사 겸 세균학자 알렉산더 플레밍Alexander Fleming은 1928년에 곰팡이가 슨 박테리아들을 보고 깜짝 놀랐다. 하지만 항생제의 효능에 최초로 주목한 사람은 그가 아니다. 1910년 플레밍의 동료인 독일인 의사 파울 에를리히Paul Ehrlich는 항생제를 이용해 매독을 치료했다. 그리고 에를리히보다 15년 앞서 프랑스인 의학도 에르네스트 뒤셴느Ernest Duchesne는 아랍의 말 사육사들을 통해 항균 물질의 효능을 알아냈다. 말 사육사들은 말안장을 일부러 그늘진 곳에 두어 곰팡이가 조금 피게 만들었다. 그렇게 하면 안장 때문에 말 등에 생긴 상처가 빨리 회복되기 때문이었다. 하지만 뒤센느도 개미에 비하면 한참 뒤처진다.

우리는 앞선 「개미 농장의 탄생」 장에서 잎꾼개미가 항균제를 이용하여 기생균류 에스코봅시스로부터 버섯 농장을 지키는 과정을 살펴보았다. 여기서 놀라운 점은 잎꾼개미들이 유해 균에 대항하기 위해 항균제 생성 세균들과 동맹을 맺는 아이디어를 냈다는 사실이다. 그뿐 아니라 유해 균들은 5000만 년이 넘는 세월 동안 항균제 생성 세균에 대항할 방도를 찾지 못했다. 인간 사회에서는 신약이 시장에 나와도 몇 년만 지나면 우리가 기적의 무기라고 생각했던 약에 대항하는 병원균과 싸우게 되는데 말이다. 미국과 코스타리카의 과학자들은 개미들과 스트렙토미세스Streptomyces속의 항생 물질 생산자들이 신약 개발 분야에서 인간들보다 한 수 위라고 생각했다. 이들은 잎꾼개미들이 버섯 농장을 관리하는 데 이용하는 혼합 물질에서 셀바마이신Selvamicin이라고 명명한 성분을 분리해 즉시 특허를 신청했다. 셀바마이신이 언제 우리 동네 약국에 들어올지 아직은 알 수 없지만, 사람의 피부와 점막은 물론 소화관까지 퍼지는 칸디다 질염을 일으키는 칸디다 알비칸스균Candida albicans에 효과가 있을 것으로 기대된다.

개미들의 약상자에서 찾은 인간에게 유용한 약품은 셀바마이신뿐만이 아니다. 아프리카 케냐의 아카시아나무 속 빈 공간에 서식하는 테트라포네라 펜지기개미Tetraponera penzigi도 항생 물질들을 이용하여 버섯 농장을 보호한다. 실험실 테스트에서는 그 항생 물질들 가운데 하나가 메티실린 같은 항생제에 내성이 있는 황색포도상구균MRSA과 반코마이신 내성 장알균VRE을 죽였다. 이 두 가지 병원균은 병원 응급실이나 요양원에서 큰 문제를 야기한다. 우리는 아직 기존 항생제로 이들을 죽이지 못한다. 사람들이 개미들에게 도움을 받을 수 있다면 좋겠다.

그러나 모든 약품 광고에는 이런 문구가 쓰여 있다. "부작용이 있을 수 있습니다." 부작용은 우리가 예측하지 못하는 곳에서 종종 나타난다. 예를 들어 호주의 곤충학자 앤드루 비티에Andrew Beattie는 개미들이 몸 안에 있는 병원균과 싸울 때 이용하는 항생 물질들이 식물의 꽃가루를 죽인다는 사실을 확인했나. 심지어 슬쩍 닿기만 해도 꽃가루가 죽는 경우가 많았다. 아마도 그런 이유로 개미들은 먼 친척뻘 되는 말벌이나 꿀벌과 비교하여 형편없는 꽃가루 매개자인가 보다. 게다가 개미들은 수분을 할 때도 꽃을 친절하게 대하지 않는 듯하다. 물론 몇몇 예외는 있다. 예를 들어 호주 남부 지역에 서식하는 우렌스 불도그개미Myrmecia urens의 수개미는 난초를 수분하는 데 더해 독점 수분권을 갖고 있다. 난초는 수분이라는 어려운 작업을 성공시키기 위해 하늘을 나는 꽃가루 매개자인 수개미와 직접 접촉하기에 앞서 분비물을 뿌려 꽃가루를 보호한다. 수분이 이루어지는 시즌에는 항생 물질 생성을 줄이는 개미들도 있다. 꿀벌들이 하는 일을 개미들이 못 한다고 말하지는 말자.

개미집과 개미들이 병원균에 감염되지 않도록 방지하기 위해 늘 똑같은 항생 물질만 써야 하는 것은 아니다. 파라루구브리스 불개미Formica paralugubris는 가문비나무의 송진에서 항생 물질을 얻는다. 이들은 송진에 접근 못 하는 개미 군체와 비교해 두 배 이상의 일개미와 유충들이 세균이나 곰팡이 감염에서 살아남는다. 송진에 포함된 여러 물질들 가운데 어느 물질이 항생 작용을 하는지는 아직 밝혀지지 않았다. 최소 5000만 년 전부터 높은 수준의 자연 치유법을 이용해 온 개미에 대해 우리는 여전히 모르는 게 많다.

개미의 자연 치유법은 특히 전쟁터에서 효험이 있다.

간호사와 특수 부대

개미의 삶에는 종종 꽤 힘든 시간이 찾아온다. 특히 방어 능력이 있는 개미들을 공격하는 데 전문가인 개미종들은 희생양으로 삼고자 했던 개미들에게 물려 자매 일개미 일부가 살아남지 못한다는 점을 고려해야만 한다. 군체 규모가 대단히 큰 경우 약간의 병력 손실로는 큰 피해를 입지 않지만, 수백 마리 정도로 구성된 군체로서는 일개미 하나하나가 모두 소중하다. 따라서 전투에서 입은 상처를 잘 치료해야 한다.

아프리카 마타벨레개미는 다른 개미종 군체 공격전에서 가벼운 부상을 당한 일개미들을 버려두지 않고 집에 데려와 부상을 치료한다.

의사 개미들

259

예를 들어 아프리카 마타벨레개미*Megaponera analis*는 몸길이가 거의 2센티미터에 달해 세계에서 가장 큰 개미종 가운데 하나이지만 번식력이 만족스럽지 못하다. 하루 평균 열두 마리 정도의 새끼 일개미가 사하라 사막 남쪽의 아프리카 햇빛을 본다. 군체 규모가 2000여 마리 정도 되면 일반석으로 소수 병력이시만, 이들에게는 큰 규모라고 할 수 있다. 대개 이보다 규모가 작다. 아프리카 마타벨레개미는 먹잇감으로 흰개미를 특히 좋아하며 식욕이 왕성하다. 이들은 하루에도 여러 차례 전사 200~600마리를 보내 흰개미집을 공격한다. 이들의 전략은 억센 큰턱을 가진 큰 일개미들이 흰개미집 벽을 부수고 먼저 들어가서 민첩하게 움직이는 작은 일개미들을 위해 길을 트는 것이다. 흰개미들은 침략자들이 진입한 장소로 마타벨레개미들을 방어하는 훈련을 받은 병정개미들을 보낸다. 흰개미집 안에서는 격렬한 교전이 발생한다. 개미들이 다리를 잃거나 흰개미들이 다리를 물고 늘어지는 경우도 허다하다. 어떤 경우든 마타벨레개미들이 먹잇감을 가지고 집으로 돌아올 때 장애 요인이 된다. 게다가 부상을 입은 일개미들은 걸음이 느려서 다른 일개미들과 보조를 맞추기가 힘들다.

이런 상황을 관찰하던 뷔르츠부르크대학교 박사 과정 학생 에릭 프랑크Erik Frank는 무척추동물 세계에서는 전무후무한 행동을 목격했다. 귀가하는 도중 행렬의 맨 끝에 있던 일개미들이 멈추어 서더니 동료 일개미들에게 도움을 요청하는 장면이었다. 이들은 도움을 구하기 위해 두 가지 종류의 페로몬을 분비하였다. 부패한 알이나 썩은 치즈 냄새가 진동하는 페로몬이었다. 그러자 동료 일개미들은 그 지독한 냄새를 전혀 개의치 않고 부상 당한 동료를 등에 업어 집으로 데려갔다. 이들이 집에 도착하면 정식 간호사 개미들이 부상자들을 넘겨받는다. 간호사 개미들은 부상병의 다리를 꽉 물고 있는 흰개미들을 조심스럽게 떼어 내고 상처 부위를 핥는다. 개미 연구자들은 아직 이 상황에서 항생 물질이 이용되는지 여부는 확인하지 못했다. 어쨌거나 치료는 성공적이다. 개미 연구자들이 간섭하여 인위적인 치료를 하지 않은 상황에서 부상 입은 일개미 세 마리 가운데 하나는 수 시간 이내에 죽었다. 하지만 간호사 개미들이 돌봐 준 개미들은 대부분 살았다. 군체 내의 개미들 가운데 약 3분의 1이 일생 동안 다리를 하나 이상 잃으므로 간호사 개미들 덕분에 군체의 개체 수가 약 3분의 1 늘어나는 셈이다.

그렇다면 아프리카 마타벨레개미들의 세계에도 희생정신을 발휘하여 병자와 부상자들을 돌보는 적십자사가 있을까? 그럴 리는 없다. 우리가 개미들의 놀랍기 그지없는 능력을 보았듯, 물론 무의식적인 행동이겠지만 개미들은 동료 개미를 구조할 때도 냉정하게 비용 대비 효과 분석을 한다. 부상 당한 일개미를 집으로 데려오는 일이 군체에 이익이 될까? 아니면 부담만 될까? 이 질문에 대한 답은 아주 간단하다. 다리를 꽉 물고 있는 흰개미로 인해 장애만 생기는 경우, 또는 다리 한두 개를 잃는 경우에는 다리에 달라붙은 흰개미를 떼어 내기만 하면 된다. 다리를 한두 개 잃은 개미는 수일 안에 적응하여 예전과 별다를 바 없이 빠른 속도로 돌아다닌다. 하지만 다리를 세 개 이상 잃는다면 회복하기 어려워서 전쟁터에 다시 나갈 수 없다. 따라서 전쟁터에서 그냥 죽는 편이 낫다. 인간의 관점에서 보면 너무 잔인한 결정일 수 있으나, 개미들의 관점에서는 너무나 논리적인 결정이어서 부상 당한 개미 스스로 결정을 내린다. 즉 중상을 입은 개미들은 화학적 구조 신호를 절대 보내지 않고 조용히 자신의 운명을 받아들인다. 이들은 마지막 숨을 거두는 순간까지 진정한 전사이다.

세계 패권자가 되는 길

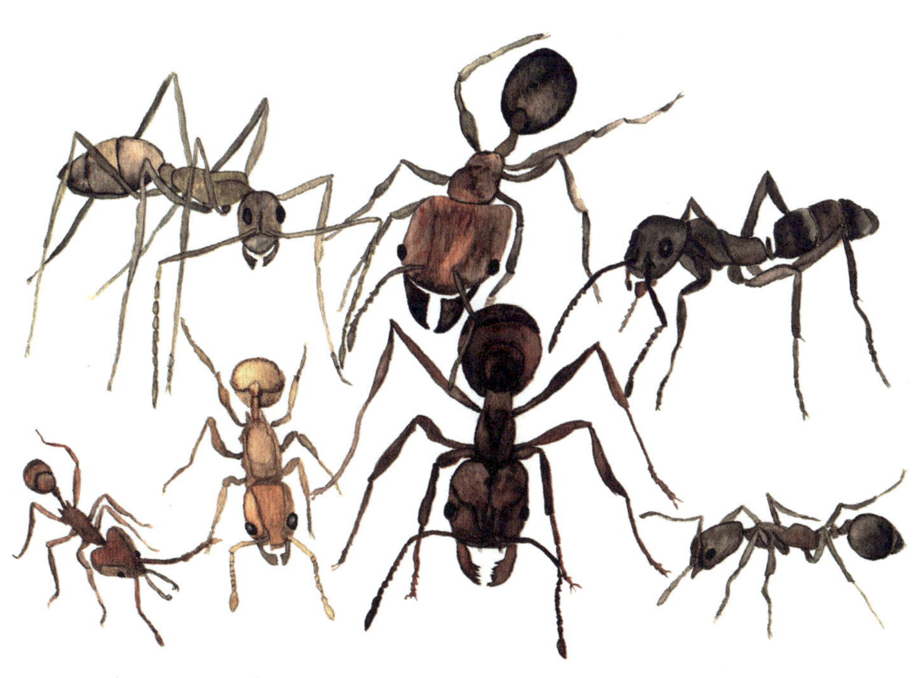

263쪽: 다양한 종류의 침입종 개미들이 세계 패권을 잡기 위한 전투를 시작했다.

개미들의 세계 정복 여정은 16세기에 시작되었다. 당시 스페인 선원들이 멕시코의 아카풀코항에서 화물을 선적하면서 작은 무리의 개미들이 함께 배에 실렸다. 개미들은 흙에 파묻힌 채 태평양 건너 필리핀 마닐라로 가야 했다. 당시 아시아와의 무역에서 주요 무역항 가운데 하나였던 마닐라항에 도착한 스페인 사람들은 화물을 하역하면서 개미들을 공터에 버렸다. 스페인 사람들은 자신들이 이 단출한 개미 무리의 새 제국 건설에 도움을 주었다는 사실을 알지 못했다. 조만간 지구 전체를 에워쌀 제국이다.

요즘은 원래 한 마리도 살지 않았던 지역 곳곳에서 이들 열대불개미 *Solenopsis geminata* 설립 개체군의 후손들을 쉽게 찾아볼 수 있다. 열대불개미들은 마닐라에서 다시 뱃사람들을 통해 중국과 동남아시아의 여러 무역항으로 퍼졌다. 이들은 유럽을 거쳐 아프리카로 갔으며, 영국 이민자들과 함께 호주로 갔다. 개미들의 유전자와 지난날의 선박 항로가 들려주는 개미 이야기의 한 단면이다. 이 이야기의 또 하나의 단면은 열대불개미들이 지구 전체에 퍼졌지만 다들 한 가족이라는 점이다. 포르투갈에서 대만으로 온 열대불개미는 대만의 열대불개미의 집으로 곧바로 들어갈 수 있다. 거기에서 열대불개미는 마치 헤어진 자매를 만난 듯이 인사할 것이다. 타인의 의지로 세계를 정복하게 된 초군체인 셈이다. 이처럼 글로벌하게 대가족을 형성한 개미종은 예상보다 훨씬 많다.

이들 가운데 일부 종은 인간들에게는 살아 있는 악마나 다름없다.

고향에서는

이 세계 정복자들은 고향에서는 평범한 개미들이다. 대부분 한 개나 서너 개의 보금자리가 있는 군체를 형성하며 군체 내에는 한두 마리의 여왕개미만 존재한다. 이들의 제국은 나무 하나를 뒤덮거나 아예 앞마당 전체를 뒤덮는다. 불개미의 서식지가 숲 전체인 경우도 있다. 이들의 서식지는 그 이상 확대되기도 한다. 따라서 영토를 넓혀 식량과 진드기, 그리고 새로운 집터를 확보하기 위한 이웃 개미들과의 싸움이 지속적으로 일어난다. 하지만 소규모 국가들의 영토 확장 전쟁일 뿐, 이들에게 강대국이 되고 싶은 욕망은 없다.

앞서 살펴보았듯이 개미 무리들이 해결해야 할 문제는 이뿐만이 아니다. 최악의 경우 군체를 몽땅 급사시킬 가능성이 있는 곰팡이나 병원균 문제가 있으며 조류와 도마뱀, 거미, 지네, 그리고 결혼 비행을 하는 공주개미와 수개미로 만찬을 즐기는 포식자 문제도 있다.

생태계에서 벌어지는 이런 모습들은 선수들이 서로 협력하고 맞서기도 하면서 늘상 벌이는 시합이나 다름없다. 이들은 정해진 범위를 벗어나지 않으며 아무도 우위를 차지하지 못한다. 개미들에게는 생존을 위해 매일같이 벌이는 싸움이며, 생태계 입장에서는 동적 평형이고, 우리 인간이 보기에는 소박하고 평화로운 정경이다.

인간들이 개입하여 개미들 일부를 강제로 다른 나라로 끌고 가기 전까지는 말이다.

타지에서 홀로

대개 일은 우연히 발생한다. 수태한 여왕개미 하나가 사람들이 열대 과일을 수확할 때 과일 포장 용기에 들어가거나, 열대불개미 사례처럼 군체의 일부가 무역선에 실린다. 식물원이나 공원에서 외국으로부터 외래종 식물을 들여오면서 개미들이 본인들 의사와는 상관없이 이동하게 되는 경우도 흔하다. 반드시 살아 있는 나무일 필요는 없다. 개미 군체는 열대 지방에서 들여온 건축용 목재 안에서도 서식할 수 있다. 휴가지에서 아무 생각 없이 기념품을 사 오는 관광객 역시 본인도 모르게 개미 밀수자가 될 가능성이 있다. 예전에는 여러 나라에서 외래종 개미를 일부러 수입하여 토종 해충을 박멸하는 데 이용했다. 국가 간의 무역과 글로벌화는 상품과 인력뿐 아니라 많은 수의 개미들을 전 세계 각국에 보냈다. 익숙하지 않은 환경에 내동댕이쳐진 개미들은 살기 위해 나름대로 최선을 다해야 한다. 하지만 먼 곳에 온 개미들은 대부분 타지에서 죽음을 맞이한다.

그러나 침략을 목적으로 출정하는 개미들도 종종 있다. 이런 경우 해당 국가와 지역에서는 좀체 겪어 보지 못한 사태가 발생한다.

침략전을 감행하려면 일단 거처를 정하고 정착해야 한다. 즉 살아남아야 한다. 추방되어 온 곳이 너무 추워서도 안 되고 더워서도 안 된다.

너무 건조하거나 습기가 많아서도 안 된다. 입에 맞는 먹이와 새집을 짓기에 알맞은 장소도 있어야 한다. 이런 여러 조건이 충족되면 이주해 온 여왕개미에게 최초의 개미집을 지을 기회가 생긴다. 만사 순조롭게 진행되면 무리는 번성해 군체 규모가 빠른 속도로 커진다. 원래 살던 고향 땅에서 군체를 만들 때보다 빠르게 진행되기도 한다.

무슨 일이든 시작을 할 때는 행운이 따른다는 이야기가 딱 들어맞은 사례도 있다. 강제로 끌려온 개미들이 건강하다면, 그들은 새집에서도 건강하게 지낼 수 있을 것이다. 그곳에는 이들을 감염시킬 병원균이 없기 때문이다. 또한 특별한 포식자가 없는 경우도 흔하다. 게다가 서식지를 두고 다툼을 벌일 같은 종의 개미들도 없다. 꼭 정복하고 싶은 지상 낙원인 셈이다.

따라서 일부 개미종에게는 정복 전쟁 감행 여부를 두 번 물어볼 필요도 없다.

정복하러 왔노라

스페인은 스페인 사람들만의 세상이 아니고, 프랑스 역시 프랑스인들만의 세상이 아니다. 포르투갈은 포르투갈 원주민을 잃었다. 아르헨티나 개미*Linepithema humile*는 북서부 지중해 연안 전체와 지브롤터 대서양 연안에서 포르투갈과 스페인의 국경 지대에 이르기까지의 영역을 손안에 넣었다. 장장 6000킬로미터에 걸친 지역의 생태계를 지배하고 있는 것이다. 한때는 다양한 개미종이 바글바글 들끓었으나 지금은 단일 생태계가 형성되어 있다. 이 지역의 토종 개미들 가운데 살아남은 개미종이 거의 없기 때문이다. 정복자 개미들도 대단히 단조로운 모습을 보인다.

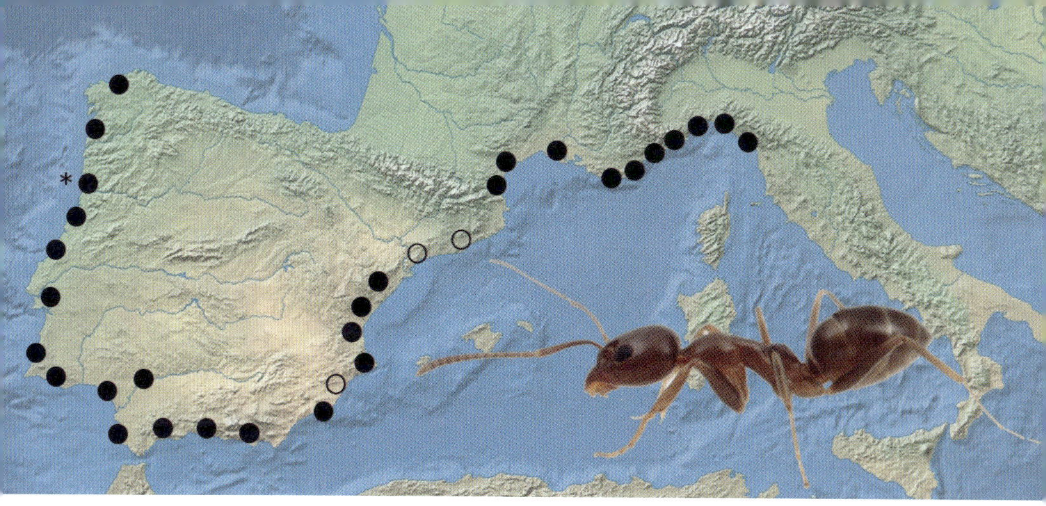

단 두 개의 아르헨티나개미 초군체가 포르투갈에서 이탈리아에 이르는 6000킬로미터 해안을 장악하고 있다. 지도상의 점들은 아르헨티나개미 초군체의 서른세 개 서식지를 나타낸다. 까만 점은 거대 초군체이며 하얀 점은 상대적으로 작은 규모의 초군체다.

이들은 많은 수의 다양한 군체를 만들어 널리 퍼지는 대신, 단 두 개의 군체로 해안에서 가까운 지역들을 지배하고 있다. 남부 유럽의 서쪽은 엄청난 개체 수가 있는 단 두 개의 거대 개미 일가 손안에 있다. 아르헨티나개미들은 마피아조차 꿈에서나 그려 보는 막강한 지위를 누리고 있다.

이러한 상황은 1895년에 납치당한 여왕개미 한 마리가 자기 군체를 만들면서 시작되었다. 납치당해 끌려온 여왕개미는 당시 토종 개미들에게 전혀 위협적인 존재가 아니었다. 아르헨티나개미는 크기가 작기 때문이다. 아르헨티나개미 일개미들은 몸길이가 2~3밀리미터이며 여왕개미도 일개미보다 고작 두 배 정도의 길이다. 게다가 여왕개미는 많이 외로웠다. 다른 군체가 없다 보니 여왕개미의 알에서 처음 부화한 공주개미와 수개미들은 파트너를 찾지 못했다. 따라서 이들은 어쩔 수 없이 자기들끼리 짝짓기를 해야 했다. 이들은 멀리 날아가서 결혼 비행을 할 필요도 없어서 엄마의 집에서 짝짓기를 했다. 공주개미들은 엄마와 함

께 공동 통치자로 군림하며 집에서 살았다. 군체 내의 개체 수가 늘어나
자 여러 여왕개미들이 일개미와 어린 개미 일부를 데리고 출가하여 새
군체를 만들었다. 하지만 이들 새 군체는 엄마의 군체와 긴밀한 유대를
형성해 개미들은 양쪽 집을 오가며 살았다. 이들은 서로의 집을 마음대
로 들락거렸다. 기본적으로 하나의 군체인 셈이다. 우리 개미학자들은
이를 '다양제Polydomie'라고 부른다. 다수의 개미집을 사용하는 군체라는
뜻이다.

그렇게 아르헨티나개미의 서식지는 지속적으로 확대되었다. 개미집
하나가 여러 개의 개미집으로, 여러 개의 개미집이 아주 많은 수의 개미
집으로 늘어나면서 곧 수천 개가 되었다. 그리고 아르헨티나개미들끼리
는 서식지 다툼 없이 자매지간처럼 친하게 지내며 살았다. 다른 개미들
은 같은 종이라도 소속 군체가 다르면 영토 분쟁이 일어나는 것이 일반
적이다. 아르헨티나개미는 초군체를 만들어 내부적으로는 불가침의 평
화를 유지하면서, 외부 세력에게는 지속적으로 침략전을 감행하여 배고
픈 동족들을 먹여 살렸다.

아르헨티나개미들의 이런 행태는 당연히 토착 개미들과의 불화를 초
래했다. 몸집이 더 크고 힘도 센 토종 개미들은 조상에게 물려받은 땅을
이방인 개미들에게 양보할 생각이 없었다. 근육의 힘이 모든 것을 결정
지었다면 아르헨티나개미들의 정복 전쟁은 성공하지 못했을 것이다. 힘
이 약한 아르헨티나개미들은 속도전과 팀워크를 바탕으로 부족한 부분
을 메웠다. 이들은 경쟁자들보다 먹잇감을 빨리 찾고 재빠르게 운반했
다. 다른 개미종들이 먹잇감을 발견하기도 전에 아르헨티나개미들은 이
미 음식을 다 먹어 치웠다. 멸종 위기에 직면한 토종 개미들은 즉각 개
체 수가 많은 동족 개미들에게 도움을 청했다. 하지만 대항 능력이 있던

지원군도 파도처럼 밀려오는 적군에게 제압당했다.

그렇게 남부 유럽은 아르헨티나개미의 수중에 들어갔다.

이번에도 유전자가 문제다

침략자들의 성공 비결은 엄청난 개체 수와 단결력에 있다. 같은 종이라도 군체가 다르면 서로 전쟁을 하는 개미 무리들과 달리 침입성 아르헨티나개미들은 마치 하나의 군체처럼 서로 사랑하면서 자기들의 축적된 공격성을 외부로 돌렸다. 이런 전략은 큰 효과를 보았다. 그런데 이런 행태가 외국에서만 나타나고 원래 살던 고향 땅에서는 나타나지 않은 이유는 뭘까?

이 문제도 유전자와 연관이 있다. 극단적인 이야기처럼 들리지만 유전자들은 원래 서로 경쟁하면서 가능한 한 자주 증식하려고 한다. 물론 의식적으로 일어나는 일은 아니지만, 이용 가치가 큰 유전자는 성공적으로 증식하면서 몇 세대 후에도 여전히 살아 있다. 한편 가장 우수한 유전자도 다음 세대까지 전해진다는 보장이 없으면 사라지고 만다. 유전적 관점에서 보면 동물이나 식물, 세균의 몸은 물론이고 인간도 이러한 목적을 달성하기 위한 도구일 뿐이다. 따라서 다양한 유전자 변이형을 가진 자연 발생적 동물 사회에서는 증식에 필요한 자원, 즉 먹잇감과 보금자리, 좋은 배우자 등을 둘러싸고 유전자와 유전자 도구 간에 치열한 경쟁이 벌어진다. 유전자 변이형들은 저마다 자신이 최고이자 유일한 존재이기를 바란다. 이로 인해 같은 종이지만 서로 약간 다른 동물들과의 긴장이 유발된다.

그러나 침입종 개미들에게는 이러한 변형이 없다. 이들은 개체 전부가 새로운 환경에 떠밀려 온 개미들로부터 시작되었다. 모두가 한 여왕개미의 후손들이며 따라서 유전자가 동일하다. 서로 경쟁할 이유가 없으며 서식지를 분할하거나 집 문을 걸어 잠글 이유도 없다. 10억 마리가 있는 군체조차 모든 구성원이 혈연관계이며 유전적으로 유사하다. 이들은 사매 개미들 전부가 자신과 똑같은 냄새를 풍긴다는 사실을 알고 있다. 포르투갈의 대서양 해안에서 온 개미든 프랑스의 마르세유 또는 이탈리아 리비에라에서 온 개미든 모두가 선조들과 동일한 냄새를 풍긴다. 동일한 선조를 둔 초군체의 냄새다.

따라서 아르헨티나개미의 유전자와 다른 침입종 개미의 유전자는 진화를 통해 변화해 이들의 행태를 바꿀 필요가 없었다. 새 군체의 설립 개체군은 상당히 제한적인 유전자 변이형을 가진 소수의 개미만으로 구성되어도 충분하다. 이로 인해 이주해 온 개미들은 모두 똑같은 후손들을 낳는, 이른바 유전자 병목 현상이 일어난다.

아르헨티나개미의 경우 이와 같은 창시자 효과로 인해 유럽의 초군체는 단일 과를 유지하고 있다. 그뿐 아니라 거기에서 파생된 자손들인 캘리포니아, 남아프리카, 호주 남부, 일본 남부의 개미들도 서로 친척뻘로 친자매처럼 보인다. 그래서 이들 개미를 맞교환하면 즉시 협력하며 먹이를 공유한다. 의도성은 없었지만 인간의 도움으로 아르헨티나개미는 사실상 지구 전체에 걸쳐 거대 군락을 형성했다.

물론 한 가지 예외가 있다. 아주 묘한 이야기로 들리겠지만, 인간들도 스페인에서 분리하여 독립하기를 원하는 카탈루냐 지방에서 두 번째 소규모의 초군체가 형성되었다. 이 초군체는 유럽 지역의 다른 아르헨티나개미들과 경쟁 관계로서, 서식지를 두고 전쟁을 한다. 개미집의 냄새를 결정하는 유전자에 어느 순간 돌연변이가 생겼음에 틀림없다. 그리고 카탈루냐 개미들은 분리 독립의 냄새를 거부할 수 없었다.

침입종 개미가 제국을 세우면 제국 주변의 자연계에는 고된 시련의 시기가 찾아온다. 새로 나타난 개미들에게는 병원균이나 포식자, 집요하게 물고 늘어지는 경쟁자 등 개체 수를 조절하는 요소들이 없다. 생태계는 이들을 통제하지 못하고, 침입종 개미들은 아무런 제지 없이 마음껏 뛰어다닌다. 예를 들어 아르헨티나개미들은 영역 내에 있는 다른 개미종을 대부분 죽이며 진드기나 깍지벌레 등을 통해 지역 농사에 막대한 피해를 입힌다. 개미들이 키우는 가축은 인간의 식용 작물에 기식하기 때문이다. 농작물의 꽃이 없으면 꽃가루 매개 곤충들은 먹이를 구하지 못하거나, 또는 곧바로 아르헨티나개미들에게 희생된다. 결국 생태계 전체가 걷잡을 수 없이 망가진다.

크리스마스섬의 상황이 특히 심각하다.

생태계를 흔들어 놓은 개미들

호주 영토인 크리스마스섬은 독일의 쥘트섬 정도의 크기로 열대 우림이 넓게 형성되어 있다. 이곳의 열대 우림은 자연 그대로의 정글보다는 식물원이 떠오를 정도로 땅바닥이 깨끗하다. 이 섬에 사는 수백만 마리의 붉은게 덕분이다. 붉은게들은 나뭇잎은 물론 싹이 튼 묘목들까지 먹어 치운다. 이들은 1년에 한 번 알을 낳기 위해 바닷가로 향하는데, 이들 붉은색 갑각류가 이동하는 장면은 지구가 선사하는 대자연의 장관 가운데 하나이다. 적어도 현재는 그렇다는 뜻이다.

문제는 일명 노랑미친개미라고 불리는 긴다리비틀개미*Anoplolepis gracilipes*이다. '미친개미'라고 불리는 데는 이유가 있다. 눈에 띄게 길고 가느다란 다리와 더듬이를 가진 개미가 불안하거나 무언가에 방해를 받으면 이리저리 헤매고 다니는 모습이 마치 미친 것처럼 보이기 때문이다. 긴다리비틀개미의 원래 서식지는 아직 정확히 밝혀지지 않았으나 중국이나 인도 또는 아프리카 서부에서 온 것으로 추정된다. 요즘도 호주뿐 아니라 하와이에서 갈라파고스군도에 이르는 인도양과 태평양의 여러 섬에 이들 군체가 있다. 크리스마스섬의 긴다리비틀개미들은 처음에는 아무 문제 없이 생태계에 편입되었다. 이들은 60년이 넘는 세월 동안 늘 거기서 살았던 개미들인 양 올바르게 처신했다. 그러나 1990년대에 들어 뭔가 일이 잘못 돌아간 게 틀림없다. 엘니뇨로 추정되는 현상이 나타나고 해류가 바뀌면서 이 지역의 기후가 매우 건조해졌다. 그로 인해 수분이 부족해지면서 나무 수액 속의 질소가 풍부한 영양소의 농도가 올랐다. 나무 수액은 수액을 먹고 사는 깍지벌레들에게는 최고의 음식이며 긴다리비틀개미는 깍지벌레의 단물에서 영양소를 얻는다. 그때부터 긴다리비틀개미들의 개체 수가 폭발적으로 증가했다는 사실이 최근에야 밝혀졌다. 이들의 밀도는 엄청나게 높아져 마치 개미 카펫으로 땅바닥을 덮은 듯 보인다. 바깥을 돌아다니는 것은 개미들뿐으로, 사람 눈에 보이는 것도 개미뿐이다. 현재 크리스마스섬에 서식하는 긴다리비틀개미들의 개체 수는 아무도 모른다.

그러나 긴다리비틀개미들의 흔적은 절대 모를 수가 없다. 이들은 떼를 지어 지나가면서 뭐든 다 먹어 치운다. 이들을 피해 잽싸게 도망갈 방법도 없다. 다른 곤충류는 물론이고 붉은게들이 대규모로 긴다리비틀개미들에게 희생된다. 그동안 1000만에서 2000만 마리의 붉은게가 이들에게 희생된 것으로 추정된다. 긴다리비틀개미들은 붉은게의 눈과 관절 부위에 개미산을 뿌린다. 그러면 붉은게는 앞을 보지 못하고 움직이

땅 위의 수풀을 짧게 유지해 주던 수많은 붉은게가 침입종인 긴다리비틀개미에게 희생된 크리스마스섬의 숲은 이제 덤불이 무성해졌다.

지도 못해 탈수와 탈진 상태가 되어 죽는다. 긴다리비틀개미들은 붉은게의 사체를 갈기갈기 찢어서 개미집으로 운반한다. 긴다리비틀개미가 없는 곳에 사는 붉은게들도 긴다리비틀개미들의 서식지를 통과해야만 바다로 갈 수 있는 경우에는 공격 대상이 된다. 갑각류뿐 아니라 작은 크기의 포유동물과 날지 못하는 어린 새들도 긴다리비틀개미 무리에게 희생된다. 호주의 과학자들은 긴다리비틀개미로 인해 크리스마스섬의 토종 조류인 얼가니새가 멸종되지는 않을까 우려하고 있다.

결과적으로 그다지 빽빽하지 않던 크리스마스섬의 원시림은 이제 알아볼 수 없을 정도로 변했다. 긴다리비틀개미들이 붉은게의 개체 수를 대폭 감소시켜 키 작은 관목을 청소하는 이가 없어진 탓에 묘목들이 높이 자라났기 때문이다. 특히 예전에는 나무들 사이를 잠식하지 못했던 묘목들이 크게 자랐다. 쐐기풀과의 식물들이 무성하게 자라고, 그간 붉은게로 인해 개체 수가 줄었던 아프리카 왕달팽이의 수도 늘었다. 게다가 깍지벌레의 점액성 단물도 개미들이 완전히 거두어들이지 못할 만큼 많아졌다. 깍지벌레의 점액성 단물은 땅에서 자라는 식물들 위로 떨어져 이파리에 달라붙어서 식물들이 곰팡이에 취약해지도록 만들었다. 그리하여 관목보다 조금 큰 나무들도 말라 죽었다. 긴다리비틀개미 초군체 두 개와 깍지벌레들로 인해 크리스마스섬 전체의 5퍼센트가 황폐화되었다. 그리고 아직 끝나지 않았다.

외래종 개미에게 수난을 당하는 대상은 붉은게와 나무들만이 아니다. 공격성이 강한 침입종 개미 앞에 안전한 동물은 없다. 동물의 왕도 안전하지 못하다.

사자들 앞에 몸을 내던지다

침입종 개미들은 대부분 따듯한 기후를 좋아하고 차가운 밤이나 추운 겨울을 잘 견디지 못한다. 그래서 중부 유럽에 도착한 이들은 일부 장소로만 퍼져 나갈 수 있었다. 예를 들자면 온실이다.

뮌헨의 루트비히막시밀리안대학교에서 교수로 재직하는 동안 동료 연구원과 나는 온실 동물원에서 큰머리개미*Pheidole megacephala*가 보금자리를 만드는 모습을 관찰했다. 이들은 최악의 침입종 개미 100종 가운데 하나다. 침입종들은 따듯한 온실을 자신들만의 서식지로 여기고 다른 동물들이 먹어야 할 음식들까지 먹어 치웠다. 시커먼 개미들이 떼를 지어 조류와 거북이들의 먹이가 있는 장소로 이동했으며, 실내 사자 우리에서도 조심성 없이 사자들이 먹을 식사를 해치웠다. 사육사들이 고기를 너무 일찍 가져오면 사자들이 실내 사육장으로 들어오기도 전에 개미들이 먼저 고기 위로 올라와서 우글거린다. 그러면 신경질이 난 동물의 왕은 코를 찌푸리며 고깃덩어리를 쳐다보기만 할 뿐 먹으려 하지 않는다.

하지만 우리의 관심을 끈 것은 큰머리개미의 탁월한 동료 개미 소집 능력이었다. 당시 우리는 침입종 개미들이 동료들을 먹잇감이 있는 장소로 신속하게 모이게 하는 방법을 알아내고 싶었다. 개미들을 채집하게 해 달라는 요청을 받은 동물원장은 두말없이 다리 여섯 달린 해충들을 잡아가도록 허용해 주었다. 먼 곳으로 탐사 여행을 가지 않고도 흥미로운 연구 대상물을 얻을 좋은 기회였다. 우리는 양동이와 삽을 들고 개미들의 인공 서식지로 들어갔다. 동물 사육사들과 정성스레 가꾼 식물들을 염려하는 정원사들이 의심쩍은 표정으로 우리를 지켜보았다. 우리는 조심스럽고 세심하게 큰머리개미의 집을 찾아 땅을 팠다. 개미집 안에는 방이 여러 개 있었고 일개미들도 많았지만 여왕개미는 한 마리도 없었다. 여왕개미는 개미집 깊은 곳의 방에 있었을 것이다. 여왕개미들을 빛이 있는 곳으로 끌어내 연구실로 데려오기 위해서는 온실의 절반가량을 파헤쳐야 할 판이었다. 그러자 친절한 동물원장은 그러느니 큰머리개미들을 그냥 두는 편이 낫겠다고 했고, 우리는 결국 여왕개미를 찾지 못하고 물러나야 했다.

침입종 개미들은 그러나 다른 지역에서는 따뜻한 방만이 아닌, 인간이 만든 광활한 외부 시설물을 차지하고 살기도 한다.

골프장과 놀이공원의 새 주인

미국인들은 골프장을 좋아한다. 깔끔하게 다듬은 잔디가 있는 이 드넓은 공간은 질서와 자유의 전형을 보여 준다. 그런데 문제는 붉은불개미도 이런 녹지 공간을 좋아한다는 것이다. 골프장 이용자가 개미집에 너무 가까이 다가가면 작은 크기의 붉은 악마는 대단히 불쾌한 느낌을 선사하는 침을 이용하여 불편한 심기를 분명하게 표현한다. 2000년에만

약 3만 명의 미국 남부 지역 주민들이 붉은불개미의 공격으로 병원 치료를 받았다. 심지어 100여 명이 사망에 이르렀는데, 대부분 알레르기성 쇼크 때문이었다.

붉은불개미들이 무슨 볼일이 있어서 골프장을 찾은 것은 아니다. 초원 지대나 경작지, 정원, 공원에도 볼일은 없다. 침입종 개미들이 으레 그렇듯이 붉은불개미들도 크기가 작고 공격성이 강하며 개체 수가 많은 데다 유전적으로 결정되는 단결력이 있어서 골프장 등에 퍼진 것이다.

그런데 행복해 보이는 붉은불개미 대가족 내부에서 작은 균열이 일어난 듯하다. 붉은불개미의 Gp-9 유전자에서 게놈이 두 개의 다른 변이형으로 나타나고 있다. 이는 대립유전자로 알려진 것으로 대문자 B 또는 소문자 b로 표기한다. 암컷 개미들은 세포 안에 엄마의 사본과 아빠의 사본을 갖기 때문에 BB, Bb 그리고 bb의 유전적 구성을 가진 여왕개미와 일개미들이 있다. 이런 작은 차이점이 개미들의 외모에는 아무 영향을 주지 않지만, 생존 능력에는 분명 영향을 끼치는 것 같다. 순수 bb형의 개미들은 알 단계에서 죽는 경우가 많다. 따라서 b형 유전자는 생존하는 데 어려움을 겪을 것이다. 하지만 건강상의 결점은 이기심을 통해서 보충된다.

생존력 이외에 Gp-9는 개미의 냄새에도 영향을 미친다. 이미 널리 알려진 대로 개미는 냄새에 민감해서 불쾌한 냄새를 맡으면 그게 무엇이든 재빨리 처리한다. Bb의 유전적 구성을 가진 여왕개미들이 있는 군체에서 b 변이형은 Bb형 일개미들로 하여금 갓 부화한 BB형 공주개미들을 물어뜯어 죽게 만들어 유전적 경쟁을 근절시킨다. 새끼를 생산하지 못하는 BB형 일개미들은 해를 입고 Bb형 새끼들을 키운다. 이기적 유전자라는 개념을 창안한 진화 연구 학자 리처드 도킨스는 보유자끼리 서로 알아보고 돕는 b형 같은 유전자를 "녹색 수염 유전자"라고 부른다. 도킨스가 이처럼 특이한 이름을 붙인 이유는 배타적으로 자기들끼리 협력하는 유전자들이 보유자들에게 녹색 수염을 주는 듯이 작용하기 때문이다. 녹색 수염 유전자는 녹색 수염을 가진 사람들은 온갖 이익을 누리는 반면, 다른 색깔의 수염을 가진 사람들의 삶은 어렵게 만든다. 유전자들은 분명 서로를 마음에 들어 하지 않으며, 유기체의 몸을 이용해 사소한 다툼을 해결한다.

또한 유전자에는 종의 역사가 잘 나타나 있다. 역사학자들은 일반적으로 개미 같은 작은 생명체에는 관심이 없다. 그러나 어느 종 하나가 오지랖이 넓어서 무시하기 어려울 때, 그리고 그 기원이 아주 먼 과거여서 이 생물이 언제 어디에서 왔는지 알 수 없을 때 관심을 보인다. 이런 경우 유전자를 살펴보면 큰 도움이 된다. 유전자는 상당히 안정적인 분자이고 세포핵 안에 복원 메커니즘이 있어 오류와 변화가 발생하면 거의 대부분 복원된다. 물론 전부 다 복원하지는 못한다. 이따금 규범에서 벗어난 일탈이 생기며, 시간이 흐르면서 무리 내에서 돌연변이가 늘어난다. 어느 한 지역에서 개미들의 유전적 다양성이 커질수록 개미들은 거기서 더 오래 진화할 수 있었다. 이에 반해 본의 아니게 선택된 설립 개체군은 새로운 고향에서 거의 아무것도 없는 상태에서 시작한다. 전 세계에 퍼져 있는 불개미의 유전자를 분석해 본 결과, 남미의 불개미들이 유전적으로 가장 큰 다양성을 보인다는 사실이 밝혀졌다. 그곳이 불개미들의 고향이기 때문이다. 반면 미국과 호주, 중국, 대만에 서식하는 불개미들은 유전적으로 대단히 유사하다. 그곳의 개미들은 거의 모든 침입종 개미들이 그렇듯이 우리 인간에게 납치되었다.

하지만 늘 그렇지만은 않다.

추위에 강하고 소유욕이 강한 개미

푸스코시네레아 불개미*Formica fuscocinerea*는 인간의 개입 없이 새로운 지역으로 와서 정복자가 된 흔치 않은 사례다. 이들은 독일 남부 지역을 정복했다. 이들은 오스트리아 알프스에서 출발해 북쪽을 향해 승승장구하면서 뮌헨 지역까지 진군했다. 모래가 있는 땅을 찾아 나선 푸스코시네레아 불개미들은 이자르강 같은 강의 사주를 장악했을 뿐 아니라 철둑이나 드문드문 수목이 있는 길가, 심지어 놀이공원도 독차지했다. 1제곱미터의 면적에서 212개의 개미집 입구를 찾아낸 경우도 있다. 그리고 독일 바이에른주 다하우에서 오스트리아의 고향까지 전부 단일 초군체 소속 개미들이었다. 약 250종에 이르는 대부분의 침입종 개미와 달리 푸스코시네레아 불개미는 독일처럼 겨울이 추운 지역에서도 아무 문제 없이 살 수 있다. 이들은 추위를 잘 견뎌 이듬해 봄에도 사람들로 하여금 자기들의 존재감을 간과하지 못하게 만든다. 다만 엄청난 개체 수의 정복자 무리들도 너무 늦게 발견되기도 한다.

눈에 잘 띄지 않는 정원개미*Lasius neglectus*는 오랜 시간에 걸쳐 아주 은밀하게 확산했다. 이들은 흔하게 보이는 고동털개미와 외모가 닮은 덕을 봤다. 가장 확실한 차이점은 사람들 눈에 보이는 일개미들의 개체 수다. 소수의 개미들이 개미 도로를 따라 기어가면 고동털개미이며, 먹이 사냥 개미들이 도로에 가득하여 다차선의 고속도로와 비슷해 보이면 침입종인 정원개미다.

이들이 서로 다른 종이라는 사실은 1990년에 부다페스트의 어느 수목원에서 곤충학자들에 의해 최초로 파악되었다. 흑해 지역에서 건너온 것으로 추정되는 정원개미는 꺾꽂이 배양토 속에 섞여 전 유럽의 공원과 식물원에 보내졌다. 그리고 이들은 시간이 흐르면서 점점 더 많은 도시에서 분파를 만들었다. 이들은 토종 개미의 개체 수를 능가했을 뿐 아니라 식탐도 더 강했다. 일반적으로 털개미속 개미들은 식량원을 발견하면 나중에 나타난 경쟁자들에게서 먹이를 지킨다. 하지만 다른 개미들이 먼저 발견한 상태라면 기꺼이 소유권을 인정해 준다. 그러나 정원개미는 막무가내다. 그들에게 세상 모든 먹이는 그들의 것이어서, 이미 소유자가 있는 먹이를 두고 싸우는 일이 잦다. 정원개미들은 그런 방식으로 부다페스트에서만 열일곱 개의 개미종을 쫓아냈다. 그러다가 바깥에서 악명을 쌓는 일에 지치면, 즐거운 마음으로 일반 가정집으로 들어와 전자 제품 근처에 집을 짓는다.

물론 가정집이나 사무실, 병원 등은 다른 개미종의 주거 영역이다.

따뜻한 장소를 좋아하는 세균 원심분리기

애집개미는 독일에 서식하는 가장 작은 개미종 가운데 하나이며 분명 가장 위험한 개미종이기도 하다. 심하게 물거나 침으로 찔러서 위험하다는 뜻이 아니다. 크기가 작아 아주 좁은 틈 안으로 들어가고 불결한 장소를 돌아다니면서 각종 병원균을 전파하기 때문이다.

전형적인 침입종 개미들은 열대 지방에서 들어오기에 혹독하게 추운 중부 유럽의 기후를 견디지 못하고 집 안으로 들어와 포근한 장소를 찾는다. 특히 난방 시설이나 온수 보일러 또는 환기 시설 근처의 사람 손이 닿지 않는 틈새를 좋아한다. 이들이 가장 좋아하는 장소는 빵집, 상업용 주방 설비, 병원이다. 그런 곳에는 언제나 음식이 마련되어 있기 때문이다. 애집개미들의 식성은 까다롭지 않다. 이들은 죽은 좀벌레는 물론이고 설탕물이나 생간 등 눈에 보이는 것은 뭐든 다 먹는다. 안타깝게도 이 개미들은 소변이나 배설물, 구토물, 혈액, 고름도 거절하지 않는다. 애집개미들이 그런 데서 섭취하는 각종 세균 목록을 의사들이 본다면 아마 미생물학 강의 시간이 떠오를 것이다. 정말로 엄청난 수준의 청결을 유지해야만 애집개미들이 음식물에 접근 못 하도록 막을 수 있다. 아무리 음식물 포장을 잘하고 냉장고의 문을 잘 닫아도 그들을 막지 못한다. 애집개미들은 병원에 있는 환자가 자기 몸을 스스로 돌보지 못하는 것에 일말의 연민도 느끼지 않는다. 이들은 상처 붕대나 깁스 안쪽을 돌아다니면서 상처 부위를 물어뜯는다. 애집개미들은 병약자나 조산아, 중환자, 그리고 죽어 가는 환자들을 감염시킬 가능성이 있다.

애집개미는 우리 가정에서도 재앙이 될 수 있다. 이들은 난방 배관의 균열 부위를 따라 돌아다니면서 온 집 안으로 퍼진다. 만약 당신의 이웃에 애집개미들이 침입해 있다면, 이들은 곧장 당신의 부엌을 향해 행군해 올 것이다. 바쁘게 살모넬라균을 뿌려 대면서 말이다. 따라서 작은 개미들이 기어 다닌 음식물을 발견했다면 무조건 집 밖에 있는 쓰레기통에 버려야 한다. 부엌에서 부패한 고기 냄새가 나기 시작하면 냄새의 출처는 개미들의 음식물 창고일 가능성이 있다. 애집개미는 한꺼번에 모든 음식을 실어 내지 못하는 경우 그런 창고를 마련하는데, 음식물이 넘쳐나는 경우에는 음식물 창고의 존재를 잊어 그 안의 소시지와 고기 부스러기들이 부패하기 시작한다.

따라서 결국에는 쪼그만 세계 정복자들의 공격에 대항해서 싸워야 할 시간이 온다.

다수의 침략에 대항하는 첨단 기술

안타깝게도 이 시점에서 문제가 시작된다. 온갖 과학 지식과 첨단 기술을 동원해도 침입종 개미들을 완전히 몰아내기란 불가능에 가깝다. 애집개미의 고향에서 천적들을 데려와 몰아내는 구식 방법은 거의 포기 단계다. 거기에는 그럴 만한 이유가 있다. 여러 사례를 통해 충분한 준비 작업 없이 인위적으로 생태계에 간섭하는 것이 대단히 잘못된 일임이 밝혀졌기 때문이다. 1970년대 호주 사람들의 사례가 있다. 그들은 사탕수수 농장에서 생태 친화적인 방법으로 수수두꺼비를 이용하여 딱정벌레로 인해 발생하는 재앙을 해결하려 했다. 긍정적인 효과가 나타나 딱정벌레로 인한 재앙이 줄어들기는 했지만, 결국 독성이 강한 양서류 증가를 해결해야 하는 결과를 낳았다. 그런데 호주인들은 지금 새로운 생물종을 수입하여 긴다리비틀개미 문제를 해결하려는 실험을 하고 있다. 이번에는 긴다리비틀개미를 직접 공략하는 대신 이들의 주요 먹이인 깍지벌레를 공격 목표로 삼고 있다. 깍지벌레들과 마찬가지로 남동부 아시아가 고향인 호박벌은 깍지벌레 집에 알을 낳으면서 깍지벌레의 개체 수를 상당한 수준으로 줄일 수 있다고 한다. 물론 면적이 작은 크리스마스섬에서만 가능한 일이다. 호주 본토에는 여러 종의 진드기들이 서식하여 개미들이 다른 유용 가축으로 갈아타서 초군체를 계속 키울 수 있기 때문이다.

침입종을 막기 위해 정성 들여 개량한 화학 무기를 사용하는 방법도 있다. 미국 캘리포니아주의 해충 방제업자들은 군체의 냄새와 거의 비슷하지만 내용은 많이 달라서 일개미가 자매 일개미를 침입 개미로 판단하게 만드는 인공 페로몬을 이용한다. 아르헨티나개미들로 하여금 내란을 일으키도록 자극하는 것이다. 일본에서는 개미들의 길 안내 표식, 이른바 방향 안내 시스템을 교란시켜 혼란이 일어나도록 페로몬을 이용했다. 전통적 방법인 독성 미끼도 처음에는 일정한 효과를 보인다. 물론 이런 방법들은 무엇이든 효과가 오래 지속되지는 못한다. 이런 방법만으로 모든 군체를 없애기란 불가능하다. 여왕개미가 한 마리라도 살아 있으면 페로몬이 증발하거나 독성 물질이 약화된 후에 다시 제국을 재건할 수 있다. 그러면서 드라마가 다시 시작된다.

하지만 자연은 이런 문제를 해결하는 방법을 알고 있을지도 모른다.

놀라운 결말

2018년 뉴질랜드의 과학자들은 아르헨티나개미의 개체 수가 조사 지역 중 40퍼센트에서 크게 붕괴했으며, 다른 여러 지역에서도 개미집의 숫자가 감소했다는 연구 결과를 발표했다. 세이셸 군도의 연구자들도 이와 유사한 관찰 결과를 내놓았다. 세이셸 군도의 일부 지역에서 긴다리비틀개미가 완전히 사라졌다는 내용이었다. 토종 개미들로서는 대단히 고무적인 현상으로, 이들은 잃었던 영토에서 다시 서식하기 시작했다. 미국 텍사스주에서도 불개미 서식지 여러 곳이 회복된 것으로 보인다. 어느 국립공원에서 개미의 다양성을 추적해 온 동료 과학자들이 전하는 바에 의하면 침입종 불개미들이 오기 전에는 국립공원 내에 약 74종의 개미들이 있었는데, 침입종 불개미들이 유입된 후로 21종만 남았다. 하지만 그동안 국립공원 내 불개미의 밀도가 줄면서 최근에는 개미종이 53종으로 늘었다. 불개미들이 급속도로 사라진 원인은 아직 밝혀지지 않았다. 다만 개미학자들은 이와 같은 상황이 벌어진 이유를 두 가지로 추정하고 있다.

우선 외적인 요인들을 들 수 있다. 침입종 개미들이 자리를 잡는 데 성공한 이유는 이들이 질병에 걸리지 않고 천적도 만나지 않았기 때문이었다. 하지만 시간이 지나면서 병원균이나 포식자들이 침입종 불개미들에게 적응한다면 상황이 바뀔 가능성이 있다. 예를 들어 어느 곰팡이가 갑자기 초군체의 개미들을 좋아하게 되었다면 곰팡이가 급속도로 번질 가능성이 있다. 사실상 일개미들은 전부 생긴 모양이 같고 동일한 방어 기제를 가졌다. 병원균이 어느 개미 하나를 쓰러뜨리면 다른 개미들도 병원균을 막을 방도가 없다. 우리가 인간의 단일 생태계에서 알 수 있듯이 유전적 유사성이라는 성공의 비결은 짧은 시간에 이뤄지는 대량 살상의 원인이 되기도 한다.

여러 내부적 요인 역시 유전자의 단조성에 기인한다. 우리가 「식객 개미와 노예 사육 개미」 장에서 살펴보았듯이 가끔 하나의 종이 아주 작은 변화로 인해 분할되어 기생성 자매종 하나를 낳는다. 이 기생성 개미는 자매 개미를 철저히 착취하고 희생양으로 삼아 번성한다. 이와 같은 사회적 기생 동물은 초군체 내에서도 번창할 수 있다. 여왕개미와 수개미만으로 구성된 개미종, 그리하여 일개미가 없어 군체가 번성하지 못하는 개미종은 수억 마리에서 지극히 평범한 수의 무리로 돌아갈 정도로 약화될 수도 있다.

인간이 세운 제국처럼 개미들의 제국도 영원히 안정적으로 지속될 수는 없다. 다른 개미들로 교대되기만 해도 다행이다.

초군체 전쟁

제국이 멸망하는 가장 극적인 방법은 다른 강대 세력의 침략이다. 알렉산드로스 대왕도 당시 강대 제국이던 페르시아를 침략하여 집어삼켰다. 동로마제국은 오스만제국에게 함락되었으며, 몽고는 중국을 정복했다.

개미들의 경우, 최근 기후가 온화한 미국 남부 지방에서 이와 유사한 권력 투쟁이 일어났다. 붉은불개미 초군체는 그 큰턱으로 미국 남부를 꽉 잡고 있는 듯이 보였다. 그런데 라즈베리미친개미*Nylanderia fulva*가 나타나 그곳을 점령했다. 크리스마스섬에 사는 미친개미와는 다른 종이다. 라즈베리미친개미는 2002년 텍사스주 휴스턴에서 처음 발견되었다. 그 후 라즈베리미친개미는 텍사스는 물론 플로리다, 미시시피, 루이지애나 등으로 널리 퍼졌다. 이들의 여왕개미와 수개미도 날지 못하기 때문에 원정군은 진군 속도가 느렸다. 그 대신 라즈베리미친개미는 먹이 사냥에서 다른 개미종보다 꼼꼼하고 세심하다. 이들은 한 지역에서 엄청난 양의 먹이를 채집하여 같은 지역에 사는 경쟁자 개미들에 비해 100배 많은 군체 식구들을 먹인다.

당연히 현지의 붉은불개미는 새로 등장한 작은 개미들이 달갑지 않다. 그래서 붉은불개미는 라즈베리미친개미가 나타나는 곳마다 따라가서 싸웠지만 패배했다. 라즈베리미친개미의 승리 비결은 붉은불개미의 독을 무력화시키는 해독제였다. 붉은불개미가 미친개미에게 혼합 화학 물질을 뿌리면 미친개미는 뒷다리로 서서 복부를 앞으로 쭉 내민다. 그러면 미친개미의 입이 분비샘에 닿는다. 미친개미는 입으로 개미산을 한 방울 정도 끄집어내서 앞다리로 자기 몸 전체에 바른다. 그렇게 개미산으로 몸을 보호한 미친개미는 야단법석이 난 전쟁터로 다시 돌진한다. 개미 연구자들이 이들의 남아메리카 서식지에서도 관찰한 바 있는 방어 기술이다. 새로 이주해 온 곳에서는 이 방어 기술이 보다 효율적으로 작용해서 미친개미는 미국 곳곳에서 붉은불개미를 물리쳤다. 지역 주민들에게는 불쾌하기 그지없는 사태다.

믿기지 않을 얘기이지만 침입종이 득세한 지역에 사는 사람들은 붉은불개미가 다시 돌아오기를 바라고 있다. 붉은불개미가 미국 땅 전부를 자기들 소유지로 여기는 것은 사실이지만, 이들은 사람들이 개미집 가까이 접근하는 경우에만 공격적인 태도를 보인다. 그렇지만 미친개미는 앞마당이나 정원, 밭, 목초지, 황무지, 골프장에 만족하지 않는다. 이들은 아예 집 안으로 들어와 벽이나 마루에 집을 짓고 냉난방 시설과 가전제품 안에 들어가서 산다. 컴퓨터나 텔레비전도 정찰하고 돌아다닌다. 이들은 전기선 위로도 돌아다녀서 합선을 일으켜 가정용 연료 구매를 촉진하기도 한다.

미친개미에 맞서서 항거할 방법은 아직 없다. 이들은 독이 든 살충용 먹이에 유혹당하지 않으며 미국에는 이들의 천적이 없는 실정이다. 사람이 할 수 있는 일은 라즈베리미친개미가 점령한 지역에서 이들이 없는 지역으로 여행할 때 이들을 어딘가에 묻히지 않도록 조심하는 것뿐이다. 그렇게 함으로써 개미 연구자들이 이들을 물리칠 방도를 찾을 때까지, 아니면 또 다른 침입종이 나타나 미친개미 제국을 공격할 때까지 시간을 벌 수 있다.

물론 여러분의 가정에서 미친개미가 카펫 위를 돌아다닌다면 별 도움이 안 될 얘기겠지만.

틈새 막기와 방향 요법 쓰기

내가 개미를 연구하는 일을 한다고 말하면 사람들이 내게 자주 물어보는 질문이 있다. "몹쓸 개미들을 어떻게 쫓아낼 수 있을까요?" 나의 답변은 아주 간단하다. "그건 상황에 따라 다릅니다!"

애집개미가 함부로 집 안에 들어와 눌러앉는 사태가 발생하면 직접 해결하려고 시간 낭비하지 말고 즉시 해충 전문가의 도움을 받아야 한다. 그러고 나서 집 전체에 걸쳐 영속성 있는 조치를 취해야 한다. 약한 독성 물질로는 어림도 없다. 애집개미는 자매 일개미가 호된 체험을 했던 먹이 장소는 피하기 때문이다. 그래서 전문가들은 종종 여왕개미들을 불임으로 만드는 유약 호르몬이 함유된 미끼를 사용한다. 규모가 작은 점령군의 초군체는 이런 방법을 쓰면 천천히 고령화 현상이 나타나 몇 달이 지나면 결국 집단 전체가 고령화되어 사멸한다.

앞마당이나 도로에 있는 평범한 개미들이 집 안으로 들어오는 경우에는 이들의 뒤를 밟아 어떻게 집에 들어왔는지 살펴볼 것을 추천한다. 개미들은 대개 창문의 작은 틈이나 현관문, 또는 벽의 갈라진 틈을 통해 들어온다. 이런 경우에는 마트에서 적당한 재료와 도구를 사서 틈을 손쉽게 막을 수 있다. 그러면 금세 개미 행렬이 줄어든다. 아니면 개미들이 역겨워하는 냄새가 나는 물질을 이용하여 개미들이 여러분의 집을 싫어하도록 만드는 방법도 있다. 물론 사람의 코에는 좋은 냄새가 나는 물질이어야 한다. 바질, 칠리, 포도, 커피, 라벤더, 오렌지, 페퍼민트, 로즈메리, 샐비어, 레몬 등이 적당하다. 해당 허브나 향이 나는 기름을 개미들이 다니는 길에 놓거나 뿌리거나 바르면, 운이 좋으면 사람 사는 집의 내부에서 피크닉을 즐기고 싶은 개미들의 욕구가 사라진다.

개미들이 앞마당에만 산다면 행운이니 축하드린다. 근면 성실한 해충 말살자이자 토양 개량 역할을 하는 개미들이 주는 혜택을 공짜로 누릴 수 있다. 게다가 개미들은 지루함을 이겨 내는 데 좋은 대상이다. 손으로 돋보기를 잡고서 몸집이 아주 작은 이웃들의 생활을 살펴보시기 바란다. 여러분이 이 책을 여기까지 읽었다면 이미 개미에 대한 상당한 지식을 습득한 상태이다. 어쩌면 여러분이 우리나라의 토종 개미종들 중에서 미친 행동을 하는 개미를 최초로 발견하게 될지도 모른다. 자세한 내용은 다음 장에서 소개하겠다.

미치광이 동물들

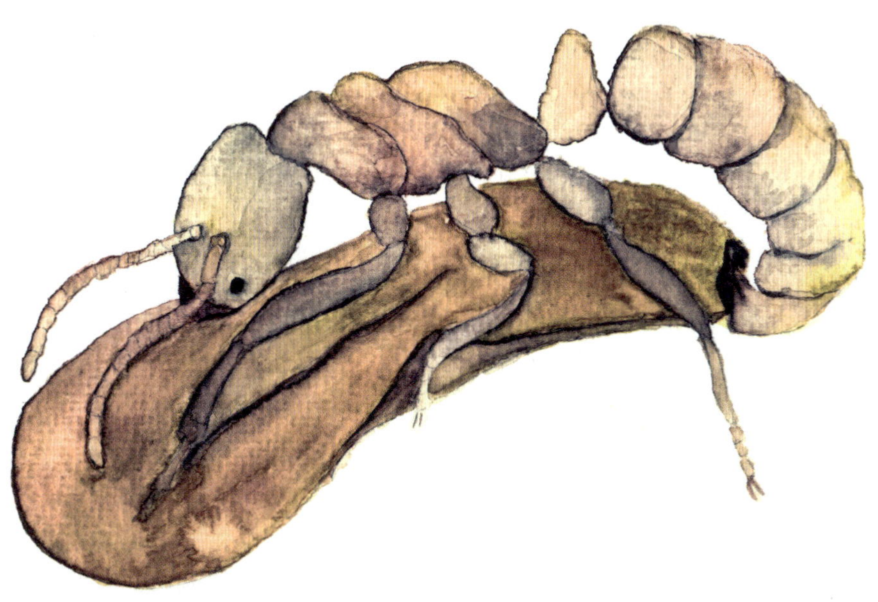

291쪽: 황침개미 *Hypoponera*속 수개미가 아직 번데기 상태인 공주개미와 짝짓기를 하고 있다.

지금까지 개미에 대한 여러 이야기를 나눴다. 군체 내에서 발언권이 없는 여왕개미, 냄새와 편광으로 방향을 찾는 정찰병 개미, 속이 빈 도토리나 직접 꿰매어 붙인 나뭇잎으로 만든 개미집에 대해 알아보았으며 식용 동물을 기르거나 반려동물에게 착취당하는 개미들, 섬 전체를 독차지하여 수천 킬로미터 크기의 제국을 정복한 초군체, 상처 입은 개미를 항생 물질로 치료하는 간호사 개미 등에 대해서도 이야기했다. 여러분이 이미 알고 있는 내용도 있었겠지만 처음 듣는 얘기도 있었을 터이다. 이 모든 이야기들이 개미들에게는 지극히 자연스럽고 정상적인 행동들이다.

우리는 또한 여러 가지 다른 이야기들도 나눴다. 극히 일부 개미종들만 보이는 습관, 특징, 특이점, 대단히 기이하고 놀라우며 주목할 가치가 있어서 여러분에게 무조건 소개하고 싶었던 단 한 종의 개미에게만 있는 습관, 특징 및 특이점 들도 이야기했다. 드문 경우지만 사람들에게 몸 안을 들여다보게 해 주는 개미도 있다. 독일 토종 개미 중 색소 결

돌리코데루스 콰드리풍타투스 개미는 몸의 네 곳에 색소가 형성되어 있지 않아서 맨눈으로 몸 내부를 들여다볼 수 있다.

핍으로 인해 복부에 반점 네 개가 있는 시베리아개미아과 돌리코데루스 콰드리풍타투스 개미*Dolichoderus quadripunctatus*가 그런 경우다. 이들의 내장을 관찰할 때는 외과용 메스를 사용할 필요가 없다. 이른바 (반)투명 개미다.

깊이 들어가다

세상을 지배하기 위해서는 적응력이 필수다. 이는 우리 인간이 이용하는 온갖 기술뿐 아니라 자연이 다양한 개미종을 대상으로 시험하는 자연 적응에도 해당되는 얘기다. 자연은 필요에 의해 큰 몸 또는 작은 몸을 선택하며 긴 다리나 짧은 다리, 큰 머리나 작은 머리를 선택한다. 자연은 그런 선택을 통해 맨땅이나 나무 꼭대기, 가전제품 상자 같은 다양한 생활 공간을 점령하게 한다. 하지만 나는 가끔 진화가 일부 개미들을 위험 가득한 궁지로 내몬 것은 아닌지 자문해 본다.

아프리카에 서식하는 멜리소타르수스*Melissotarsus* 속 개미는 도저히 이 세상의 생명체가 아닌 듯 보인다. 멜리소타르수스개미는 여왕개미와 수개미가 개미집 밖으로 나와 결혼 비행에서 짝짓기를 할 파트너를 만나고 새 군체를 만드는 짧은 기간을 제외하면 다른 개미들과 어울리지 않는다. 이들은 대단히 강력한 큰턱을 이용하여 살아 있는 나무 속에 굴을 파서 일평생 그 안에서 산다. 이들은 그런 능력을 가진 대단히 드문 개미종 가운데 하나다. 대부분의 개미들이 살아 있는 나무를 큰턱으로 파려고 하면 아마 큰턱이 닳아서 굴을 파지 못할 것이다. 보통은 나무가 건조되거나 갈라지거나 썩거나 무를 때까지 기다리거나, 딱정벌레와 딱정벌레 애벌레들이 야금야금 파 놓은 구멍을 이용한다. 개미들은 대부분 나무껍질 아래 이미 만들어져 있는 빈 공간에 만족한다. 개미들에게 나무란 원시 시대 사람들이 거주지로 이용했던 동굴과 같은 것이다. 이 곳저곳 조금 개선은 하지만 본래의 형태를 고스란히 지닌다.

이에 반해 멜리소타르수스개미는 살아 있는 굴착기다. 이들의 저작 기관은 생나무에 구멍을 파 들어가는 데 알맞게 만들어졌으며 다리도 그 목적에 맞게 진화했다. 넓고 납작한 다리는 꿀벌의 다리와 비슷하다. 가장 특징적인 부분은 가운뎃다리의 방향이다. 가운뎃다리 두 개가 아래로 향하지 않고 위로 들려진 모양인데, 이는 좁은 공간 속에서 다리로 몸을 고정하고 나무를 파기에 적합하다. 지하철이 다닐 터널을 팔 때 사용하는 굴착기의 모양과도 흡사한 형태다. 굴을 파다가 실수로 바깥세

상으로 구멍이 나면 일개미들이 머리에 있는 특수 분비샘에서 나오는
실크 물질로 얼른 구멍을 막는다. 이 기능도 멜리소타르수스개미의 특
기로, 다른 개미들은 애벌레 단계에서만 실크 물질을 생산할 수 있다.

굴착 개미들은 생나무 속 집의 은둔 생활에 완벽하게 적응하여 약
150만 마리가 나무 한 그루의 나무껍질 안쪽에 서식한다. 물론 이들은
특별한 신체 구조를 갖기 위해 몇 가지 대가를 치렀다. 나무 굴을 나와
서 평평한 나무줄기나 모래 또는 나뭇잎에 도달한 멜리소타르수스개미
는 불행한 결말을 맞이한다. 이들은 비틀린 다리로 인해 나무 굴 바깥에
서는 걷지도 일어서지도 못한다. 네 개의 다리로 걸을 수도 있을 듯하
지만, 일어서는 순간 균형을 잃고 넘어진다. 땅에서 걷지 못하는 개미는
멜리소타르수스개미가 유일하다. 이쯤에서 이들이 무얼 먹고 사는지 궁
금해진다. 나무 바깥에서 먹이를 구할 처지가 못 되기 때문이다. 멜리소
타르수스개미는 나무 굴 안에 함께 살면서 나무의 즙액을 빨아 먹는 깍
지벌레를 주식으로 한다. 그렇게 멜리소타르수스개미는 세상과 차단된
채 자기들만의 세계에서 산다. 머리 위의 상공마저 정복하려 드는 개미
들과는 전혀 딴판이다.

허공을 날다

과학자 중에는 대단히 경이로운 장면을 목격한 후 개미 연구를 시작한
이들이 있다. 미국 루이빌대학교의 스티븐 야노비아크Stephen Yanoviak 교
수는 원래 원시림 속의 개간지가 모기로 인한 질병 전파에 미치는 영향
을 연구했다. 야노비아크는 연구 재료를 얻고자 높은 나무의 꼭대기에
올라가 모기 유충과 모기 암컷을 채집했다. 굶주려 있는 모기 암컷에게

는 자기 피를 무료 음식으로 제공하면서 모기들을 유인해야 했다. 그런 과정에서 어쩔 수 없이 가끔 나무에 서식하는 개미들의 영토를 침범하고는 했는데, 개미들은 교수의 모기 연구를 존중해 주지 않았다. 모기에게 집중한 스티븐이 자신을 공격하는 일개미들을 손으로 쓸어 내면 나뭇가지에 붙어 있던 개미들은 30미터 아래 땅으로 떨어졌다. 어느 날, 밑으로 떨어지는 개미들을 내려다본 스티븐은 자기 눈을 믿을 수 없었다. 개미들이 수직 낙하하지 않았다. 개미들은 곡선 모양을 그리면서 아래로 몇 미터 활공하더니 원래 살던 나무의 줄기에 착지했다. 깜짝 놀란 스티브는 모기 채집은 잊은 채 개미들을 다시 밑으로 떨어뜨려 보았다. 사람들의 예상과 달리 개미들은 균형을 잃고 땅바닥에 떨어지지 않았다. 개미들에게는 분명 방향을 조종하는 능력이 있어 방금 앉아 있다가 떨어진 나무 쪽으로 방향을 잡았다. 이때부터 스티븐의 연구 분야가 하나 더 늘었다.

스티븐은 다른 과학자들과 함께 여러 차례 개미 탐사를 하면서 자기가 목격했던 개미가 글라이딩개미*Cephalotes atratus*라는 사실을 알아냈다. 우리가 「의사 개미들」 장에서 살펴본 바 있는, 선충 때문에 몸이 산딸기처럼 붉은색으로 바뀌는 개미이다. 글라이딩개미는 신경질적인 모기 연구자들 때문에 나무에서 떨어지는 경우나 조류와 같은 힘센 포식자들을 피해 달아날 때 활공 능력을 발휘한다. 의도적으로 몸을 날리는 것이다. 이들은 처음에는 수직으로 추락했을 것이다. 하지만 그런 시기를 거치면서 글라이딩개미들은 분명 사방을 둘러보며 경험을 쌓았을 것이다. 그리하여 얼마 후에는 나무줄기를 향해 방향을 잡고 뒷다리를 펴서 글라이딩하면서 등을 위쪽으로 움직여 하강 방향을 조절하여 나무에 착지하는 방법을 터득했다. 이들은 필요하다고 판단하면 180도로 회전도 한다. 글라이딩개미들이 나무줄기에 내려앉으면서 급브레이크를 거는 방법과 나무줄기 껍질에 딱 달라붙는 방법은 여전히 수수께끼로 남아 있다. 어쨌거나 착륙은 대단히 신속하게 이루어지지만 늘 한 번에 성공하지는 않아서, 때로는 나무줄기에서 튕겨 나가 몇 미터 더 내려가서 다시 착지를 시도해야 한다. 하지만 결국에는 나무줄기를 움켜잡아 숨 돌릴 틈도 거의 없이 다시 기어오른다. 글라이딩개미 일개미들이 원래 있던 나뭇가지로 되돌아오는 시간은 10분도 걸리지 않는다.

모든 개미종이 활공 기술을 가지고 있지는 않지만, 활공 능력은 개미 연구자들의 추측보다 많이 전파되어 있다. 활공에 필요한 공기 역학적 체형은 필요하지 않다. 글라이딩개미처럼 약간 납작하게 생긴 개미들이나 홀쭉한 모양의 개미종이 이러한 활공 능력을 펼친다. 활공 능력은 서식 환경에 많이 좌우되는 것으로 보인다. 특히 나무 꼭대기에 사는 개미들은 비행 기술이 예술 수준이다. 이들에게는 다행한 일이다. 땅바닥에 곧바로 떨어지면 목숨을 잃는 경우가 많기 때문이다. 나무들은 거의 대부분 비슷해 보여 냄새 흔적을 찾지 못한 개미는 방향 감각을 잃고 자기 집으로 돌아가지 못한다. 거의 1년 내내 물에 잠겨 있는 숲의 바닥에 떨어지는 경우 위험성은 더욱 커진다. 나무에서 추락하여 물에 떨어진 개미는 물고기 밥이 되기 십상이다. 따라서 비록 날개는 없지만 일개미들에게는 조종사 면허증을 따는 일이 중요하다.

개미에게는 큰 도약

공중에 몸을 띄우는 가장 간단한 방법은 허공에 그냥 몸을 던지는 것이다. 그러나 덫개미 *Odontomachus bauri*가 몸을 날리는 방법은 굉장히 역동적이다. 덫개미는 대단히 강력한 큰턱을 활짝 벌린 상태로 다니는데, 그런 모습은 상당히 위협적으로 보인다. 그뿐 아니라 큰턱은 총알을 장전한 무기 같은 강력한 살생 도구이기도 하다. 덫개미의 머릿속에는 잘 발달된 괄약근이 최대한으로 팽팽하게 수축되어 있다. 하지만 괄약근은 축적된 에너지를 방출하지 못한다. 큰턱이 에너지 방출을 저지하기 때문이다. 그러다가 큰턱에 있는 감각모에 무언가가 닿으면 팽팽해져 있던 괄약근이 풀리면서 큰턱은 마치 쥐덫처럼 순식간에 닫힌다. 다시 말하면, 큰턱이 엄청 빠른 속도로 탁 닫힌다. 덫개미는 초속 64미터의 속도로 큰턱을 닫는다. 시속으로 계산하면 230킬로미터의 속도로, 텅 빈 고속도로를 전속력으로 달리는 스포츠카에 맞먹는다. 큰턱은 1억3000만분의 1초 만에 닫히는데, 총탄은 같은 시간에 고작 10미터 정도를 이동한다. 이때 발휘되는 힘은 개미 몸무게의 300배에 해당하며, 인간이 그만한 힘을 사용하면 코끼리를 다섯 마리는 들어 올릴 수 있다.

흥미로운 물리학적 퍼포먼스이며 재미있는 숫자 놀이지만, 덫개미들은 이런 기술을 이용해 뭔가를 획득할 꿍꿍이를 한다. 즉 덫개미들은 먹잇감을 잡을 때 큰턱을 이용해 덫을 놓는다. 덫개미들은 혼자서 사냥하며 톡토기처럼 재빠른 먹이를 노린다. 덫개미는 큰턱으로 톡토기를 잡을 수 있는 거리에 이를 때까지 매우 느린 속도로 다가간다. 실패하는 경우에는 처음부터 다시 시작해야 해서 소중한 시간을 허비하게 되기 때문이다. 하지만 덫개미가 먹잇감을 무는 속도는 대단히 빨라서 때로는 먹잇감의 몸을 박살 내기도 한다. 속도가 너무 빨라 일단 위험 지역에 들어오면 제대로 도망치는 먹잇감은 없다. 덫개미가 큰턱을 닫는 속도는 지구상 동물들 가운데 가장 빠르다.

개미들은 사냥꾼임과 동시에 포식자에게 쫓기는 신세가 되는 경우도 있기에 자신을 방어할 때도 큰턱을 사용한다. 거미 같은 작은 포식자들은 덫개미의 큰턱의 기세에 뒤로 나자빠진다. 이들은 큰 몸집의 공격자, 예를 들어 개미 연구자들에게는 떼를 지어 공격적으로 달려들어 사람들을 깜짝 놀라게 한다. 이들의 큰턱은 공중으로 점프할 때도 효과적이다. 큰턱을 그냥 땅에 대고 탁 다물면 된다. 이들 자그만 몸집의 전사들은 평균 20센티미터 넘게 점프하며 40센티미터까지 날아간 사례도 있다. 그런데 이 비행은 전혀 통제가 되지 않아, 개미는 공중에서 여러 번 몸이 뒤집힌다. 하지만 뒤집힌 몸을 바로잡을 시간은 충분하다.

덫개미는 커다란 큰턱을 번개처럼 빠르게 닫아 톡토기 등의 먹잇감을 잡는다. 또한 위험에 빠지는 경우에는 큰턱을 이용해 스스로를 보호한다.

순식간에 힘차게 도약하는 기술을 이용하여 안전을 확보하는 경우도 있다. 명주잠자리의 유충인 개미귀신 앞에서 종종 그런 일이 발생한다. 개미귀신은 깔때기 모양의 모래 구덩이 깊은 곳에 숨어 있다. 여기서 미끄러져 구덩이 가운데로 빠진 개미는 아주 빠른 다리와 행운이 있어야만 벗어날 수 있다. 벗어났다가 모래알과 함께 다시 미끄러지면서 개미귀신의 목구멍으로 들어가는 경우도 흔하다. 그러나 구덩이에 빠진 덫개미는 껑충 뛰어 죽음의 함정에서 성공적으로 빠져나온다.

따라서 도약을 잘하면 이로운 점이 많다. 좋은 점이 너무 많다 보니 여러 개미종이 독립적으로 최소 네 번의 도약 방법을 개발했다. 급속한 도약이라는 원칙은 동일하지만 종마다 세부 사항이 다르다. 예를 들어 뮈르모테라스*Myrmoteras* 속 덫개미들은 해당 근육이 지나치게 팽팽해져 머리의 단단한 각피가 약간 변형되면서 추가적으로 스프링 역할을 한다. 올림픽대회의 높이뛰기 경기에서 선수가 가로대를 뛰어넘을 때 몸을 구부리는 것과 유사한 원리다. 개미들은 무슨 일을 할 때 제대로 한다는 사실을 보여 주는 또 하나의 사례다.

너무 어린 신부들

어린 시절부터 함께한 부부의 사례는 얼마든지 있다. 하지만 엄마가 태어나기도 전에 아이를 임신했다는 얘기를 들어 본 적이 있는가? 개미에게는 가능한 일이다.

크기가 작은 개미종인 오파시오르 황침개미*Hypoponera opacior*에게는 아직 독일어 이름이 없다. 대단히 안타까운 일이다. 북미와 남미에 걸쳐 서식하는 이 개미는 대단히 흥미로운 부부 생활을 하기 때문이다. 나는 이 개미종을 동료 연구자들과 함께 미국 애리조나주에서 관찰한 적이 있다. 눈에 잘 띄지 않을 정도로 작은 오파시오르 황침개미는 커다란 돌이나 암석 아래 땅에 서식한다. 오파시오르 황침개미를 채집하려면 아침 일찍부터 저녁까지 암석을 이리저리 움직여야 한다. 오랜 시간 땀을 흘리며 개미들을 찾다 보니 우리 연구자들의 손마다 굳은살이 박였다. 이럴 때는 튼튼한 삽을 지렛대로 사용하면 도움이 된다. 우리는 수년 전에 멕시코에서 삽 한 자루를 저렴한 가격에 구매한 적이 있었다. 야외 숙소가 멕시코 국경 가까이에 있었기 때문이다. 삽 한 자루를 사서 멕시코에서 돌아오는 길에 미국의 국경 세관원들과 약간의 마찰이 일었다. 멕시코에서 삽을 산 이유를 대라는 소리에 개미 채집하려고 샀다고 하자 우리가 자기들을 속이려 한다고 생각한 모양이었다.

삽이 있건 없건 바위를 옮기고 나서 개미 군체가 모습을 드러내면 땅바닥에 납작 엎드려 흡입기로 개미들을 빨아들여야 한다. 이때 개미들이 만든 지하 통로를 주의 깊게 살펴야 한다. 통로를 따라 아주 많은 방이 있으며, 방마다 개미들이 있다. 나는 세심한 주의가 필요한 개미 채집 작업이 고고학자들의 유적지 발굴과 유사하다는 생각을 해 본다.

오파시오르 황침개미 얘기로 돌아가 보자. 이들의 행태를 관찰하려면 시점을 잘 맞추어야 한다. 초여름이 오면 날개 달린 수컷과 여왕개미가 결혼 비행을 한다. 흥미롭지만 새로울 게 없는 장면이다. 이보다 훨씬 더 재밌고 긴장감 넘치는 광경은 늦여름에 일어난다. 번식 개미들의 두 번째 세대가 부화하는 시기다. 이때는 번식 개미에게 날개가 없으며, 따라서 개미집 안에서 번식해야 한다. 생식 활동 기간이 짧다는 사실을 본능적으로 아는 수개미들은 여왕개미들보다 먼저 번데기에서 탈피한다. 따라서 짝짓기 파트너가 여전히 번데기 상태임에도 불구하고 이들은 곧바로 번식 활동에 착수한다. 고치 끝부분에 있는 작은 구멍을 통해 아직 고치 속에 있는 암개미와 짝짓기를 하는 것이다.

오파시오르 황침개미는 공주개미와 수개미, 그리고 불임 일개미의 번데기 외형이 비슷하며 크기도 거의 똑같다. 그 탓에 번식에 열성적인 수개미들은 자주 실수를 저지른다. 미래의 여왕개미 번데기가 아닌 불임 일개미나 수개미의 번데기를 끌어안는 것이다. 일개미 번데기를 끌어안는 경우에는 아무 일도 일어나지 않는다. 일개미들은 난소가 없고 저정낭도 없어 수태를 할 수 없기 때문이다. 그런데 수컷 개미가 번데기 상태인 다른 수개미를 끌어안는 행동은 생명에 위협이 된다. 엉뚱한 일을 저지른 수컷 개미는 어떻게 해서든 자기 실수를 알게 된다. 형제 개미와 실제로 교미가 이루어지지 않고 그냥 번데기를 끌어안았을 뿐이기 때문이다. 하지만 신체적 피해를 입은 번데기는 죽는 경우가 흔하다. 수개미를 끌어안는 행위는 실수가 아니라 공주개미를 차지하려는 경쟁자를 신속하게 제거하기 위해 벌이는 의도적인 형제 살인 행위라는 의혹도 존재한다. 개미 연구자들이 관찰해 본 바 개미집 내에서 수개미가 한 마리만 있을 뿐 암개미들 주변에 다른 수개미들이 없다는 사실은 이런 의혹에 설득력을 준다. 형제 살인 행위는 여러 암컷 가운데 수컷은 하나만 있는 상황이 꽤 오래 지속되도록 만든다. 자기 정자만 미래의 여왕이 될 여러 암개미의 몸에 들어가게 하는 것이다. 그러나 남자 형제를 끌어안는 행위는 수개미를 죽이지만 그 과정이 너무 느려서 수개미들의 경쟁을 전부 막지는 못하며, 결국 여러 수개미가 개미집 안을 돌아다니게 된다.

이런 경우 수개미들은 연적들에 대응하여 전략을 바꾼다. 이젠 교미가 가능한 공주개미 번데기와의 만남만이 중요하다. 공주개미 번데기를 꽉 움켜잡고 수분에서 이틀 동안 지속될 교미를 해야 한다. 기진맥진한

예비 아빠는 조심스럽게 신부의 번데기 위에 올라앉아 다른 수개미들의
접근을 막는다. 놀랍게도 이 과정에서 수개미들 간에 공격적인 행동은
보이지 않는다. 이들 나름의 규칙이 있는 듯해서, 먼저 온 수개미가 공
주개미 번데기를 차지한다. 곤란한 문제는 공주개미가 부화하고 나서야
발생한다. 공주개미가 수개미와의 짝짓기를 거부하는 것이다. 공주개미
들은 귀찮게 구는 수개미를 질질 끌고 개미집 안을 돌아다니면서 수개
미가 포기하게 만든다.

3주가 지나면 마침내 구경거리가 끝난다. 공주개미들이 전부 부화하
여 짝짓기를 하며, 각피가 약해진 수컷들은 임무를 마치면 일개미들에
게 살해된다. 공주개미들은 생존해서 계속 친정집에 머무는 경우도 빈
번하다. 때로는 혼수품으로 일개미들을 얻어 주변 땅속에 굴을 파고 새
군체를 만든다. 이듬해 7월이 되면 날개 달린 아들과 딸들이 보금자리
를 뜬다. 그리고 이들의 특이한 짝짓기 의식이 되풀이된다.

수개미들의 유전적 반항

결혼 생활을 하는 부부 사이에는 가정불화가 허다하게 발생한다. 하지만
나는 인간 사회는 물론 동물의 세계에서도 전기개미 *Wasmannia auropunctata* 여
왕개미나 수개미만큼 부부 사이가 소원해지는 사례는 없다고 확신한다.

작은 크기의 불개미종인 전기개미는 침입종이다. 본래 서식지인 남아
메리카에서 북아메리카, 서아프리카, 태평양, 인도양, 대서양의 여러 섬
으로 이동한 이들은 그곳들에 서식하면서 다른 동물들을 괴롭힌다. 전
기개미는 갈라파고스섬에서 개체 수가 크게 증가하여 코끼리거북을 위
협하고 있다. 전기개미가 코끼리거북의 새끼들을 죽이고 코끼리거북의

눈과 항문을 공격하기 때문이다. 하지만 여기서 그런 문제를 다루지는 않겠다. 또한 전기개미에게 물릴 경우의 통증이 주제도 아니다. 우리 연구자들의 관심사는 이 작은 불개미의 가정생활이다.

다른 개미종과 별로 다를 바가 없는 얘기를 하자면 전기개미는 개미집마다 다수의 여왕개미가 존재하며, 군체 내에서 여왕개미들만 알을 낳아 자손을 퍼뜨린다. 육아는 수정된 알에서 부화한 불임 암컷 개미들이 담당한다. 한편 수개미는 짧은 생애 동안 공주개미에게 정자를 주는 일 이외에는 하는 일이 없다. 이른바 번식 개미들은 맡은 바 임무를 열심히 수행하지만, 그 후에는 다른 이들을 속이는 데 최선을 다하는 듯 보인다. 얼핏 봤을 때는 평범해 보이지만, 자세히 들여다보면 대단히 이상한 일들이 펼쳐지고 있다.

전기개미의 여왕개미부터 살펴보자. 다른 종의 공주개미들은 수정된 알에서 태어나며 애벌레 단계에서 평범한 일개미들보다 더 많은 먹이를 먹고 자란다. 그러나 전기개미 여왕개미들은 자기들의 혈통에서 수개미들을 완전히 배제한다. 즉 공주개미들은 엄마와 아빠의 유전자를 가진 수정된 알에서 부화되지 않고 엄마의 유전자만 가진 채로 수정되지 않은 알에서 부화된다. 여왕개미의 100퍼센트 복제품이며 따라서 이들에게는 아빠가 없다. 모전여전이라고나 할까! 이들이 즐겁고 행복해하는 건 당연하다. 우리가 앞선 내용에서 여러 차례 살펴보았듯, 자연의 세계에서는 가능한 한 자기 유전 물질을 후손에게 많이 전해 주려 하기 때문이다. 그리고 100퍼센트 이상 많이 물려줄 수는 없는 법이다. 전기개미 여왕개미들은 복제품 공주개미 기술을 이용하여 유전적 이기주의의 정상에 도달했다. 이들 여왕개미에게 유전 문제를 생각하는 능력이 있었다면 만족감은 더 높았을 것이다.

여왕개미의 남편들이 아니라면 유전 문제와 관련해서 교활한 수작을 부리는 자는 누구인가? 우리가 이 책에서 지금까지 살펴본 바에 의하면 수정되지 않는 알에서는 오직 수개미만이 나와야 한다. 공주개미가 나오면 안 된다. 하지만 전기개미의 경우 모든 면에서 다른 개미들과 상이하기 때문에 수개미가 나오려면 수정된 알이 필요하다. 그리고 이렇게 부화된 개미는 외모뿐 아니라 유전자들도 완벽한 아빠의 모습을 갖는다. 알이 성장하면서 엄마의 유전 물질을 잃기 때문이다. 이른바 세포 분야에서의 남녀 성 대결로, 수컷으로 성장하는 알들에서는 아빠가 승리한다. 엄마들은 아빠의 유전자를 생존 능력 있는 알로 포장하는 데만 이용된다.

이렇게 유전적으로 아빠 없는 암컷 개미와 엄마의 유전자가 하나도 없는 수개미가 세상에 나온다. 지금은 약간 기이한 얘기로 들릴 수 있다. 하지만 생물학적 관점에서 보면 이런 번식 개미들을 별개의 종으로 분류하기만 하면 된다. 이제 이 두 가지를 연결하는 것은 번식력이 없는 일개미들로, 이들은 지극히 정상이어서 부모의 유전 물질을 모두 갖는다. 이런 것도 괜찮다. 유전자가 혼합됨으로써 여러 서식 환경과 변화에 대한 적응력, 또는 병원균에 대한 저항력이 좋은 변이형이 나오기 때문이다. 군체의 구성원으로서 전임자가 하던 일을 전부 인계받아야 보금자리 바깥의 험난한 세상에서 살아남아야 하는 새끼들에게는 절대적으로 긍정적인 일이라고 할 수 있다.

생물학자들이 불개미 관련 종인 전기개미의 미래 생존 가능성을 염려하기 시작했을 때, 개미학자들로부터 반가운 소식이 전해졌다. 전기개미를 실험실이 아닌 고향의 자연 상태에서 추적하며 관찰한 연구자들이 보낸 소식이었다. 여왕개미와 수개미들이 야생에서 자기들의 유전자 수

프를 조작했지만, 이들은 자연 속에서 훨씬 잘 어울리면서 전통적인 방식대로 서로 유전자를 섞었다. 어쩌면 종의 단일성이 지켜질 수도 있을 것이다. 섬을 침략한 개미들은 본인들의 유별난 행동으로 인하여 저절로 소멸될 수 있다. 계속 지켜볼 만한 드라마다.

외부인 출입 금지!

내가 이름만 대면 여러분이 그들에 대해 줄줄 읊을 수 있을 만한 개미종들이 있다. 최근까지 캄포노투스 트룽카투스*Camponotus truncatus*라고 불렸던, 불개미아과 개미종인 콜로봅시스 트룽카타 왕개미*Colobopsis truncata*도 그러한 경우이다. 보통 마개머리개미라고도 부른다. 개미들의 친척 관계는 대단히 활발하게 연구가 진행되는 분야다.

'마개머리'라는 이름만 들어도 머리 모양이 욕실 세면대의 물마개처럼 생긴 개미의 모습이 눈앞에 떠오를 것이다. 그렇다. 정말로 머리 형태가 그렇게 생겼다. 여러분이 독일 남부 지방에 거주한다면 나뭇가지 위를 걸어가는 마개머리개미를 보는 행운을 얻을 수 있다. 마개머리개미는 온난한 기후를 좋아하여 지중해 지역에 서식했지만, 지중해 식물들과 함께 초대받지 않은 손님으로서 알프스를 넘어와 독일 남부 지역에 정착했다. 침입종이기는 하지만 이들은 친근한 이웃으로서 자리 잡았다. 마인츠 인근 라인강 유역의 기후가 온후한 떡갈나무 숲에서 마개머리개미를 쉽게 찾아볼 수 있다. 독일에 서식하는 개미들 가운데 정규 병정개미 계급이 있는 유일한 개미종이다. 병정개미 계급은 여왕개미와 마찬가지로 머리가 마개처럼 생겨서 그 모습이 눈에 띈다.

고작 수백 마리의 개체가 있는 마개머리개미 소형 군체들은 죽은 나

개미집 입구를 틀어막기에 적합한 머리 모양이어서 마개머리개미라고 불린다.

뭇가지나 나무껍질에 구멍을 파고 그 안에서 산다. 이들의 군체는 종종 두세 개의 좁은 입구를 가진 여러 개의 둥지로 나뉜다. 병정개미들은 초 대하지 않은 손님들이 집 안으로 들어오지 못하도록 마개 머리로 입구 를 틀어막는다. 대문 역할을 하는 머리의 측면에 있는 더듬이는 앞쪽으 로 뻗어서 더듬이 끝이 바깥으로 조금 나와 있다. 먹이를 구해 온 일개 미는 입구에서 자기 더듬이로 병정개미의 더듬이를 반복해서 건드려 신 호를 보낸다. 암호가 일치하면 병정개미가 마개 머리를 치워 문을 열어 주고 일개미는 집으로 들어간다. 사람 눈에는 입구를 틀어막은 머리가 꽤나 우스워 보일지 모르지만, 이는 사실 대단히 우수한 가정 보안 시스템이다. 별다른 일이 없으면 병정들이 다음 날까지 살아 있을 수 있으니 말이다. 일부 개미종의 정문 경비원들은 보금자리를 지키기 위해 자기 목숨을 내놓는다.

브라질에 서식하는 포렐리우스 푸실루스*Forelius pusillus*는 사탕수수 농장 안에 있는 땅속 보금자리가 야간에 습격당하지는 않을까 하는 두려움을 안고 산다. 그래서 밤이 되면 개미집 출입구를 완전히 폐쇄하고 누가 거기에 살고 있다는 흔적이 될 만한 것들을 모조리 없앤다. 이런 임무는 당연히 일부 일개미들이 담당한다. 이들은 땅속 보금자리 안으로 들어가지 않고 바깥에 남아 작은 모래알들을 끌어온 뒤, 그것들로 개미집 입구를 메운다. 그다음에는 마치 강아지들이 그러듯이 뒷다리를 이용하여 입구를 향해 모래를 뿌린다. 그런데 여기서 문제가 생긴다. 모래를 이용하여 보금자리 입구를 완전히 봉쇄한 일개미들이 안으로 들어가지 못하는 상황에 놓이고 마는 것이다.

그러나 일개미들은 그런 일을 대수롭지 않게 여긴다. 밖에 남아 임무를 마친 소수의 일개미는 곧바로 멀리 떠나며 집으로 돌아오지 않는다. 둥지 안으로 들어가지 못하여 밤새 바깥에 있다가 죽으면 포식자들에게 보금자리의 위치를 들킬 가능성이 크기 때문이다. 이들은 자기들이 폐쇄한 보금자리가 안전하도록 조치한 후 죽음을 맞으러 길을 떠난다. 집을 떠나 먼 곳에 온 출입문 폐쇄 담당 일개미들은 밤을 견디지 못하고 전부 굶어 죽거나 말라 죽는다. 생물학자들은 사심 없고 헌신적인 개미들 세계에서도 대단히 특이한 이들의 희생적 행동을 예방적 방어 조치라고 설명한다.

그런데 이들보다 더 극적인 행동을 보이는 개미가 있다.

무리를 위해서라면!

개미들은 본능적으로 스스로를 희생해 군체 전체를 구하는 일을 당연히 여긴다. 그래서 개미들은 J. F. 케네디의 명언을 다소 극단적으로 신봉한다. "국가가 당신을 위해 무엇을 할 수 있는지 묻지 마라! 당신이 국가를 위해 무엇을 할 수 있는지 물어라!" 이에 대한 말레이시아개미 *Camponotus saundersi*의 대답은 이렇다. "나는 자폭도 할 수 있다!"

개미들이 너무 멍청해서 그냥 재미나 심심풀이로 자기 몸을 폭파하는 것이 아니다. 이는 치열한 생존 투쟁에서 선택하는 최후의 수단이다. 자기 파괴 행위는 원칙적으로 SF 영화에서 우주 함대가 외계인의 침공을 받을 때 우주선 선장들이 취하는 자기 파괴 메커니즘과 비슷하다. 말레이시아개미들의 천적은 바삭바삭한 먹이를 좋아하는 조류나 포유동물들이다. 하지만 베짜기개미들이 말레이시아개미의 영역을 차지하기 위해 테러 행위를 감행하는 경우도 종종 있다.

말레이시아개미의 자기 파괴 메커니즘은 큰턱 안에 있는 큼지막한 분비샘에 있다. 이들의 몸 전체에 뻗어 있는 분비샘 안에는 끈적끈적한 독성 혼합 물질이 들어 있다. 말레이시아개미는 불가피하게 위협을 당하는 상황에서 피할 길이 없다고 느끼면 몸의 근육들을 힘껏 팽팽하게 늘린다. 그러면 마치 풍선이 터지듯이 복부가 빵 터지면서 각 부위의 관절들이 찢어지고 큰턱의 분비샘도 터지면서 독성 분비물이 사방으로 튄다. 역겨운 유독 물질 냄새가 퍼지면 몸집이 큰 포식자들은 입맛을 잃으며, 그날 이후로 말레이시아개미들이 자유로이 돌아다니도록 내버려둔다. 그리고 베짜기개미처럼 몸집이 작은 공격자들은 끈적끈적한 부식성 누런 물질을 뒤집어쓴다. 말레이시아개미는 상대하기 벅찬 적과 싸워야 하는 위태로운 상황에 몰리면 적과 함께 죽음을 맞는다.

이들은 인정사정없이 개미 연구자들을 깊은 절망에 빠지게 만들기도 한다. 말레이시아개미들은 개미 연구자들이 채집 목적으로 핀셋으로 잡을 때도 스스로 폭발한다. 정글에서 수 시간에 걸쳐 고통스럽고 피곤한 작업을 마친 개미 연구자들의 손에는 활발하게 움직이는 개미들은 없고 끈적끈적한 물질이 묻은 핀셋과 더러워진 손만이 남는다. 가장 재미있는 곤충인 동시에 가장 잡기 어려운 녀석이기도 하다.

군집의 지능

우리는 앞선 내용에서 SF 영화와 기술과 관련된 개미 이야기들을 살펴보았다. 이제는 첨단 문명과 관련해, 그다지 똑똑해 보이지 않는 개미들로부터 배울 만한 점을 알아보자. 특히 개별적인 작은 시스템들을 잘 맞추어서 공동의 목표를 이루어야 할 때 이들을 참고할 만하다. 그렇다. 대단히 추상적으로 들릴 것이다. 하지만 그 이면에는 대단히 구체적인 기술상의 문제점들이 숨어 있다. 그리고 개미들은 수백만 년 동안 시행착오를 거치면서 이러한 기술상의 문제들을 해결했다.

과거에는 문제 해결이 아주 쉽고 간단했다. 특정한 문제에 직면한 프로그래머는 그 문제에 관한 제약 조건을 구체적으로 알고 있었다. 예를 들어 자동 지게차로 하여금 선반 위에 있는 부품들을 동일한 순서로 가져오라고 지침을 내려야 하는 프로그래머는 컴퓨터 프로그램을 만들어 로봇으로 하여금 프로그램의 지시 사항을 철저히 준수하게 했다. 과정은 신속하게 이루어졌으며 누구나 만족했다. 자동 지게차가 하는 일에 변동 사항이 없는 한 원활하게 작동했다.

하지만 미래의 기술에 요구되는 사항은 지금과는 전혀 달라 보인다. 응용 분야의 여러 가지 조건을 사전에 인지하기란 불가능하다. 언제든 변동 사항이 발생할 가능성이 있다. 소수 대형 로봇의 자리에 수많은 작은 로봇이 투입된다. 작은 로봇들은 비록 몇 안 되는 명령만 수행하는 메모리 용량을 가졌지만 모두 하나가 되어 기민하고 세심하게 일해야 한다. 소형 로봇을 개발하는 엔지니어들은 그런 요구 사항에 직면할 것이다. 우리에게는 우주선의 표면을 순찰하고 작은 운석과 충돌하여 고장 난 부분을 수리하는 로봇, 지진이 난 지역에서 폐허가 된 건물에 들어가 매몰된 사람을 찾는 로봇, 인체 내의 혈관을 돌아다니면서 암세포와 같은 병원균과 싸우는 로봇이 필요하다.

물론 지금 당장은 꿈같은 시나리오에 불과해 보이지만 이미 우리가 사는 시대의 과학이다. 현재도 개미학, 나노 기술, 그리고 AI 분야의 과학자들은 협력하여 단순한 두뇌를 가진 개미들이 놀라운 재주를 발휘하는 방법을 연구 중이다. 그리고 이론상의 가설을 바탕으로 융통성 있는 프로그램을 만들어 시험해 보고 있다. 그리하여 어느 날 인공 개미 군체가 실현될 것이다. 복잡하고 까다로운 업무를 독자적으로 수행하는 로봇 개미들이다. 이미 여러 분야에서 실제로 개미 아이디어가 적용되었다. 예를 들어 작은 프로그램들은 인터넷에서 인터페이스 노드 사이의 데이터 전달 속도를 자동으로 테스트한다. 이 정찰병들은 통신망의 접속점 사이를 오가면서 필요한 시간을 측정한다. 회선의 이용량이 많아 오가는 데 오랜 시간이 걸리면, 프로그램은 개요 표에 페로몬 흔적을 거의 남기지 않는다. 반면에 빨리 도착하면 좋은 '페로몬 점수'를 받는다. 목적지를 향해 곧바로 가는 이메일이나 웹사이트 같은 실제 데이터 패키지는 가장 강한 '페로몬 흔적'이 있는 길로 유도된다. 상황은 항상 변하기 때문에 이런 점수들은 진짜 페로몬과 마찬가지로 시간이 지나면 없어진다. 그리하여 한때 좋은 점수를 얻지 못했던 도로도 나중에는 진가를 발휘할 수 있으며, 좋은 길은 계속해서 품질이 좋다는 증거를 제시해야 한다. 여러 통신 회사가 개미들이 음식물이 있는 최단 코스를 찾아낼 때 사용하는 이 같은 방법을 이용해 자사 통신망을 테스트한다. 개미들은 익숙한 갈림길이 막히거나 새로운 갈림길이 나타날 때 이 방법을 이용해 새로운 길을 찾아낸다.

집 벽의 틈새나 균열 부분을 잘 막았다고 생각했는데 앞마당의 개미들이 부엌으로 계속 들어오더라도 놀랄 필요 없다. 이들 작은 생명체는 벌써 미래의 알고리즘으로 일하고 있다.

홍수를 해결하라

개미들은 대단히 정교한 기술력을 가지고 있지만, 이를 일상생활의 어느 분야에 적용할지 또는 그들보다 나은 해결법을 찾아야 할지는 면밀히 검토해 봐야 할 문제다. 폭우가 내린 후 침수를 막는 개미들의 대비책을 한번 살펴보자.

개미에게도 홍수는 장난이 아니다. 게다가 가끔 발생하는 사태도 아니다. 인간에게는 그저 여기저기 물웅덩이들이 생기는 정도인 경우에도 개미들의 땅속 집에는 흙탕물이 마구 쏟아져 들어온다. 개미집 안의 복도나 방들이 물에 잠길 뿐 아니라 붕괴하는 경우도 흔하다. 최악의 경우에는 애벌레나 번데기뿐 아니라 군체 전체가 익사 위험에 처한다. 홍수가 전혀 일어나지 않을 만한 장소에 보금자리를 마련할 만큼 영리하지는 못한 개미들일지라도, 최소한 홍수 피해를 어느 정도 막을 방도는 찾아낼 수 있다.

예를 들어 제방을 쌓아 대비하는 방법이 있다. 이는 너무나 쉽게 떠오르는 대비책으로, 사람들은 흙으로 제방을 쌓아 홍수 물이 제방 둑을 넘지 못하게 한다. 남미에 서식하는 여러 개미도 마찬가지이다. 건기에는 풀밭에서 방목되는 가축들로 인해 제방을 쌓아도 금방 파괴되기 때문에 개미들은 장마가 시작될 무렵에 제방을 쌓는다. 이들은 불과 며칠 만에 1~2센티미터 높이의 원형 제방을 땅바닥에 세운다. 원형 제방의 가운

홍수를 대비해 제방을 쌓는다는 아이디어는 인간만의 것이 아니다. 남미의 개미들도 제방을 만들어 개미집 입구를 보호한다.

데 부분이 개미집 입구이다. 어떤 개미종은 개미집 출구의 통로를 마치 잠수함의 잠망경 모양처럼 위쪽으로 길게 늘여서 출구가 물웅덩이 위로 올라오도록 만든다. 제방을 만드는 데 사용하는 재료는 흙과 진흙, 모래, 식물 부스러기 등 쉽게 구할 수 있는 재료들이다. 그런 재료로 만든 제방은 비가 멈추고 잠시 햇빛이 나면 바짝 마르며, 또다시 비가 내리는 경우 견고한 방어벽이 된다. 기본적으로 우리 인간들이 만드는 댐이나 제방, 방어벽과 대단히 유사하다.

이에 반해 동남아시아에 서식하는 테트라포네라 빙하미 개미 *Tetraponera binghami*와 카타울라쿠스 무티쿠스개미 *Cataulacus muticus*의 홍수 대비 방법은 우리가 흉내 내기 쉽지 않다. 이들은 땅이 아닌 키가 큰 대나무 속에 집을 짓는다. 이들의 집 외벽은 완벽히 방수되지만, 열대성 폭우가 쏟아지면 입구를 통해 빗물이 들어온다. 깜빡 잊고 주방 창문을 닫지 않아 빗물이 부엌으로 들이치는 것과 같은 이치이다. 이럴 때는 창문을 얼른 닫는 것밖에 방법이 없듯이, 일개미들은 폭우가 멈추기를 기다리면서 머리로 집 입구를 틀어막는다. 이런 방법으로 빗물 유입을 막는 데 성공하기도 하지만 실패하는 경우도 적지 않다.

빗물이 테트라포네라 빙하미개미와 카타울라쿠스 무티쿠스개미의 작은 몸을 통과하여 대나무 집으로 흘러 들어가 집 안에 물이 점점 차오르면 비상 계획 2단계가 발동된다. 집 안에 들어온 빗물은 무조건 밖으로 배출해야 한다. 안타깝게도 개미들은 양동이나 펌프를 이용하지 못한다. 그들이 이용할 수 있는 도구는 단 하나, 자신들의 몸뿐이다. 개미들은 마치 큰 갈증을 느끼듯이 집 안에 들어온 물을 마셔 모이 주머니에 빗물을 가득 채운다. 마신 빗물을 바깥에 버리는 방법들은 독자적이다. 테트라포네라속 개미들은 마치 살아 움직이는 물 호스인 양 집 입구까지 기어 올라가서 몸을 아래로 숙인 후 빗물을 바깥으로 내뱉는다. 한편 카타울라쿠스속 개미는 빗물을 꿀꺽 삼키고 나서 집 바깥으로 나가 단체로 오줌을 눈다. 이들이 사는 대나무 안으로 분무기를 이용해 색이 있는 물을 뿌리면 대단히 아름다운 광경이 펼쳐진다. 개미들이 잠시 후에 밖으로 나와 색깔이 있는 물을 뱉어 내거나 색깔 있는 오줌을 눈다. 일개미 한 마리는 바깥에 나올 때마다 약 0.6마이크로리터의 물을 배출한다. 따라서 열대 우림의 빗물 한 방울을 제거하려면 50마리 이상의 개미가 필요하다. 개미집에 들어온 물을 전부 제거하려면 사흘 정도의 시간이 소요된다.

탐사 여행을
마치며

317쪽: 개미라고 해서 다 똑같은 모양새가 아니다! 페루의 열대 우림에서만 이처럼 많은 개미들이 내 시선을 사로잡았다.

나는 다시 비행기에 올랐다. 피곤하고 힘들었지만 보람 있는 며칠간의 탐사 일정을 마친 후 집으로 가고 있다. 여객기가 활주로를 구르는 동안 내 동료 연구원들과 내가 관찰한 결과물을 분류하고 평가할 방법을 생각해 보았다. 이번에 우리 연구팀은 열대 우림에서 현장 실습만 했다. 다른 탐사 여행 때와 달리 이번에는 개미를 한 마리도 채집하지 않았기에 여러 면에서 훨씬 수월한 여정이었다.

예전 탐사 여행에서 개미들을 열심히 채집해 귀국하던 때가 떠올랐다. 흡입기를 사용해 개미를 빨아들였다는 내용을 기억하는가? 고무호스가 두 개 달린 유리병에 불과했다. 그런데 그 유리병이 로스앤젤레스 세관원에게 불법 마약을 흡입하는 도구로 의심받았다. 그래서 우리는 보안 요원들에게 꽤나 철저한 조사를 받았다. 그런데 우리의 대답이 설득력이 부족했는지, 보안 요원들은 말도 안 되는 변명이라고 여겼다. 고무호스로 개미를 빨아들여 채집해서 개미의 뇌를 제거한 후에 활성 유전자를 분석한다고? 여러분이라면 그런 소리를 믿겠는가? 미국 보안 요원들도 당연히 믿지 않았다. 하마터면 우리는 비행기를 못 탈 뻔했다. 마침 동료 연구원 한 사람의 바지 주머니에 작은 플라스틱 통이 있었는데, 그 통 안에 알코올과 개미가 있었다. 그는 얼른 통을 꺼내 보안 요원들에게 증거품으로 내밀었다. 보안 요원들은 증거품을 유심히 살피더니 그제야 우리 말을 믿어 주었고, 우리는 시간에 맞추어 게이트를 통과할 수 있었다.

당연한 얘기지만 우리가 개미들을 바지 주머니에 넣어서 운반하는 경우는 거의 없다. 하지만 코뿔소를 실어 나르는 일처럼 땀 흘려 애쓸 일도 없다. 물론 살아 있는 개미들을 나를 때는 우리 같은 전문가들도 주의해야 할 사항이 있다. 개미들에게 무엇이 필요한지 점검해야 한다. 개미들의 숙소 문제는 비교적 수월하다. 밀폐 기능이 있는 냉동용 지퍼백에 작은 나뭇잎과 축축한 탈지면을 넣고 그 안에 개미들을 담으면 해결된다. 개미들의 기내식은 쿠키와 약간의 훈제 돼지고기이다. 냉동용 지퍼백들을 다시 휴대용 아이스쿨러에 넣고 이따금 냉각제를 보충해 준다. 여행을 떠난 개미에게 가장 무서운 적은 열기이기 때문이다. 애리조나주 같은 지역에서 개미들을 운반할 때는 잠시 자리를 비울 때도 개미들을 차 안에 두면 안 된다. 슈퍼마켓이나 지인의 집, 또는 동료 연구원의 실험실 등 어딜 가든 개미들과 함께 다녀야 한다. 다른 여자들이 늘 핸드백을 들고 다니듯, 나는 개미 가방을 들고 다닌다. 물론 비행기 안에서는 그렇게 하지 못한다. 그래서 여름에는 되도록 밤에 출발하고 중간 경유지가 없는 비행기 편을 이용한다. 그렇게 하면 화물칸에 개미를 실은 비행기가 땡볕 더위에 오래 노출되는 일이 덜하기 때문이다. 이렇게 예방 조치를 취한 덕에 지금까지 거의 모든 개미가 무사히 대서양을 건넜고, 개미를 가득 채운 짐을 분실한 일도 없었다. 물론 위기의 순간이 한 번 있기는 했다.

예전에 내가 지도하던 박사 과정 학생이 대단히 규모가 큰 프로젝트를 추진한 적이 있다. 프로젝트를 수행하기 위해 연구진 다섯 명이 3주가 넘는 기간 동안 애리조나 사막을 돌아다니며 엄청나게 많은 수의 개미 군체를 채집했다. 바위 사이의 틈을 수없이 깼으며, 흡입기를 사용하여 수많은 개미를 빨아들였다. 돌아오는 길에 세관 검색도 아무 문제 없이 통과했으며 여객기 역시 연착하지 않고 무사히 도착했다. 우리는 수하물 컨베이어 벨트 앞에 서서 개미들이 담긴 짐을 받을 준비를 하고 있었다. 화물들이 차례차례 컨베이어 벨트로 나와 주인을 찾았다. 우리 일행도 개미가 담긴 수하물만 제외하고 가방을 대부분 찾았다. 비행기에서 나오는 수하물들이 점점 줄더니 컨베이어 벨트가 텅 비었다. 그런데 개미가 담긴 짐은 여전히 보이지 않았다. 처음에는 일행 모두 낙관적으로 생각했지만, 차츰 신경이 쓰이더니 걱정이 커지면서 속이 타들어 갔다. 온갖 스트레스를 받아 가며 얻은 개미들인데 이들이 담긴 짐만 분실되는 일이란 정말 상상할 수도 없었다. 그렇지만 결국 컨베이어 벨트는 텅 빈 채로 멈추어 섰다. 우리 개미들이 사라졌다.

이 시점에서 친절한 항공사 지상 근무 직원들과 그들의 컴퓨터 시스템에 축배를 들어야겠다. 근심 가득한 개미 연구자들에게 항공사 창구 여직원은 개미가 든 짐이 프랑크푸르트 국제공항에 분명히 도착했으며, 공항 내 어딘가에서 우리 일행을 기다리고 있을 것이라며 안심시켰다. 그런데 어디서 우릴 기다린단 말인가? 그렇지만 오랜 세월 개미들을 찾아다니면서 쌓은 끈기와 노력은 헛되지 않았다. 우리는 마침내 수하물 도착 구역의 구석에서 가방을 찾았다. 어떤 승객이 자기 가방과 우리 가방을 혼동했던가 보다. 아마 가방 안을 자세히 들여다보고 나서야 양말과 셔츠가 없다는 사실을 알고 일순 당혹했을 것이다. 어찌 되었든 우리는 개미를 찾았다. 박사 과정 학생은 연구 재료인 개미들을 가방에서 얼른 꺼냈다. 그는 마치 마인츠까지 뛰어서 가겠다는 듯, 게다가 도착할 때까지 개미들을 시야에서 놓치지 않겠다는 표정으로 서둘러 공항을 떠났다.

안전벨트를 매라는 신호가 꺼졌다. 나는 조심스레 좌석을 뒤로 젖혔다. 이제 몇 시간 후면 독일에 도착할 것이다. 내일부터 우리가 현장에서 관찰한 내용들에 대한 평가 작업이 시작된다. 그리고 내게는 해야 할 일이 한 가지 더 있다. 공저자와 함께 나는 이 책을 통해 개미가 지구상에서 가장 흥미로운 동물인 이유를 독자 여러분에게 설명해 드릴 것이다.

사진 및 그림 출처

Susanne Foitzik: 5, 6, 8, 9, 19, 43, 59, 79, 103, 109, 123, 141, 153, 161, 168, 187, 207, 217, 239, 245, 291, 308, 317

Matthias Foitzik: 15

Alex Wild/alexanderwild.com: 25, 35, 50, 85, 97, 111, 128, 137, 151, 155, 160, 171, 175, 178-179, 183(오른쪽 아래), 191, 200, 204, 223, 252-253, 269(개미 그림), 300

Olaf Fritsche: 47, 92-93, 107, 294

Julia Giehr: 51

Barbara Feldmeyer: 54

Christoph Gruter: 101

https://commons.wikimedia.org/wiki/File:Ant_bridge.jpg, Geoff Gallice, CC BY-SA 2.0 de: 131

David L. Hu: 133

Vincent Bazile: 166

https://de.wikipedia.org/wiki/Datei: Oecophylla_longinoda.jpg, Karmesinkoenig/Hauke Koch CC BY-SA 2.0 de: 183(왼쪽 위)

https://commons.wikimedia.org/wiki/File:SSL11903p.jpg, Sean. hoyland: 183(오른쪽 위)

Emanuele Biggi: 183(왼쪽 아래)

Isabelle Kleeberg: 229

https://commons.wikimedia.org/wiki/File:Megaponera_(injured_carried).jpg, ETF89, CC BY-SA 4.0: 259

https://commons.wikimedia.org/wiki/File:Map_of_Linepithema_humile_european_supercolonie.png?uselang=de, Abalg, CC0 1.0: 273(지도)

Peter Green: 275

Edward LeBrun und David Holway: 314

개미들의 행성
여섯 개의 다리로 이룩한 위대한 제국

초판 1쇄 인쇄 | 2026년 2월 10일
초판 1쇄 발행 | 2026년 2월 15일

지은이 | 주잔네 포이트지크, 올라프 프리체
옮긴이 | 남기철
펴낸이 | 조승식
펴낸곳 | 도서출판 북스힐
등록 | 1998년 7월 28일 제22-457호
주소 | 서울시 강북구 한천로 153길 17
전화 | 02-994-0071
홈페이지 | www.bookshill.com
인스타그램 | @bookshill_official
블로그 | blog.naver.com/booksgogo
이메일 | bookshill@bookshill.com

값 22,000원
ISBN 979-11-5971-721-5

* 잘못된 책은 구입하신 서점에서 교환해 드립니다.